普通高等教育“十三五”规划教材
应用技术型大学数学课程系列教材

线性代数与数学模型

（第二版）

电子科技大学成都学院大学数学教研室　编

科学出版社
北京

内 容 简 介

本书是由电子科技大学成都学院“数学建模与工程教育研究项目组”的教师依据教育部颁发的“关于高等工业院校线性代数课程的教学基本要求”，以培养应用型科技人才为目标而编写的. 与本书配套的系列教材还有《微积分与数学模型（上册）》《微积分与数学模型（下册）》《概率统计与数学模型》.

本书分4章，主要介绍向量代数与空间解析几何、矩阵与行列式、线性方程组、相似矩阵与二次型等. 每章配备有复习题，最后附有部分习题参考答案. 本书的主要特色是注重应用，在介绍线性代数基本内容的基础上，融入了很多模型及应用实例.

本书可作为高等学校理工类、经管类专业线性代数课程的教材，也可作为独立学院、成人教育及自考等各类本科线性代数课程的教材或参考书.

图书在版编目（CIP）数据

线性代数与数学模型/电子科技大学成都学院大学数学教研室编. —2版. —北京：科学出版社，2018.1

普通高等教育“十三五”规划教材·应用技术型大学数学课程系列教材

ISBN 978-7-03-056244-9

Ⅰ.①线… Ⅱ.①电… Ⅲ.①线性代数-高等学校-教材 ②数学模型-高等学校-教材 Ⅳ.①O151.2 ②O141.4

中国版本图书馆CIP数据核字（2018）第007076号

责任编辑：王胡权 / 责任校对：张凤琴

责任印制：师艳茹 / 封面设计：陈 敬

科学出版社 出版

北京东黄城根北街16号

邮政编码：100717

http://www.sciencep.com

保定市中画美凯印刷有限公司 印刷

科学出版社发行 各地新华书店经销

*

2015年1月第 一 版 开本：720×1000 1/16

2018年1月第 二 版 印张：11 1/4

2019年1月第七次印刷 字数：224 000

定价：30.00元

（如有印装质量问题，我社负责调换）

第二版前言

本书是科学出版社第一批普通高等教育“十三五”规划教材，也是四川省 2013～2016 年高等教育人才培养质量和教改建设项目成果. 本书第一版自 2015 年出版以来，受到同类院校的广泛关注，并被多所学校选为教材或参考资料. 经过几年的教学实践，并广泛征求了同行的宝贵意见，在保持第一版教材的框架和风格的基础上，此次再版修改了以下几个方面内容：

(1) 对部分内容进行了优化与增删，使一些计算过程更加简明；

(2) 对原教材中的例题、习题进行了精选，并增添了一些典型例题、习题；

(3) 对文字叙述进行了加工，使其表达更加简明；

(4) 对原教材中的少数印刷错误进行了勘误.

本书由陈骑兵、武伟伟主编，第 1 章由武伟伟、李宝平编写，第 2 章由钱茜编写，第 3 章由李琼编写，第 4 章由陈骑兵编写. 全书由陈骑兵、武伟伟负责统稿.

这次修订中，我们获得了许多宝贵的意见和建议，借本书再版机会，向对我们工作给予关心、支持的学院领导、广大同行表示诚挚的谢意，新版中存在的问题，欢迎专家、同行和读者批评指正.

编　者

2017 年 11 月于成都

第一版前言

为了培养应用型科技人才，我们在大学数学的教学中以工程教育为背景，坚持将数学建模、数学实验的思想与方法融入数学主干课程教学，收到了好的效果. 通过教学实践我们认为将原来的高等数学、线性代数、概率论与数理统计课程分别改为微积分与数学模型、线性代数与数学模型、概率统计与数学模型课程，对转变师生的教育理念，引领学生热爱数学学习、重视数学应用很有帮助，对理工类应用型本科学生工程数学素养的培养很有必要.

"将数学建模思想全面融入理工类数学系列教材的研究"是电子科技大学成都学院"以 CDIO 工程教育为导向的人才培养体系建设"项目中的课题，也是四川省 2013～2016 年高等教育人才培养质量和教改建设项目.

本套系列教材主要以应用型科技人才培养为导向，以理工类专业需要为宗旨，在系统阐述微积分、线性代数、概率统计课程的基本概念、基本定理、基本方法的同时融入了很多经典的数学模型，重点强调数学思想与数学方法的学习，强调怎样将数学应用于工程实际.

本书主要介绍向量代数与空间解析几何、矩阵与行列式、线性方程组、相似矩阵与二次型以及相关的数学模型.

本书的编写具有如下特点：

1. 在保证基础知识体系完整的前提下，力求通俗易懂，删除了繁杂的理论性证明过程；教材体系和章节的安排上，严格遵循循序渐进、由浅入深的教学规律；在对内容深度的把握上，考虑应用型科技人才的培养目标和学生的接受能力，做到深浅适中、难易适度.

2. 在重要概念和公式的引入上尽量根据数学发展的脉络还原最质朴的案例，教材中引入的很多案例都是数学建模活动中或学生讨论课上最感兴趣的问题，其内容丰富、生动有趣、视野开阔、宏微兼具. 这对于提高学生分析问题和解决问题的能力都很有帮助.

3. 按章配备了难度适中的习题，并附有答案或提示.

全书讲授与讨论需 64 学时. 根据不同层次的需要，课时和内容可酌情取舍.

本书由陈骑兵主编，第 1 章由李宝平编写，第 2 章由钱茜编写，第 3 章由李琼编写，第 4 章由陈骑兵编写. 全书由陈骑兵负责统稿.

在本书的编写过程中，我们参阅了大量的教材和文献资料，在此向这些作者表示感谢.

由于编者水平有限，书中难免有缺点和不当之处，恳请同行专家和读者批评指正.

电子科技大学成都学院
数学建模与工程教育研究项目组
2014年10月于成都

目　　录

第 1 章　向量代数与空间解析几何

在平面解析几何中，利用坐标把平面上的点与一对有序数对应起来，把平面上的图形和方程对应起来，从而用代数方法来研究几何问题. 空间解析几何也是按照类似的方法建立起来的.

在一元函数微积分中，平面解析几何发挥了重要作用. 同样地，在多元函数微积分中，空间解析几何将起到不可或缺的作用. 本章首先建立空间直角坐标系，并以向量为工具，研究有关空间图形以及和它们相关的几何问题.

1.1　向　量

1.1.1　空间直角坐标系

在空间中，任取定点 O，以 O 为原点作三条两两互相垂直的数轴，依次记为 x 轴(横轴)、y 轴(纵轴)、z 轴(竖轴)，统称为**坐标轴**. 三条坐标轴的正方向符合右手法则，即用右手握住 z 轴，当右手的四个手指从 x 轴正向以 $\frac{\pi}{2}$ 角度转向 y 轴正向时，大拇指的指向就是 z 轴的正向，如图 1.1 所示. 这样，就构成了一个空间直角坐标系.

点 O 称为**坐标原点**，三条坐标轴的任意两条确定的平面称为**坐标面**，分别称为 xOy 面、yOz 面、zOx 面. 三个坐标面把空间分成八个部分，每一部分称为一个**卦限**. 由 x 轴、y 轴、z 轴正向确定的那个卦限称为第一卦限，在 xOy 面上方的另外三个卦限按逆时针方向依次称为第二、三、四卦限. 在 xOy 面下方的四个卦限对应于第一、二、三、四卦限的正下方，分别称为第五、六、七、八卦限，这八个卦限分别用字母Ⅰ，Ⅱ，Ⅲ，Ⅳ，Ⅴ，Ⅵ，Ⅶ，Ⅷ表示(图 1.2).

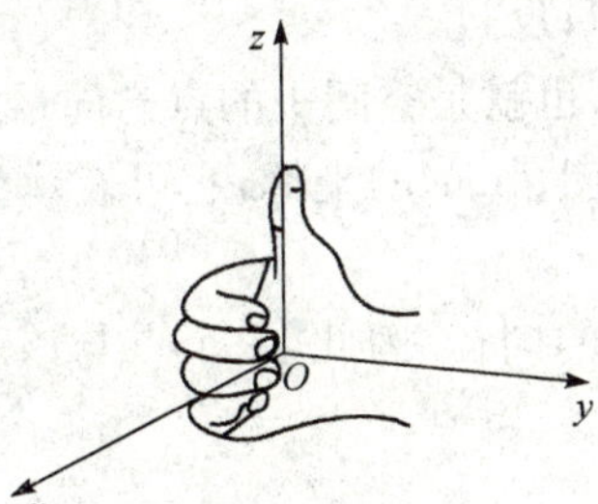

图 1.1

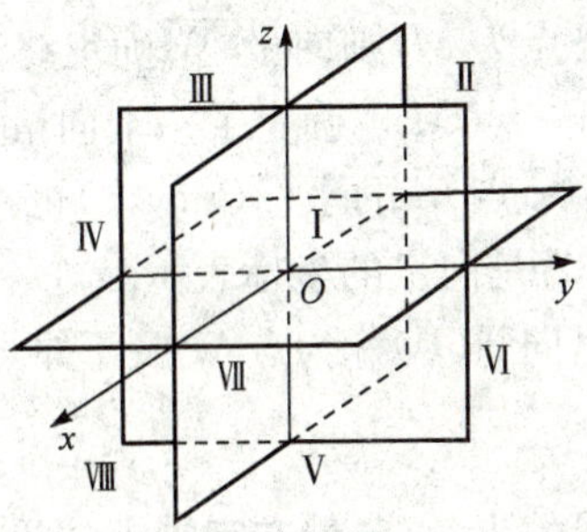

图 1.2

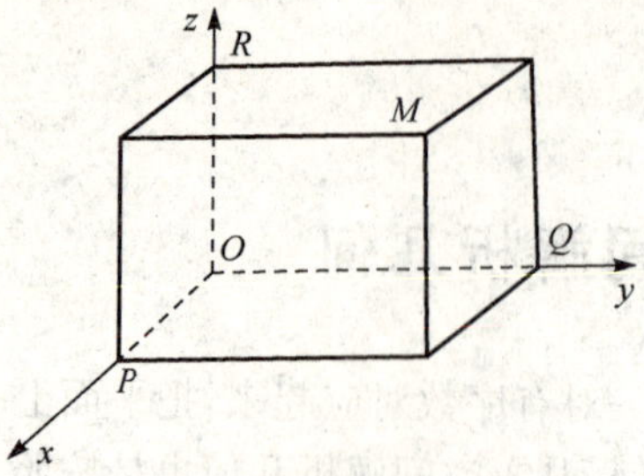

图 1.3

设 M 为空间中的任意一点，过点 M 分别作垂直于 x 轴、y 轴、z 轴的平面，记这三个平面与 x 轴、y 轴、z 轴的交点分别为 P,Q,R（图 1.3），这三个点在 x 轴、y 轴、z 轴上的坐标依次为 x,y,z. 于是空间中的点 M 就唯一地确定有序数组 (x,y,z).

反过来，对于任一有序数组 (x,y,z)，可在 x 轴上取坐标为 x 的点 P，在 y 轴上取坐标为 y 的点 Q，在 z 轴上取坐标为 z 的点 R，在过 P,Q,R 分别作垂直于 x 轴、y 轴、z 轴的平面，这三个平面就会交于空间一点 M. 这样，一个有序数组又可唯一地确定空间中的一点.

从以上两方面可以看出，空间中的点 M 可与三元有序数组 (x,y,z) 建立一一对应，这个有序数组就称为点 M 的**坐标**，记为 (x,y,z)，并依次称 x,y,z 为点 M 的横坐标、纵坐标、竖坐标.

特别地，在 x 轴、y 轴、z 轴上的点的坐标分别是 $(x,0,0)$，$(0,y,0)$，$(0,0,z)$；在坐标面 xOy 面、yOz 面、zOx 面上的点的坐标分别是 $(x,y,0)$，$(0,y,z)$，$(x,0,z)$.

1.1.2　向量与向量的坐标表示

既有大小又有方向的量，称为**向量**，如速度、力、位移等.

在几何上，用有向线段表示向量. 以 A 为起点，B 为终点的向量，记为 $\overrightarrow{AB}$，有时用黑体字母 $\boldsymbol{a},\boldsymbol{b},\boldsymbol{c}$ 等表示（图 1.4）.

在实际问题中，有的向量与起点有关，而有的向量与起点无关. 本书只研究与起点无关的向量，并称这种向量为**自由向量**，简称**向量**.

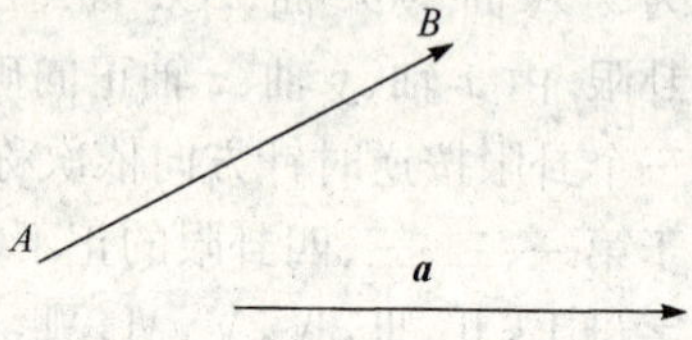

图 1.4

由于不考虑起点的位置，因而对任意给定的空间向量 $\boldsymbol{a}$，可通过平行移动，将其起点移到坐标原点 O，设其终点为 M，则向量 $\overrightarrow{OM}$ 确定终点 M；反过来，空间中任一点 M 也确定了一个向量 $\overrightarrow{OM}$，也就是空间中的点与向量之间建立了一一对应关系. 点 M 的坐标 (x,y,z) 也称为向量 $\overrightarrow{OM}$ 的坐标，它可表示为 $\overrightarrow{OM}=\boldsymbol{a}=(x,y,z)$，这就是向量的坐标表示.

特别地，向量 $\overrightarrow{OM}$ 称为点 M 关于原点 O 的向径. 因此，一个点与该点的向径有相同的坐标.

1.1.3　向量的夹角、向量在定轴上的投影

两个向量 $\boldsymbol{a}$ 与 $\boldsymbol{b}$ 的夹角规定为使其中一个向量与另一个向量方向一致时所需

要旋转的最小角度,记为$(\widehat{a,b})$,显然 $0\leqslant(\widehat{a,b})\leqslant\pi$.

向量与数轴、数轴与数轴的夹角可同样定义.

设 $\boldsymbol{e}$ 为与 u 轴同向的单位向量,M 为空间中任意一点,作向量$\overrightarrow{OM}$,再过点 M 作与 u 轴垂直的平面交 u 轴于点 M',则 M' 称为 M 在 u 轴上的**投影**. 向量$\overrightarrow{OM'}$称为向量$\overrightarrow{OM}$在 u 轴上的分向量(图 1.5).

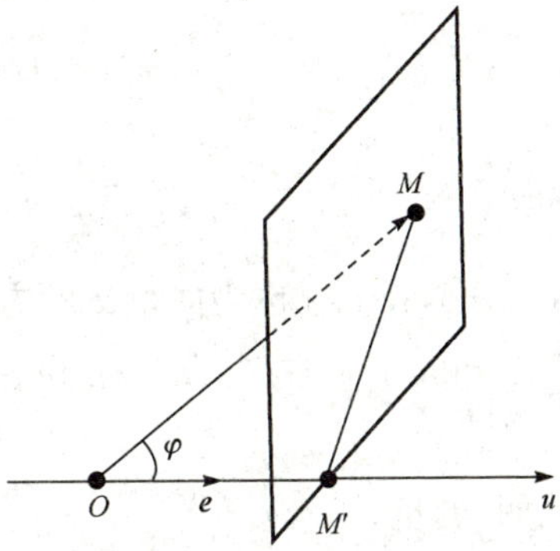

图 1.5

若$\overrightarrow{OM'}=\lambda\boldsymbol{e}$,称 λ 为向量$\overrightarrow{OM}$在 u 轴上的**投影**,记作 $\mathrm{Prj}_u\overrightarrow{OM}$或$(\overrightarrow{OM})_u$.

$$\mathrm{Prj}_u\overrightarrow{OM}=\begin{cases}|\overrightarrow{OM'}|, & \overrightarrow{OM'}\text{与 } u \text{ 同向},\\ -|\overrightarrow{OM'}|, & \overrightarrow{OM'}\text{与 } u \text{ 反向}.\end{cases}$$

1.1.4　向量的模与方向余弦

向量的大小称为向量的**模**. 向量$\overrightarrow{AB}$和 $\boldsymbol{a}$ 的模分别记作$|\overrightarrow{AB}|$和$|\boldsymbol{a}|$. 特别地,模等于 1 的向量称为**单位向量**. 在空间直角坐标系中,通常将方向与 x 轴、y 轴、z 轴的正方向相同的单位向量记作 $\boldsymbol{i},\boldsymbol{j},\boldsymbol{k}$,并称它们为基本单位向量. 模等于 0 的向量称为**零向量**,记作 $\mathbf{0}$. 零向量的方向可看成任意的,并规定一切零向量都相等.

若向量 $\boldsymbol{a},\boldsymbol{b}$ 的模相等且方向相同,则称 $\boldsymbol{a},\boldsymbol{b}$ 为**相等向量**,记作 $\boldsymbol{a}=\boldsymbol{b}$. 与向量 $\boldsymbol{a}$ 的模相等而方向相反的向量,称为 $\boldsymbol{a}$ 的**反向量**,记作$-\boldsymbol{a}$,向量 $\boldsymbol{a},\boldsymbol{b}$ 方向相同或相反,称向量 $\boldsymbol{a}$ 与 $\boldsymbol{b}$ **平行或共线**,记作 $\boldsymbol{a}/\!/\boldsymbol{b}$.

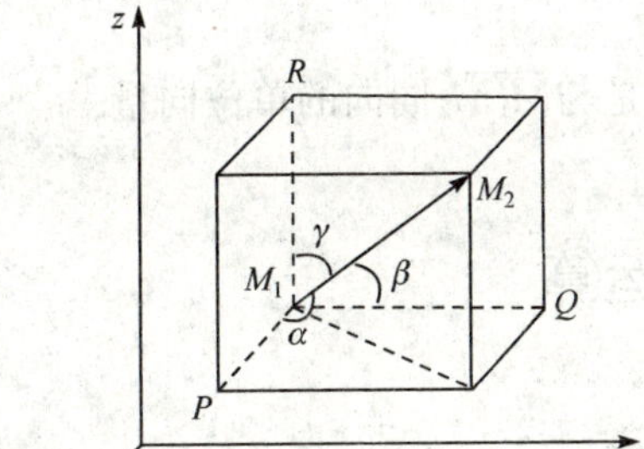

图 1.6

根据向量在定轴 u 上的投影定义,$\mathrm{Prj}_u\boldsymbol{a}=|a|\cos\varphi$,其中 φ 为向量 $\boldsymbol{a}$ 与轴 u 的夹角.

任一非零向量 $\boldsymbol{a}=\overrightarrow{M_1M_2}$与三条坐标轴的夹角 α,β,γ 称为向量 $\boldsymbol{a}$ 的方向角(图 1.6). 显然 $0\leqslant\alpha\leqslant\pi,0\leqslant\beta\leqslant\pi,0\leqslant\gamma\leqslant\pi$. 设 $\boldsymbol{a}$ 的坐标为(a_1,a_2,a_3),由图 1.6 可知 a_1,a_2,a_3 分别为向量$\overrightarrow{M_1M_2}$在 x 轴、y 轴、z 轴上的投影. $a_1\boldsymbol{i},a_2\boldsymbol{j},a_3\boldsymbol{k}$ 分别称为向量 $\boldsymbol{a}$ 在 x 轴、y 轴、z 轴上的分向量. 所以 $\boldsymbol{a}=(a_1,a_2,a_3)=a_1\boldsymbol{i}+a_2\boldsymbol{j}+a_3\boldsymbol{k}$,且

$$\cos\alpha=\frac{a_1}{|\overrightarrow{M_1M_2}|}=\frac{a_1}{|\boldsymbol{a}|},$$

$$\cos\beta=\frac{a_2}{|\overrightarrow{M_1M_2}|}=\frac{a_2}{|\boldsymbol{a}|},$$

$$\cos\gamma=\frac{a_3}{|\overrightarrow{M_1M_2}|}=\frac{a_3}{|\boldsymbol{a}|},$$

$\cos\alpha,\cos\beta,\cos\gamma$ 称为向量 $\boldsymbol{a}$ 的**方向余弦**.

如图 1.6 所示，$|\boldsymbol{a}|=|\overrightarrow{M_1M_2}|=\sqrt{a_1^2+a_2^2+a_3^2}$. 由定义式可以看出

$$\cos^2\alpha+\cos^2\beta+\cos^2\gamma=1.$$

从而，向量

$$\boldsymbol{e}=(\cos\alpha,\cos\beta,\cos\gamma)=\left(\frac{a_1}{|\boldsymbol{a}|},\frac{a_2}{|\boldsymbol{a}|},\frac{a_3}{|\boldsymbol{a}|}\right)$$

是单位向量，它与向量 $\boldsymbol{a}$ 同向.

例 1.1.1 设一向量起点为 $A(1,2,3)$，终点为 $B(2,-1,7)$，求这个向量在 x 轴上的投影及在 y 轴上的分向量.

解 因$\overrightarrow{AB}=(2-1,-1-2,7-3)=(1,-3,4)$，则$\overrightarrow{AB}$在 x 轴上的投影为 1，在 y 轴上的分向量为-3.

例 1.1.2 已知$\overrightarrow{M_1M_2}=(-1,1,-\sqrt{2})$，求向量$\overrightarrow{M_1M_2}$的模、方向余弦、方向角及与$\overrightarrow{M_1M_2}$同向的单位向量.

解
$$|\overrightarrow{M_1M_2}|=\sqrt{(-1)^2+1^2+(-\sqrt{2})^2}=2,$$

$$\cos\alpha=-\frac{1}{2},\quad \cos\beta=\frac{1}{2},\quad \cos\gamma=-\frac{\sqrt{2}}{2},$$

于是方向角分别为 $\alpha=\frac{2\pi}{3},\beta=\frac{\pi}{3},\gamma=\frac{3\pi}{4}$.

$\boldsymbol{e}=(\cos\alpha,\cos\beta,\cos\gamma)=\left(-\frac{1}{2},\frac{1}{2},-\frac{\sqrt{2}}{2}\right)$ 即是与$\overrightarrow{M_1M_2}$同向的单位向量.

1.2 向量的运算

1.2.1 向量的线性运算

在研究物体的受力时，作用于一个质点的两个力可以看成两个向量，它们的合力就是以这两个力作为相邻两边的平行四边形的对角线上的向量. 下面要讨论的向量的加法就是对合力这个概念在数学上的抽象和概括.

1. 向量的加法

已知向量 $\boldsymbol{a},\boldsymbol{b}$，任意取一定点 O，作$\overrightarrow{OA}=\boldsymbol{a}$，$\overrightarrow{OB}=\boldsymbol{b}$，再以 OA，OB 为邻边作平

行四边形 $OACB$（图 1.7），则对角线上的向量 $\overrightarrow{OC}=\boldsymbol{c}$ 称为向量 $\boldsymbol{a}$ 与 $\boldsymbol{b}$ 的和，记作 $\boldsymbol{c}=\boldsymbol{a}+\boldsymbol{b}$.

这种方法称为向量加法的**平行四边形法则**. 向量的加法还可以利用**三角形法则**得到：以空间任意一点 O 为起点，作向量 $\overrightarrow{OA}=\boldsymbol{a}$，再以点 A 为起点，作向量 $\overrightarrow{AB}=\boldsymbol{b}$，则向量 $\overrightarrow{OB}=\boldsymbol{c}$ 称为向量 $\boldsymbol{a}$ 与 $\boldsymbol{b}$ 的和，如图 1.8 所示.

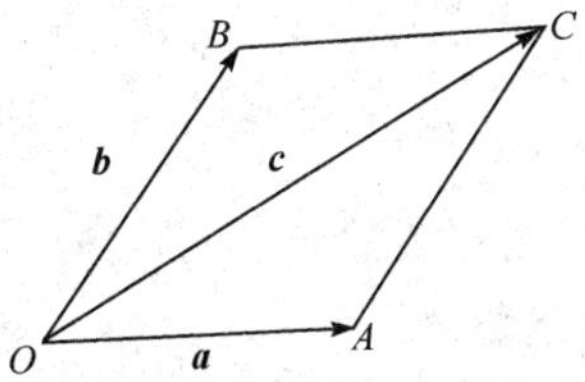

图 1.7

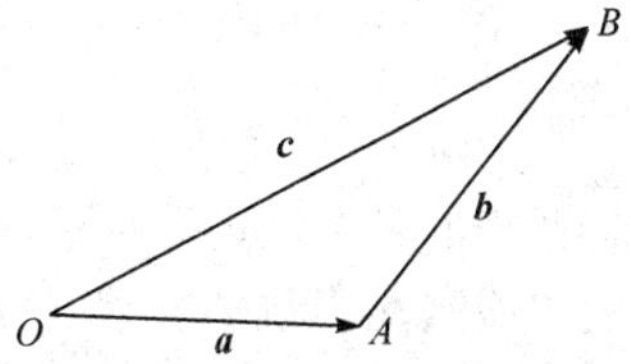

图 1.8

特别地，若 $\boldsymbol{a}$ 与 $\boldsymbol{b}$ 平行或在同一条直线上，则规定：

(1) 若 $\boldsymbol{a}$ 与 $\boldsymbol{b}$ 同向，其和向量的方向与 $\boldsymbol{a},\boldsymbol{b}$ 相同，其模为两向量模之和.

(2) 若 $\boldsymbol{a}$ 与 $\boldsymbol{b}$ 反向，其和向量的方向与 $\boldsymbol{a},\boldsymbol{b}$ 中较长的向量的方向相同，其模为 $\boldsymbol{a},\boldsymbol{b}$ 中较大的模与较小的模之差.

向量的加法符合下列运算规律：

(1) **交换律**　$\boldsymbol{a}+\boldsymbol{b}=\boldsymbol{b}+\boldsymbol{a}$；

(2) **结合律**　$(\boldsymbol{a}+\boldsymbol{b})+\boldsymbol{c}=\boldsymbol{a}+(\boldsymbol{b}+\boldsymbol{c})$.

由于向量的加法满足结合律与交换律，三个向量 $\boldsymbol{a},\boldsymbol{b},\boldsymbol{c}$ 之和就可以记作 $\boldsymbol{a}+\boldsymbol{b}+\boldsymbol{c}$，其次序可以任意颠倒. 一般地，对于 n 个向量 $\boldsymbol{a}_1,\boldsymbol{a}_2,\cdots,\boldsymbol{a}_n$，它们的和可记作 $\boldsymbol{a}_1+\boldsymbol{a}_2+\cdots+\boldsymbol{a}_n$. 并且，可按三角形法则得到这 n 个向量相加的法则如下：以空间任意一点 O 为起点作向量 $\boldsymbol{a}_1$，再以 $\boldsymbol{a}_1$ 的终点为起点作向量 $\boldsymbol{a}_2,\cdots$，以 $\boldsymbol{a}_{n-1}$ 的终点为起点作向量 $\boldsymbol{a}_n$，最后以 $\boldsymbol{a}_1$ 的起点为起点，$\boldsymbol{a}_n$ 的终点为终点作向量 $\boldsymbol{s}$，则 $\boldsymbol{s}$ 即是向量 $\boldsymbol{a}_1,\boldsymbol{a}_2,\cdots,\boldsymbol{a}_n$ 的和.

2. 向量的减法

规定向量 $\boldsymbol{a}$ 与 $\boldsymbol{b}$ 的差为 $\boldsymbol{a}-\boldsymbol{b}=\boldsymbol{a}+(-\boldsymbol{b})$.

因而，向量的减法可以按照向量的加法运算进行.

特别地，当 $\boldsymbol{a}=\boldsymbol{b}$ 时，$\boldsymbol{a}-\boldsymbol{a}=\boldsymbol{a}+(-\boldsymbol{a})=\boldsymbol{0}$.

3. 向量的数乘

向量 $\boldsymbol{a}$ 与实数 λ 的乘积记作 $\lambda\boldsymbol{a}$，规定 $\lambda\boldsymbol{a}$ 是一个向量，称为**数乘向量**，简称数乘，它的模 $|\lambda\boldsymbol{a}|=|\lambda||\boldsymbol{a}|$，它的方向当 $\lambda>0$ 时与 $\boldsymbol{a}$ 方向相同，当 $\lambda<0$ 时与 $\boldsymbol{a}$ 方向相反，当 $\lambda=0$ 时，$\lambda\boldsymbol{a}$ 为零向量.

容易看出,数乘满足下列运算规律:

(1) **结合律**　$\lambda(\mu\boldsymbol{a})=(\lambda\mu)\boldsymbol{a}$;

(2) **分配律**　$(\lambda+\mu)\boldsymbol{a}=\lambda\boldsymbol{a}+\mu\boldsymbol{a}$, $\lambda(\boldsymbol{a}+\boldsymbol{b})=\lambda\boldsymbol{a}+\lambda\boldsymbol{b}$.

由数乘的定义,可得以下结论:

(1) 若 $\boldsymbol{a}$ 不是零向量,则 $\boldsymbol{a}$ 可表示成它的模 $|\boldsymbol{a}|$ 与它同向的单位向量 $\dfrac{\boldsymbol{a}}{|\boldsymbol{a}|}$ 的乘积,即 $\boldsymbol{a}=|\boldsymbol{a}|\dfrac{\boldsymbol{a}}{|\boldsymbol{a}|}$.

(2) 两个非零向量 $\boldsymbol{a}$ 与 $\boldsymbol{b}$ 平行的充要条件是存在实数 λ,使得 $\boldsymbol{a}=\lambda\boldsymbol{b}$.

向量的加法和向量的数乘,统称为**向量的线性运算**.

在空间直角坐标系中,设向量 $\boldsymbol{r}$ 的坐标为 (x,y,z),则对应有点 M 使得 $\overrightarrow{OM}=\boldsymbol{r}$,以 $\overrightarrow{OM}$ 为对角线、三条坐标轴为棱作长方体 $RHMK\text{-}OPNQ$,如图 1.9 所示,有

$$\boldsymbol{r}=\overrightarrow{OM}=\overrightarrow{OP}+\overrightarrow{PN}+\overrightarrow{NM}=\overrightarrow{OP}+\overrightarrow{OQ}+\overrightarrow{OR},$$

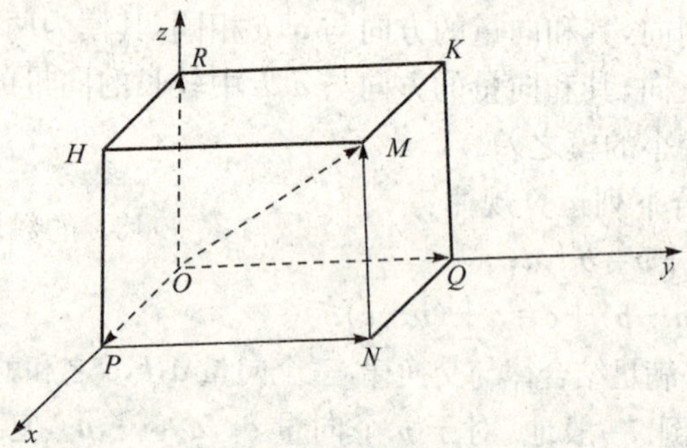

图 1.9

而 $\overrightarrow{OP}=x\boldsymbol{i}$, $\overrightarrow{OQ}=y\boldsymbol{j}$, $\overrightarrow{OR}=z\boldsymbol{k}$,于是 $\boldsymbol{r}=x\boldsymbol{i}+y\boldsymbol{j}+z\boldsymbol{k}$. 因此,若 $\boldsymbol{a}=(a_x,a_y,a_z)$, $\boldsymbol{b}=(b_x,b_y,b_z)$,则有

$$\boldsymbol{a}=a_x\boldsymbol{i}+a_y\boldsymbol{j}+a_z\boldsymbol{k},\quad \boldsymbol{b}=b_x\boldsymbol{i}+b_y\boldsymbol{j}+b_z\boldsymbol{k}.$$

利用向量加法的交换律与结合律,以及向量与数的乘法的结合律与分配律,可得

$$\boldsymbol{a}+\boldsymbol{b}=(a_x+b_x)\boldsymbol{i}+(a_y+b_y)\boldsymbol{j}+(a_z+b_z)\boldsymbol{k},$$
$$\boldsymbol{a}-\boldsymbol{b}=(a_x-b_x)\boldsymbol{i}+(a_y-b_y)\boldsymbol{j}+(a_z-b_z)\boldsymbol{k},$$
$$\lambda\boldsymbol{a}=(\lambda a_x)\boldsymbol{i}+(\lambda a_y)\boldsymbol{j}+(\lambda a_z)\boldsymbol{k},\quad \lambda\text{ 为实数},$$

即有

$$\boldsymbol{a}+\boldsymbol{b}=(a_x+b_x,a_y+b_y,a_z+b_z),$$
$$\boldsymbol{a}-\boldsymbol{b}=(a_x-b_x,a_y-b_y,a_z-b_z),$$
$$\lambda\boldsymbol{a}=(\lambda a_x,\lambda a_y,\lambda a_z).$$

由此可见,对向量进行加、减与数乘运算,只需对向量的各个坐标分别进行相应的运算.

1.2.2　数量积

设一物体在常力 $\boldsymbol{F}$ 的作用下沿直线产生位移 $\boldsymbol{s}$,由物理学知道,力 $\boldsymbol{F}$ 所做的功为 $W=|\boldsymbol{F}||\boldsymbol{s}|\cos\theta$,其中 θ 为 $\boldsymbol{F}$ 与 $\boldsymbol{s}$ 的夹角(图 1.10).

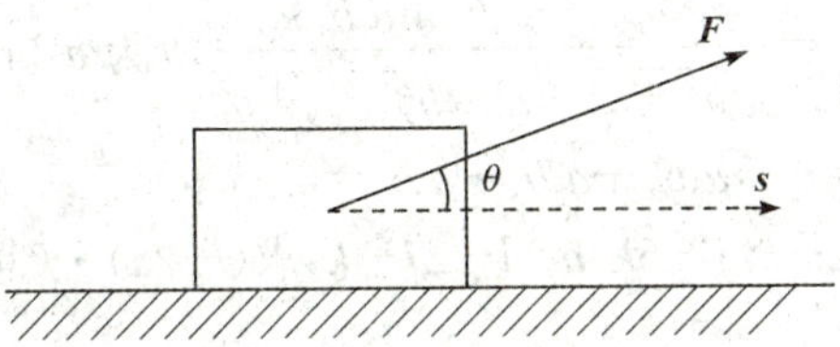

图 1.10

从该问题可看出,有时需要对两个向量 $\boldsymbol{a}$ 与 $\boldsymbol{b}$ 作这样的运算,运算的结果是一个数,它等于 $|\boldsymbol{a}|$, $|\boldsymbol{b}|$ 及它们的夹角 θ 的余弦的乘积,称为向量 $\boldsymbol{a}$ 与 $\boldsymbol{b}$ 的**数量积**(也称为"内积""点积"),记作 $\boldsymbol{a}\cdot\boldsymbol{b}$,即

$$\boldsymbol{a}\cdot\boldsymbol{b}=|\boldsymbol{a}||\boldsymbol{b}|\cos\theta.$$

根据这个定义,上述问题中力所做的功 W 就是力 $\boldsymbol{F}$ 与位移 $\boldsymbol{s}$ 的数量积,即

$$W=\boldsymbol{F}\cdot\boldsymbol{s}.$$

数量积符合下列运算规律:

(1) **交换律**　$\boldsymbol{a}\cdot\boldsymbol{b}=\boldsymbol{b}\cdot\boldsymbol{a}$;

(2) **分配律**　$(\boldsymbol{a}+\boldsymbol{b})\cdot\boldsymbol{c}=\boldsymbol{a}\cdot\boldsymbol{c}+\boldsymbol{b}\cdot\boldsymbol{c}$;

(3) **结合律**　$(\lambda\boldsymbol{a})\cdot\boldsymbol{b}=\lambda(\boldsymbol{a}\cdot\boldsymbol{b})=\boldsymbol{a}\cdot(\lambda\boldsymbol{b})$.

由数量积的定义容易得到以下结论:

(1) $\boldsymbol{a}\cdot\boldsymbol{a}=|\boldsymbol{a}|^2$.

(2) $\boldsymbol{a}\perp\boldsymbol{b}\Leftrightarrow\boldsymbol{a}\cdot\boldsymbol{b}=0$.

(3) $\cos\theta=\dfrac{\boldsymbol{a}\cdot\boldsymbol{b}}{|\boldsymbol{a}||\boldsymbol{b}|}$,$\theta$ 为 $\boldsymbol{a}$ 与 $\boldsymbol{b}$ 的夹角.

若 $\boldsymbol{a}=(a_x,a_y,a_z)$,$\boldsymbol{b}=(b_x,b_y,b_z)$,按数量积的运算规律可得

$$\begin{aligned}\boldsymbol{a}\cdot\boldsymbol{b}&=(a_x\boldsymbol{i}+a_y\boldsymbol{j}+a_z\boldsymbol{k})\cdot(b_x\boldsymbol{i}+b_y\boldsymbol{j}+b_z\boldsymbol{k})\\&=a_x\boldsymbol{i}\cdot(b_x\boldsymbol{i}+b_y\boldsymbol{j}+b_z\boldsymbol{k})+a_y\boldsymbol{j}\cdot(b_x\boldsymbol{i}+b_y\boldsymbol{j}+b_z\boldsymbol{k})+a_z\boldsymbol{k}\cdot(b_x\boldsymbol{i}+b_y\boldsymbol{j}+b_z\boldsymbol{k})\\&=a_xb_x\boldsymbol{i}\cdot\boldsymbol{i}+a_xb_y\boldsymbol{i}\cdot\boldsymbol{j}+a_xb_z\boldsymbol{i}\cdot\boldsymbol{k}+a_yb_x\boldsymbol{j}\cdot\boldsymbol{i}+a_yb_y\boldsymbol{j}\cdot\boldsymbol{j}\\&\quad+a_yb_z\boldsymbol{j}\cdot\boldsymbol{k}+a_zb_x\boldsymbol{k}\cdot\boldsymbol{i}+a_zb_y\boldsymbol{k}\cdot\boldsymbol{j}+a_zb_z\boldsymbol{k}\cdot\boldsymbol{k}.\end{aligned}$$

由于 $\boldsymbol{i},\boldsymbol{j},\boldsymbol{k}$ 互相垂直,所以

$$\boldsymbol{i}\cdot\boldsymbol{j}=\boldsymbol{j}\cdot\boldsymbol{k}=\boldsymbol{k}\cdot\boldsymbol{i}=0,$$

$$\boldsymbol{j}\cdot\boldsymbol{i}=\boldsymbol{k}\cdot\boldsymbol{j}=\boldsymbol{i}\cdot\boldsymbol{k}=0,$$

又因为 $\boldsymbol{i},\boldsymbol{j},\boldsymbol{k}$ 的模都是 1,所以

$$\boldsymbol{i}\cdot\boldsymbol{i}=\boldsymbol{j}\cdot\boldsymbol{j}=\boldsymbol{k}\cdot\boldsymbol{k}=1,$$

因而得数量积的坐标表示式：

$$\boldsymbol{a}\cdot\boldsymbol{b}=a_xb_x+a_yb_y+a_zb_z,$$

并且,有

(1) $\cos\theta=\dfrac{\boldsymbol{a}\cdot\boldsymbol{b}}{|\boldsymbol{a}|\,|\boldsymbol{b}|}=\dfrac{a_xb_x+a_yb_y+a_zb_z}{\sqrt{a_x^2+a_y^2+a_z^2}\sqrt{b_x^2+b_y^2+b_z^2}}$,$\theta$ 为 $\boldsymbol{a}$ 与 $\boldsymbol{b}$ 的夹角；

(2) $\boldsymbol{a}\perp\boldsymbol{b}\Leftrightarrow\boldsymbol{a}\cdot\boldsymbol{b}=0\Leftrightarrow a_xb_x+a_yb_y+a_zb_z=0$.

例 1.2.1　设 $\boldsymbol{a}=2\boldsymbol{i}-4\boldsymbol{j}-5\boldsymbol{k},\boldsymbol{b}=\boldsymbol{i}-2\boldsymbol{j}-\boldsymbol{k}$,求 $(-2\boldsymbol{a})\cdot(3\boldsymbol{b})$,$\boldsymbol{a}$ 与 $\boldsymbol{b}$ 的夹角 θ.

解　因为

$$\boldsymbol{a}\cdot\boldsymbol{b}=2\times1+(-4)\times(-2)+(-5)\times(-1)=15,$$

所以

$$(-2\boldsymbol{a})\cdot(3\boldsymbol{b})=-6(\boldsymbol{a}\cdot\boldsymbol{b})=-6\times15=-90,$$

又因为

$$\cos\theta=\frac{\boldsymbol{a}\cdot\boldsymbol{b}}{|\boldsymbol{a}|\,|\boldsymbol{b}|}=\frac{15}{\sqrt{2^2+(-4)^2+(-5)^2}\sqrt{1^2+(-2)^2+(-1)^2}}=\frac{5}{\sqrt{30}},$$

所以 $\theta=\arccos\dfrac{5}{\sqrt{30}}$.

例 1.2.2　设 $\boldsymbol{a}=(3,4,-2),\boldsymbol{b}=(2,1,4)$,问 λ 与 μ 关系如何,才能使 $\lambda\boldsymbol{a}+\mu\boldsymbol{b}$ 与 z 轴垂直.

解　z 轴的方向向量 $\boldsymbol{e}_z=(0,0,1)$,$\lambda\boldsymbol{a}+\mu\boldsymbol{b}$ 与 z 轴垂直,即 $(\lambda\boldsymbol{a}+\mu\boldsymbol{b})\cdot\boldsymbol{e}_z=0$,而

$$\lambda\boldsymbol{a}+\mu\boldsymbol{b}=(3\lambda+2\mu,4\lambda+\mu,-2\lambda+4\mu),$$

所以

$$\begin{aligned}(\lambda\boldsymbol{a}+\mu\boldsymbol{b})\cdot\boldsymbol{e}_z&=(3\lambda+2\mu)\cdot0+(4\lambda+\mu)\cdot0\\&\quad+(-2\lambda+4\mu)\cdot1\\&=4\mu-2\lambda=0,\end{aligned}$$

即 $\lambda=2\mu$ 时,$\lambda\boldsymbol{a}+\mu\boldsymbol{b}$ 与 z 轴垂直.

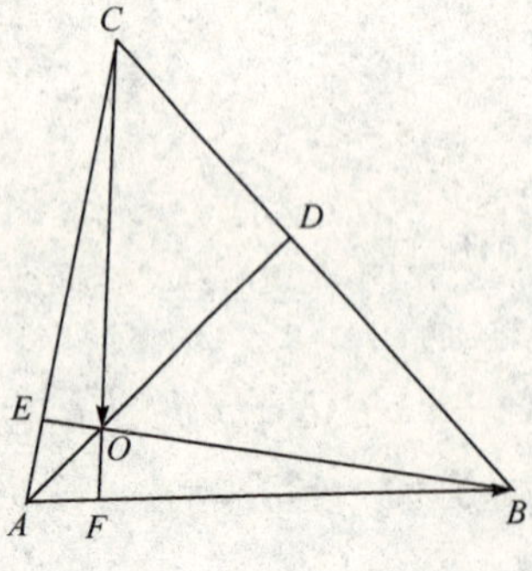

图 1.11

例 1.2.3　证明三角形的三条高交于一点.

证　在△ABC 中(图 1.11),设 CF,BE,AD 分别是 AB,AC,BC 边上的高,设直线 AD 和 BE 交于 O 点.要证明直线 CF,BE,AD 交于一点,只需证明 C,O,F 共线,即 $CO/\!/CF$,也就是 $\overrightarrow{CO}\cdot\overrightarrow{AB}=0$.

由$\overrightarrow{AO}\cdot\overrightarrow{BC}=\overrightarrow{CA}\cdot\overrightarrow{OB}=0$,得

$$\begin{aligned}\overrightarrow{CO}\cdot\overrightarrow{AB}&=(\overrightarrow{CA}+\overrightarrow{AO})\cdot\overrightarrow{AB}=\overrightarrow{CA}\cdot\overrightarrow{AB}+\overrightarrow{AO}\cdot\overrightarrow{AB}\\&=\overrightarrow{CA}\cdot(\overrightarrow{AO}+\overrightarrow{OB})+\overrightarrow{AO}\cdot(\overrightarrow{AC}+\overrightarrow{CB})\\&=\overrightarrow{CA}\cdot\overrightarrow{AO}+\overrightarrow{CA}\cdot\overrightarrow{OB}+\overrightarrow{AO}\cdot\overrightarrow{AC}+\overrightarrow{AO}\cdot\overrightarrow{CB}\\&=0.\end{aligned}$$

1.2.3　向量积

在研究物体转动问题时,不仅要考虑物体所受的力,还需要分析力所产生的力矩.下面举一个简单的例子说明表达力矩的方法.

设 O 为一杠杆的支点,力 $\boldsymbol{F}$ 作用于点 P,$\boldsymbol{F}$ 与$\overrightarrow{OP}$的夹角为 θ(图 1.12).那么力 $\boldsymbol{F}$ 对支点的力矩 $\boldsymbol{M}$ 是一个向量,$\boldsymbol{M}$ 的模为 $|\overrightarrow{OP}||\boldsymbol{F}|\sin\theta$,方向垂直于$\overrightarrow{OP}$与 $\boldsymbol{F}$ 所确定的平面,且$\overrightarrow{OP}$,$\boldsymbol{F}$,$\boldsymbol{M}$ 符合右手法则,即当右手四指由$\overrightarrow{OP}$以不超过$\frac{\pi}{2}$的角度转向 $\boldsymbol{F}$ 时,大拇指的方向就是 $\boldsymbol{M}$ 的指向.

这种由两个已知向量确定另一个向量的情况,在其他力学和物理问题中也会遇到.从中可抽象出两个向量的向量积的概念.

设有向量 $\boldsymbol{a}$ 与 $\boldsymbol{b}$,向量 $\boldsymbol{c}$ 按下列方式定义:

$\boldsymbol{c}$ 的模为 $|\boldsymbol{c}|=|\boldsymbol{a}||\boldsymbol{b}|\sin\theta$,式中 θ 为向量 $\boldsymbol{a}$ 与 $\boldsymbol{b}$ 的夹角.$\boldsymbol{c}$ 的方向垂直于 $\boldsymbol{a}$ 与 $\boldsymbol{b}$ 所确定的平面,且 $\boldsymbol{a},\boldsymbol{b},\boldsymbol{c}$ 符合右手法则(图 1.13),称向量 $\boldsymbol{c}$ 为向量 $\boldsymbol{a}$ 与 $\boldsymbol{b}$ 的**向量积**,记作 $\boldsymbol{a}\times\boldsymbol{b}$,即 $\boldsymbol{c}=\boldsymbol{a}\times\boldsymbol{b}$.

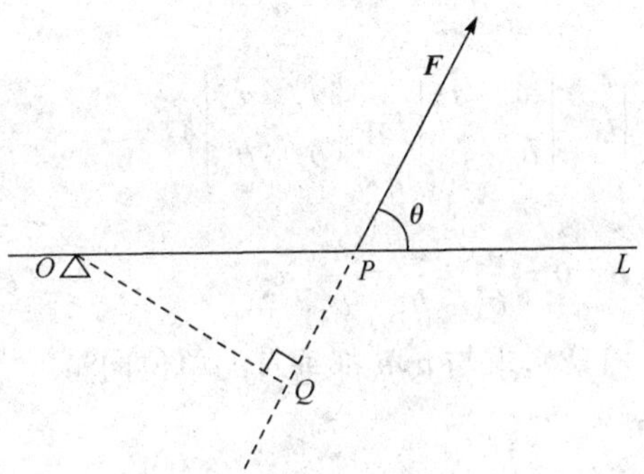

图 1.12

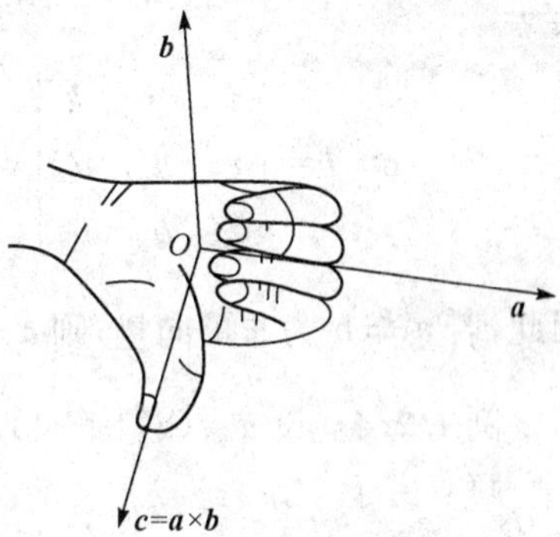

图 1.13

由向量积的定义,可得以下结论:

(1) $\boldsymbol{a}\times\boldsymbol{a}=\boldsymbol{0}$;

(2) 若 $\boldsymbol{a}$ 与 $\boldsymbol{b}$ 为非零向量,则 $\boldsymbol{a}/\!/\boldsymbol{b}\Leftrightarrow\boldsymbol{a}\times\boldsymbol{b}=\boldsymbol{0}$.

向量积符合下列运算规律:

(1) $\boldsymbol{a}\times\boldsymbol{b}=-\boldsymbol{b}\times\boldsymbol{a}$;

(2) **分配律**　$(\boldsymbol{a}+\boldsymbol{b})\times\boldsymbol{c}=\boldsymbol{a}\times\boldsymbol{c}+\boldsymbol{b}\times\boldsymbol{c}$;

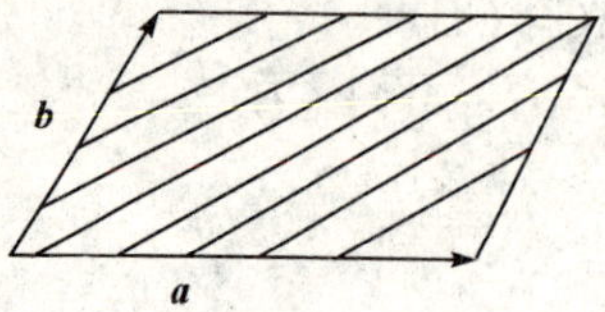

图 1.14

(3) **结合律**　$(\lambda\boldsymbol{a})\times\boldsymbol{c}=\boldsymbol{a}\times(\lambda\boldsymbol{c})=\lambda(\boldsymbol{a}\times\boldsymbol{c})$, λ 为实数.

由 $|\boldsymbol{a}\times\boldsymbol{b}|=|\boldsymbol{a}||\boldsymbol{b}|\sin\theta$, 可知 $|\boldsymbol{a}\times\boldsymbol{b}|$ 在几何上表示以向量 $\boldsymbol{a}$ 和 $\boldsymbol{b}$ 为邻边的平行四边形的面积(图 1.14).

设 $\boldsymbol{a}=(a_x,a_y,a_z)$, $\boldsymbol{b}=(b_x,b_y,b_z)$, 按运算规律可得

$$\begin{aligned}\boldsymbol{a}\times\boldsymbol{b}&=(a_x\boldsymbol{i}+a_y\boldsymbol{j}+a_z\boldsymbol{k})\times(b_x\boldsymbol{i}+b_y\boldsymbol{j}+b_z\boldsymbol{k})\\&=a_x\boldsymbol{i}\times(b_x\boldsymbol{i}+b_y\boldsymbol{j}+b_z\boldsymbol{k})+a_y\boldsymbol{j}\times(b_x\boldsymbol{i}+b_y\boldsymbol{j}+b_z\boldsymbol{k})+a_z\boldsymbol{k}\times(b_x\boldsymbol{i}+b_y\boldsymbol{j}+b_z\boldsymbol{k})\\&=a_xb_x(\boldsymbol{i}\times\boldsymbol{i})+a_xb_y(\boldsymbol{i}\times\boldsymbol{j})+a_xb_z(\boldsymbol{i}\times\boldsymbol{k})+a_yb_x(\boldsymbol{j}\times\boldsymbol{i})+a_yb_y(\boldsymbol{j}\times\boldsymbol{j})\\&\quad+a_yb_z(\boldsymbol{j}\times\boldsymbol{k})+a_zb_x(\boldsymbol{k}\times\boldsymbol{i})+a_zb_y(\boldsymbol{k}\times\boldsymbol{j})+a_zb_z(\boldsymbol{k}\times\boldsymbol{k}).\end{aligned}$$

由于

$$\boldsymbol{i}\times\boldsymbol{i}=\boldsymbol{j}\times\boldsymbol{j}=\boldsymbol{k}\times\boldsymbol{k}=\boldsymbol{0},$$
$$\boldsymbol{i}\times\boldsymbol{j}=\boldsymbol{k},\quad \boldsymbol{j}\times\boldsymbol{k}=\boldsymbol{i},\quad \boldsymbol{k}\times\boldsymbol{i}=\boldsymbol{j},$$
$$\boldsymbol{j}\times\boldsymbol{i}=-\boldsymbol{k},\quad \boldsymbol{k}\times\boldsymbol{j}=-\boldsymbol{i},\quad \boldsymbol{i}\times\boldsymbol{k}=-\boldsymbol{j},$$

所以向量积的坐标表示式为

$$\boldsymbol{a}\times\boldsymbol{b}=(a_yb_z-a_zb_y,a_zb_x-a_xb_z,a_xb_y-a_yb_x).$$

为了便于记忆,可利用行列式(行列式知识将在第 2 章详细介绍)将向量积表示为

$$\boldsymbol{a}\times\boldsymbol{b}=\begin{vmatrix}\boldsymbol{i}&\boldsymbol{j}&\boldsymbol{k}\\a_x&a_y&a_z\\b_x&b_y&b_z\end{vmatrix}=\begin{vmatrix}a_y&a_z\\b_y&b_z\end{vmatrix}\boldsymbol{i}-\begin{vmatrix}a_x&a_z\\b_x&b_z\end{vmatrix}\boldsymbol{j}+\begin{vmatrix}a_x&a_y\\b_x&b_y\end{vmatrix}\boldsymbol{k}.$$

因此,若 $\boldsymbol{a}$ 与 $\boldsymbol{b}$ 为非零向量,则 $\boldsymbol{a}/\!/\boldsymbol{b}\Leftrightarrow\boldsymbol{a}\times\boldsymbol{b}=\boldsymbol{0}\Leftrightarrow\dfrac{a_x}{b_x}=\dfrac{a_y}{b_y}=\dfrac{a_z}{b_z}$.

例 1.2.4　设 $\boldsymbol{a}=(2,1,-1)$, $\boldsymbol{b}=(1,-1,2)$, 求与 $\boldsymbol{a},\boldsymbol{b}$ 都垂直的单位向量.

解　由于

$$\begin{aligned}\boldsymbol{a}\times\boldsymbol{b}&=\begin{vmatrix}\boldsymbol{i}&\boldsymbol{j}&\boldsymbol{k}\\2&1&-1\\1&-1&2\end{vmatrix}=\begin{vmatrix}1&-1\\-1&2\end{vmatrix}\boldsymbol{i}-\begin{vmatrix}2&-1\\1&2\end{vmatrix}\boldsymbol{j}+\begin{vmatrix}2&1\\1&-1\end{vmatrix}\boldsymbol{k}\\&=\boldsymbol{i}-5\boldsymbol{j}-3\boldsymbol{k},\end{aligned}$$

$$\boldsymbol{e}=\frac{1}{\sqrt{1^2+(-5)^2+(-3)^2}}(1,-5,-3)=\left(\frac{1}{\sqrt{35}},\frac{-5}{\sqrt{35}},\frac{-3}{\sqrt{35}}\right),$$

故所求向量为$\pm\left(\frac{1}{\sqrt{35}},\frac{-5}{\sqrt{35}},\frac{-3}{\sqrt{35}}\right)$.

例 1.2.5　已知空间三点 $A(1,2,3)$,$B(3,4,5)$,$C(2,4,7)$,求$\triangle ABC$ 的面积.

解　根据向量积的定义,可知$\triangle ABC$ 的面积

$$S_{\triangle ABC}=\frac{1}{2}|\overrightarrow{AB}||\overrightarrow{AC}|\sin\angle A=\frac{1}{2}|\overrightarrow{AB}\times\overrightarrow{AC}|,$$

由于

$$\overrightarrow{AB}=(2,2,2),\quad \overrightarrow{AC}=(1,2,4),$$

$$\overrightarrow{AB}\times\overrightarrow{AC}=\begin{vmatrix}\boldsymbol{i} & \boldsymbol{j} & \boldsymbol{k}\\ 2 & 2 & 2\\ 1 & 2 & 4\end{vmatrix}=4\boldsymbol{i}-6\boldsymbol{j}+2\boldsymbol{k},$$

$$|\overrightarrow{AB}\times\overrightarrow{AC}|=\sqrt{4^2+(-6)^2+2^2}=\sqrt{56},$$

所以 $S_{\triangle ABC}=\frac{1}{2}\sqrt{56}=\sqrt{14}$.

例 1.2.6　已知 $\boldsymbol{a}=3\boldsymbol{i}-2\boldsymbol{j}+4\boldsymbol{k}$,$\boldsymbol{b}=\boldsymbol{i}+\boldsymbol{j}-2\boldsymbol{k}$,求$|\boldsymbol{a}\times\boldsymbol{b}|$.

解　因为 $\boldsymbol{a}=(3,-2,4)$,$\boldsymbol{b}=(1,1,-2)$,

$$\begin{aligned}\boldsymbol{a}\times\boldsymbol{b}&=\begin{vmatrix}\boldsymbol{i} & \boldsymbol{j} & \boldsymbol{k}\\ 3 & -2 & 4\\ 1 & 1 & -2\end{vmatrix}\\ &=\begin{vmatrix}-2 & 4\\ 1 & -2\end{vmatrix}\boldsymbol{i}-\begin{vmatrix}3 & 4\\ 1 & -2\end{vmatrix}\boldsymbol{j}+\begin{vmatrix}3 & -2\\ 1 & 1\end{vmatrix}\boldsymbol{k}\\ &=10\boldsymbol{j}+5\boldsymbol{k},\end{aligned}$$

故$|\boldsymbol{a}\times\boldsymbol{b}|=\sqrt{10^2+5^2}=5\sqrt{5}$.

1.3　曲面及其方程

与平面解析几何的曲线类似,空间解析几何中的任何曲面都可以看成点在空间中运动的几何轨迹.

一般情况下,如果曲面 S 与三元方程 $F(x,y,z)=0$ 的关系如下:

(1) 曲面 S 上的任一点的坐标都满足方程;

(2) 不在曲面 S 上的点的坐标都不满足方程,

则称 $F(x,y,z)=0$ 为曲面 S 的方程,而曲面 S 称为 $F(x,y,z)=0$ 的图形.

关于曲面的研究有两个基本问题:

(1) 已知曲面的图形,建立其方程;

(2) 已知方程 $F(x,y,z)=0$,研究它所表示曲面的几何图形.

现在建立一些常见的曲面方程.

1.3.1 球面

到空间中某一定点 M_0 的距离等于定长 R 的点的轨迹称为**球面**,其中定点称为**球心**,定长称为**半径**.

下面建立球心在点 $M_0(x_0,y_0,z_0)$,半径为 R 的球面方程.

设 $M(x,y,z)$ 是球面上任一点,则 $|M_0M|=R$,即

$$\sqrt{(x-x_0)^2+(y-y_0)^2+(z-z_0)^2}=R,$$

所以

$$(x-x_0)^2+(y-y_0)^2+(z-z_0)^2=R^2. \quad (1.1)$$

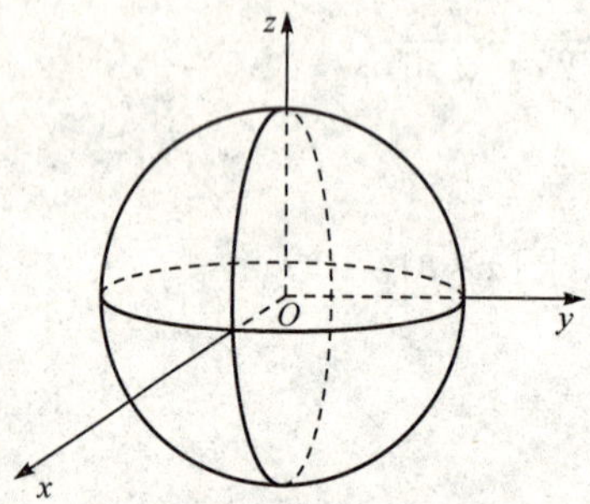

图 1.15

方程(1.1)就是以 $M_0(x_0,y_0,z_0)$ 为球心,R 为半径的球面上点的坐标所满足的**球面方程**.

特别地,球心在原点,半径为 R 的球面方程为 $x^2+y^2+z^2=R^2$,如图 1.15 所示.

例 1.3.1 讨论方程 $x^2+y^2+z^2-2x+4y=0$ 表示的曲面.

解 经配方,原方程可写为 $(x-1)^2+(y+2)^2+z^2=5$,所以此方程表示球心在点 $M_0(1,-2,0)$,半径为$\sqrt{5}$的球面.

1.3.2 旋转曲面

一条平面曲线 c 绕着同一平面内的一条直线 L 旋转一周,所产生的曲面称为**旋转曲面**,平面曲线 c 称为旋转曲面的**母线**,直线 L 称为旋转曲面的**轴**.

下面建立母线在坐标面上,旋转轴为坐标轴的旋转曲面的方程.

设在 yOz 坐标面上有一条已知曲线 c,它的方程为 $f(y,z)=0$,曲线 c 绕 z 轴旋转一周,得到一个以 z 轴为旋转轴的旋转曲面.

设 $M_1(0,y_1,z_1)$ 为曲线 c 上一点(图 1.16),则有

$$f(y_1,z_1)=0. \quad (1.2)$$

当曲线 c 绕 z 轴旋转时,点 M_1 的轨迹是一个圆,在这个圆周上任取一个动点$M(x,y,z)$,这时,$z=z_1$ 且 $|\overrightarrow{OM}|=|\overrightarrow{OM_1}|$,得$\sqrt{x^2+y^2+z^2}=\sqrt{0^2+y_1^2+z_1^2}$,则有 $\sqrt{x^2+y^2}=|y_1|$,将 $z=z_1$,$y_1=\pm\sqrt{x^2+y^2}$代入式(1.2),得到

$$f(\pm\sqrt{x^2+y^2},z)=0.$$

这就是所求的旋转曲面的方程.

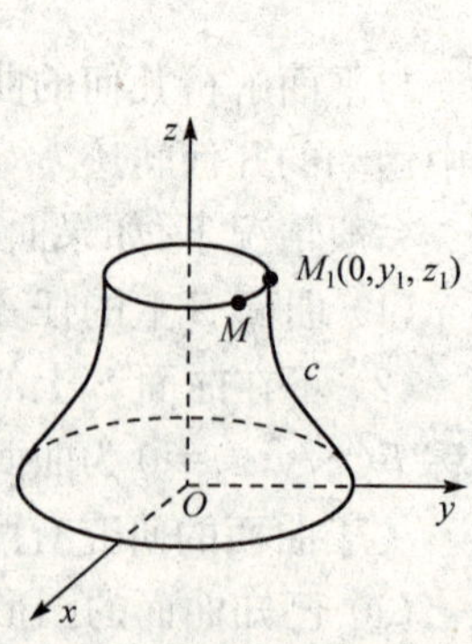

图 1.16

由此可知，在曲线 c 的方程 $f(y,z)=0$ 中保持 z 不变，将 y 改成 $\pm\sqrt{x^2+y^2}$ 便得到由曲线 c 绕 z 轴旋转而成的旋转曲面的方程.

同理，曲线 c 绕 y 轴旋转所成的旋转曲面的方程为

$$f(y,\pm\sqrt{x^2+z^2})=0.$$

一般地，母线在坐标平面上的曲线 c，绕此坐标面内一条坐标轴旋转所得旋转曲面的方程可按下面的方法得到：**母线方程的函数关系不变，方程中作为旋转轴的变量也不变，而另外一个变量换成不是旋转轴的其他两个变量的平方和的正负平方根.**

直线 L 绕另一条与 L 相交的直线旋转一周，所得旋转曲面称为**圆锥面**. 两直线的交点称为圆锥面的**顶点**，两直线的夹角 $\alpha\left(0<\alpha<\dfrac{\pi}{2}\right)$ 称为圆锥面的**半顶角**.

例 1.3.2　在 yOz 面内，直线 L 的方程为 $z=y\cot\alpha$，则直线 L 绕 z 轴旋转而成的旋转曲面的方程为

$$z=\pm\sqrt{x^2+y^2}\cot\alpha,$$

即

$$z^2=(x^2+y^2)\cot^2\alpha,$$

记作

$$z^2=a^2(x^2+y^2),\quad 其中\ a=\cot\alpha.$$

例 1.3.3　将 xOz 坐标面上的双曲线

$$\frac{x^2}{a^2}-\frac{z^2}{c^2}=1$$

分别绕 z 轴和 x 轴旋转一周，求所生成的旋转曲面的方程.

解　绕 z 轴旋转所成的旋转曲面称为旋转单叶双曲面(图 1.17)，它的方程为

$$\frac{x^2+y^2}{a^2}-\frac{z^2}{c^2}=1.$$

绕 x 轴旋转所成的旋转曲面称为旋转双叶双曲面(图 1.18)，它的方程为

$$\frac{x^2}{a^2}-\frac{y^2+z^2}{c^2}=1.$$

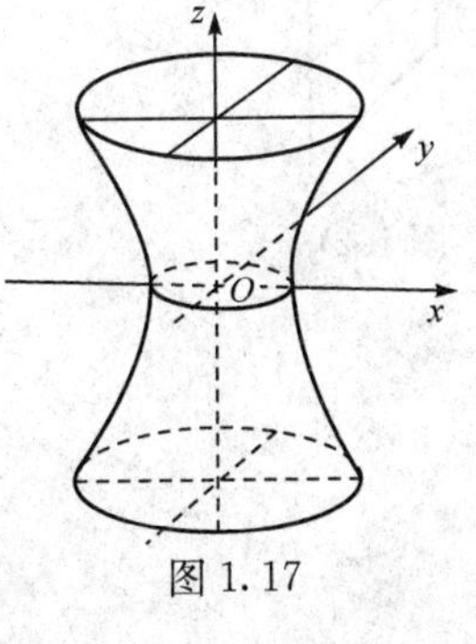

图 1.17

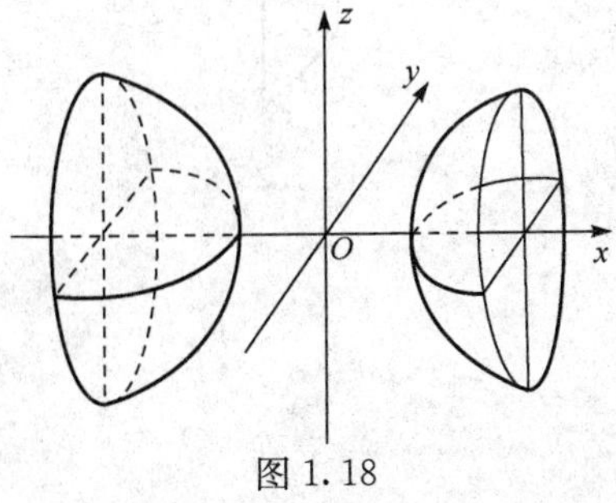

图 1.18

1.3.3 柱面

先分析以下例子.

例 1.3.4 讨论方程 $x^2+y^2=R^2$ 表示怎样的曲面.

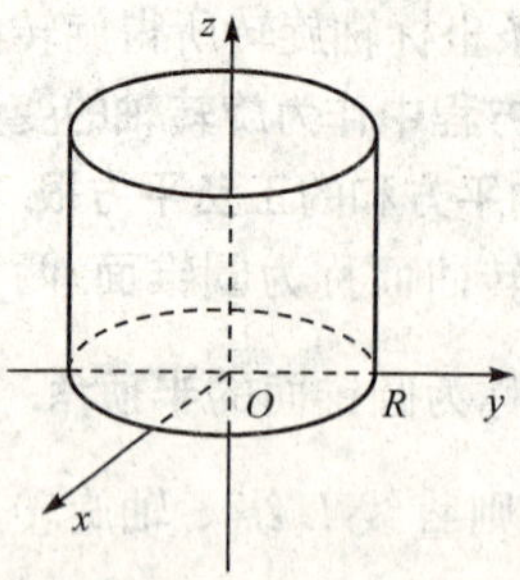

图 1.19

解 方程 $x^2+y^2=R^2$ 可以看成由 yOz 坐标面上的直线 $y=R$ 绕 z 轴旋转一周而生成的旋转曲面,在这里 $y=R$ 为旋转曲面的母线,而作为旋转轴的变量 z 在母线方程中没有出现,按照旋转曲面方程的表示方法有 $\pm\sqrt{x^2+y^2}=R$,从而得到 $x^2+y^2=R^2$. 这样的曲面称为圆柱面(图 1.19).

事实上,圆柱面 $x^2+y^2=R^2$ 还可以看成由平行于 z 轴的直线 $L: y=R$ 沿 xOy 面上的圆 $x^2+y^2=R^2$ 移动而形成的. 一般地,设 c 为定曲线,L 为动直线,动直线 L 沿定曲线 c 并平行于某定直线移动所形成的曲面,称为**柱面**,定曲线 c 称为**准线**,动直线 L 称为柱面的**母线**.

圆柱面 $x^2+y^2=R^2$ 的准线就是 xOy 面上的圆 $x^2+y^2=R^2$,平行于 z 轴的直线 $L: y=R$ 是它的母线. 类似地,方程 $y=x^2$ 表示母线平行于 z 轴的抛物柱面(图 1.20),方程 $x-y=0$ 表示母线平行于 z 轴的平面(图 1.21),方程 $\frac{x^2}{a^2}+\frac{y^2}{b^2}=1$ 表示母线平行于 z 轴的椭圆柱面(图 1.22),方程 $\frac{x^2}{a^2}-\frac{y^2}{b^2}=1$ 表示母线平行于 z 轴的双曲柱面(图 1.23).

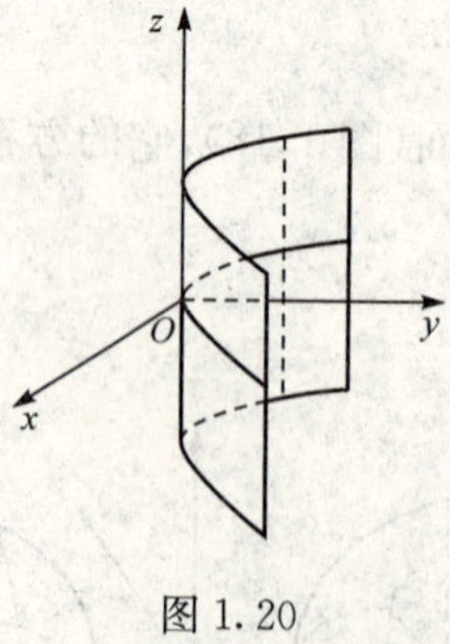

图 1.20

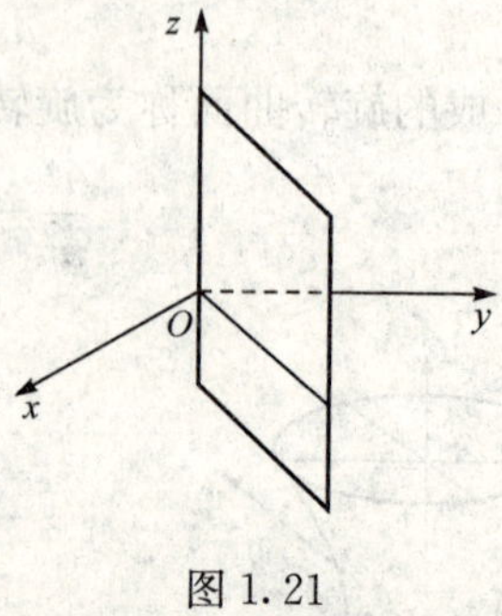

图 1.21

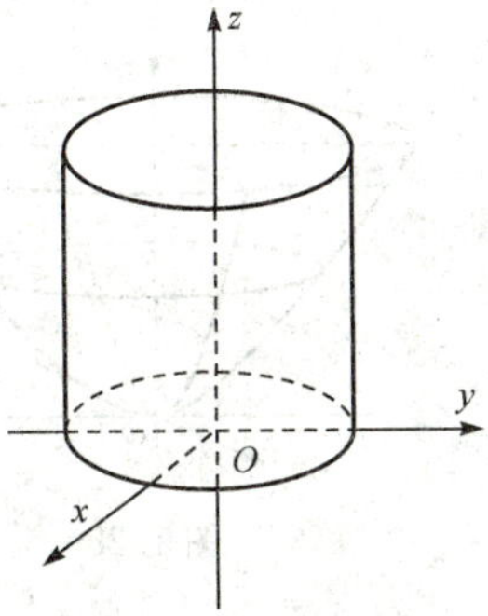

图 1.22

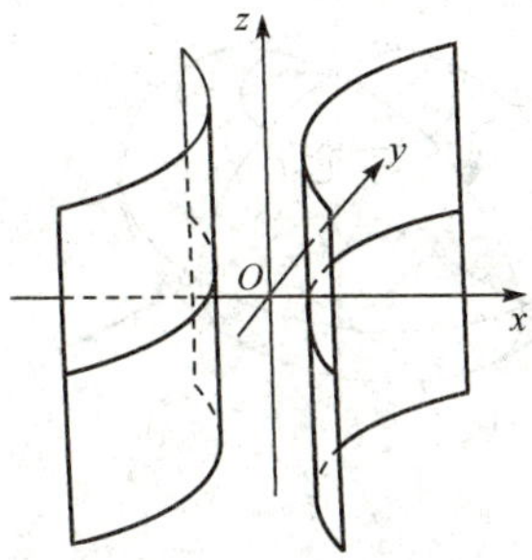

图 1.23

一般地，只含 x,y 而缺 z 的方程 $F(x,y)=0$ 在空间直角坐标系中表示母线平行于 z 轴的柱面，其准线是 xOy 面上曲线 $c:F(x,y)=0$. 类似地，母线平行于 y 轴的柱面方程为 $F(x,z)=0$，母线平行于 x 轴的柱面方程为 $F(y,z)=0$.

1.3.4　二次曲面

与平面解析几何中规定的二次曲线类似，把三元二次方程所表示的曲面称为二次曲面，而把平面称为一次曲面. 在适当选择坐标系后，可得它们的标准方程，下面简单介绍典型的二次曲面.

以下均假定 $a>0,b>0,c>0$.

1. 椭球面

由方程 $\frac{x^2}{a^2}+\frac{y^2}{b^2}+\frac{z^2}{c^2}=1$ 所确定的曲面称为**椭球面**.

如图 1.24 所示，椭球面关于坐标平面、坐标轴和原点都是对称的，a,b,c 是椭球面的半轴长.

特别地，在椭球面方程中，当 $a=b=c$ 时，方程为球面方程 $x^2+y^2+z^2=a^2$.

2. 抛物面

1）椭圆抛物面

由方程 $\frac{x^2}{a^2}+\frac{y^2}{b^2}=z$ 所确定的曲面称为**椭圆抛物面**(图 1.25).

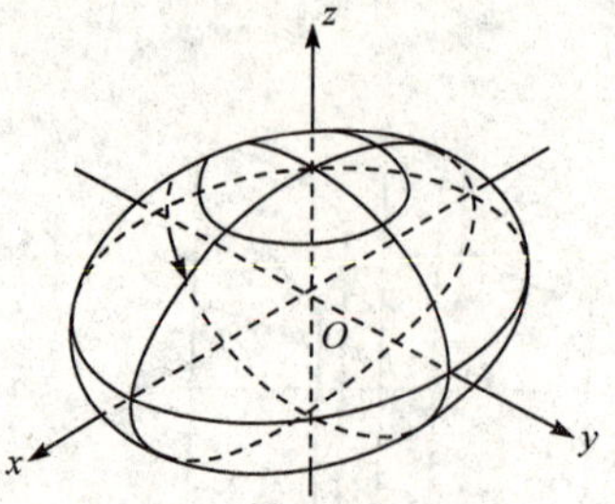

图 1.24

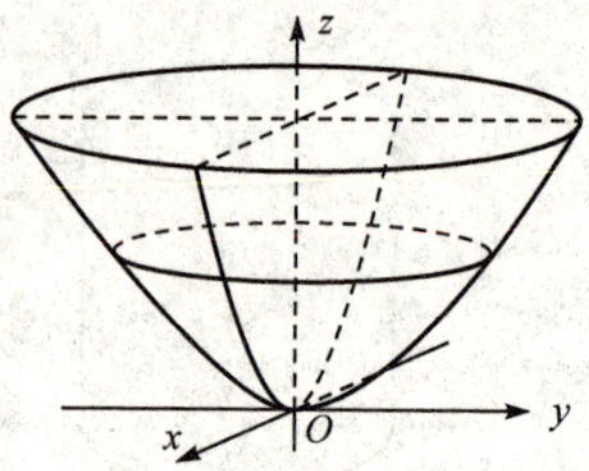

图 1.25

2）双曲抛物面

由方程$\frac{x^2}{a^2}-\frac{y^2}{b^2}=z$所确定的曲面称为**双曲抛物面**，又称**马鞍面**(图 1.26).

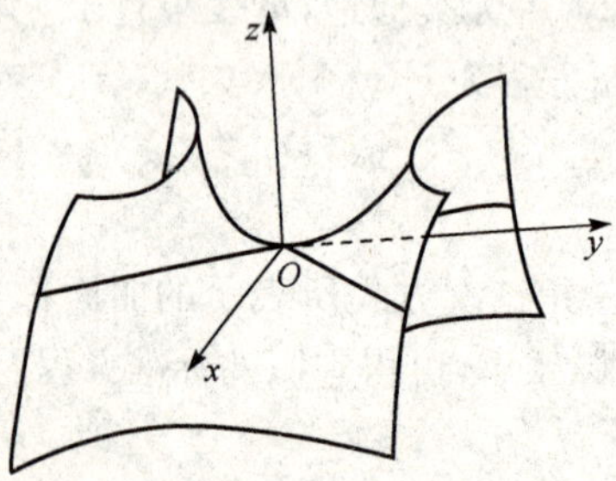

图 1.26

3. 双曲面

1）单叶双曲面

由方程$\frac{x^2}{a^2}+\frac{y^2}{b^2}-\frac{z^2}{c^2}=1$所确定的曲面称为**单叶双曲面**(图 1.27).

2）双叶双曲面

由方程$\frac{x^2}{a^2}+\frac{y^2}{b^2}-\frac{z^2}{c^2}=-1$所确定的曲面称为**双叶双曲面**(图 1.28).

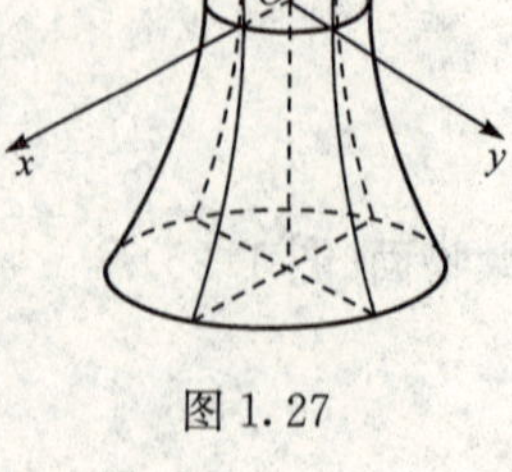

图 1.27

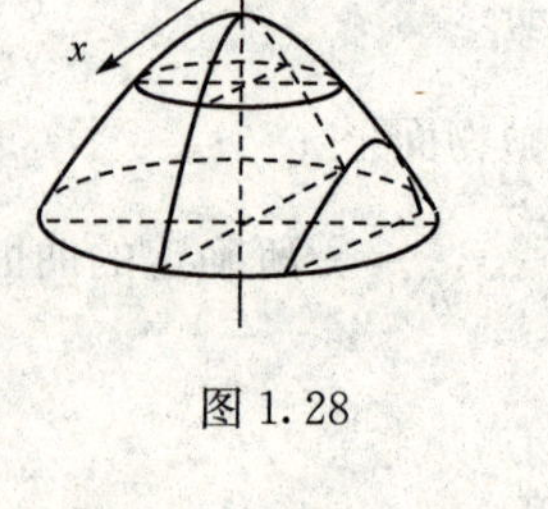

图 1.28

1.4　平面及其方程

平面是最简单的空间曲面.本节以向量为工具,在空间直角坐标系中讨论平面方程及其相关问题.

1.4.1　平面的点法式方程

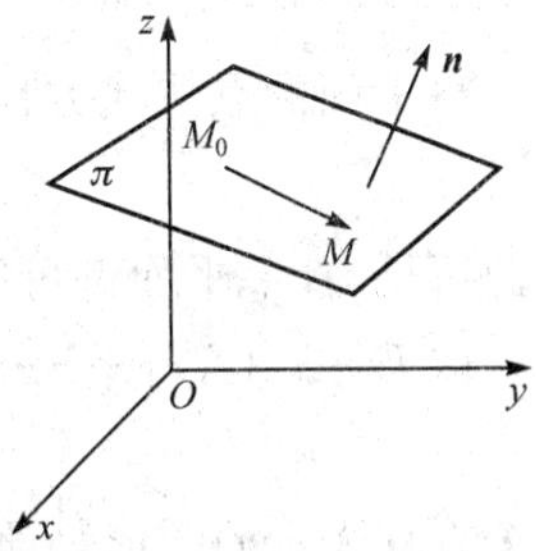

图 1.29

若一非零向量垂直于一平面,则称此向量为该平面的**法向量**,通常用 $\boldsymbol{n}$ 表示.因此,已知平面上的一点和它的法向量就可以完全确定平面的位置.下面建立平面的点法式方程.

如图 1.29 所示,已知平面 π 上一点 $M_0(x_0,y_0,z_0)$ 和它的一个法向量 $\boldsymbol{n}=(A,B,C)$,对平面上的任一点 $M(x,y,z)$,有 $\overrightarrow{M_0M}\perp\boldsymbol{n}$,即

$$\boldsymbol{n}\cdot\overrightarrow{M_0M}=0,$$

代入坐标,有

$$A(x-x_0)+B(y-y_0)+C(z-z_0)=0. \tag{1.3}$$

这就是平面 π 的**点法式方程**.

例 1.4.1　求过点 $A(1,1,1)$,且垂直与平面 $x-y+z=7$ 和 $3x+2y-12z+5=0$ 的平面方程.

解　$x-y+z=7$ 的法向量为

$$\boldsymbol{n}_1=(1,-1,1),$$

$3x+2y-12z+5=0$ 的法向量为

$$n_2=(3,2,-12),$$

所求平面法向量

$$\boldsymbol{n}=\boldsymbol{n}_1\times\boldsymbol{n}_2=(10,15,5),$$

得所求平面方程为

$$10(x-1)+15(y-1)+5(z-1)=0,$$

即

$$2x+3y+z-6=0.$$

例 1.4.2　求过三点 $M_1(2,-1,4)$,$M_2(-1,3,-2)$,$M_3(0,2,3)$的平面方程.

解　平面的法向量为

$$\boldsymbol{n}=\overrightarrow{M_1M_2}\times\overrightarrow{M_1M_3}=\begin{vmatrix}\boldsymbol{i} & \boldsymbol{j} & \boldsymbol{k}\\ -3 & 4 & -6\\ -2 & 3 & -1\end{vmatrix}=14\boldsymbol{i}+9\boldsymbol{j}-\boldsymbol{k},$$

代入点法式方程，得

$$14(x-2)+9(y+1)-(z-4)=0,$$

即

$$14x+9y-z-15=0.$$

1.4.2 平面的一般方程

将平面的点法式方程 $A(x-x_0)+B(y-y_0)+C(z-z_0)=0$ 展开，得

$$Ax+By+Cz-Ax_0-By_0-Cz_0=0,$$

由此可见，任一平面都可用三元一次方程来表示.

取 $D=-(Ax_0+By_0+Cz_0)$，得三元一次方程

$$Ax+By+Cz+D=0, \tag{1.4}$$

这个方程表示的图形是通过点 $M_0(x_0,y_0,z_0)$，且法向量为 $\boldsymbol{n}=(A,B,C)$ 的平面. 因此，任意一个三元一次方程(1.4)的图形总是一个平面. 方程(1.4)称为**平面的一般方程**.

一些特殊的三元一次方程，要熟悉它们图形的特点.

当 $D=0$ 时，一般方程为 $Ax+By+Cz=0$，它表示一个通过原点的平面. 反之，若平面通过原点，则 $D=0$.

当 $A=0$ 时，一般方程为 $By+Cz+D=0$，法向量 $\boldsymbol{n}=(0,B,C)$ 垂直于 x 轴，方程表示一个平行于 x 轴的平面. 反之，若平面平行于 x 轴，则 $A=0$.

类似地，当 $B=0$ 和 $C=0$ 时，方程分别表示一个平行于 y 轴和 z 轴的平面.

当 $A=B=0$ 时，一般方程成为 $Cz+D=0$ 或 $z=-\dfrac{D}{C}$，法向量 $\boldsymbol{n}=(0,0,C)$ 同时垂直于 x 轴和 y 轴，方程表示一个平行于 xOy 面的平面. 反之，若平面平行于 xOy 面，则 $A=B=0$.

类似地，方程 $Ax+D=0$ 和 $By+D=0$ 分别表示一个平行于 yOz 面和 xOz 面的平面.

例 1.4.3 求通过 z 轴和点 $M(2,-1,2)$ 的平面方程.

解 由于平面过 z 轴，可设其一般方程为 $Ax+By=0$，又平面过点 $M(2,-1,2)$，则

$$A\cdot 2+B\cdot(-1)=0,$$

即 $2A=B$，代入所设方程并除以 $A(A\neq 0)$，于是所求平面方程为 $x+2y=0$.

例 1.4.4 求过点 $M_1(a,0,0)$，$M_2(0,b,0)$，$M_3(0,0,c)$ 的平面方程，其中 a,b,c 全不为零.

解 设所求平面方程为 $Ax+By+Cz+D=0$，由于点 M_1,M_2,M_3 在平面上，将坐标代入方程，得

$$\begin{cases}A\cdot a+D=0,\\ B\cdot b+D=0,\\ C\cdot c+D=0.\end{cases}$$

$$A=-\frac{D}{a},\quad B=-\frac{D}{b},\quad C=-\frac{D}{c},$$

所以,平面方程为

$$-\frac{D}{a}x-\frac{D}{b}y-\frac{D}{c}z+D=0,\quad D\neq 0,$$

即

$$\frac{x}{a}+\frac{y}{b}+\frac{z}{c}=1,$$

其中 a,b,c 称为该平面在 x,y,z 轴上的**截距**,并把该方程称为平面的**截距式方程**.

1.4.3　两平面的夹角

规定两平面法向量所夹的锐角(或直角)称为两平面的夹角(图 1.30).

设两平面的方程

$$\pi_1: A_1x+B_1y+C_1z+D_1=0,$$
$$\pi_2: A_2x+B_2y+C_2z+D_2=0,$$

其法向量分别为

$$\boldsymbol{n}_1=(A_1,B_1,C_1),\quad \boldsymbol{n}_2=(A_2,B_2,C_2),$$

由两向量夹角余弦的计算公式,可得两平面 π_1,π_2 之间的夹角 θ 的余弦为

$$\cos\theta=\frac{|\boldsymbol{n}_1\cdot\boldsymbol{n}_2|}{|\boldsymbol{n}_1||\boldsymbol{n}_2|}=\frac{|A_1A_2+B_1B_2+C_1C_2|}{\sqrt{A_1^2+B_1^2+C_1^2}\sqrt{A_2^2+B_2^2+C_2^2}}.$$

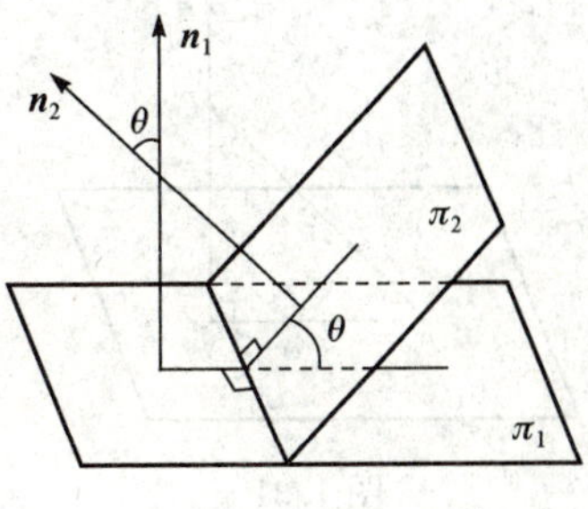

图 1.30

由两向量垂直、平行的条件还可以得到以下结论:

(1) $\pi_1\perp\pi_2\Leftrightarrow\boldsymbol{n}_1\perp\boldsymbol{n}_2\Leftrightarrow A_1A_2+B_1B_2+C_1C_2=0$;

(2) $\pi_1/\!/\pi_2\Leftrightarrow\boldsymbol{n}_1/\!/\boldsymbol{n}_2\Leftrightarrow\dfrac{A_1}{A_2}=\dfrac{B_1}{B_2}=\dfrac{C_1}{C_2}$.

例 1.4.5　求平面 $x+y-4z+2=0$ 与平面 $x-2y+2z+2=0$ 之间的夹角 θ.

解　两平面的法向量分别为 $\boldsymbol{n}_1=(1,1,-4)$,$\boldsymbol{n}_2=(1,-2,2)$,则

$$\cos\theta=\frac{|\boldsymbol{n}_1\cdot\boldsymbol{n}_2|}{|\boldsymbol{n}_1|\cdot|\boldsymbol{n}_2|}=\frac{|1-2-8|}{\sqrt{18}\cdot\sqrt{9}}=\frac{\sqrt{2}}{2},$$

因此所求夹角 $\theta=\dfrac{\pi}{4}$.

例 1.4.6 求过 x 轴且与 xOy 面的夹角为$\frac{\pi}{4}$的平面方程.

解 设所求平面方程为

$$By+Cz=0,$$

所求平面的法向量为 $\boldsymbol{n}_1=(0,B,C)$，又 xOy 面的法向量为 $\boldsymbol{n}_2=(0,0,1)$，则

$$\cos\frac{\pi}{4}=\frac{|C|}{\sqrt{B^2+C^2}},$$

解得 $C=\pm B$，故所求平面方程为

$$y+z=0 \quad 或 \quad y-z=0.$$

1.4.4 点到平面的距离

设 $P_0(x_0,y_0,z_0)$为平面 π: $Ax+By+Cz+D=0$ 外的一点，下面推导 P_0 到平面 π 的距离公式.

在平面上任取一点 $P(x_1,y_1,z_1)$，向量$\overrightarrow{PP_0}=(x_0-x_1,y_0-y_1,z_0-z_1)$，如图 1.31 所示，则

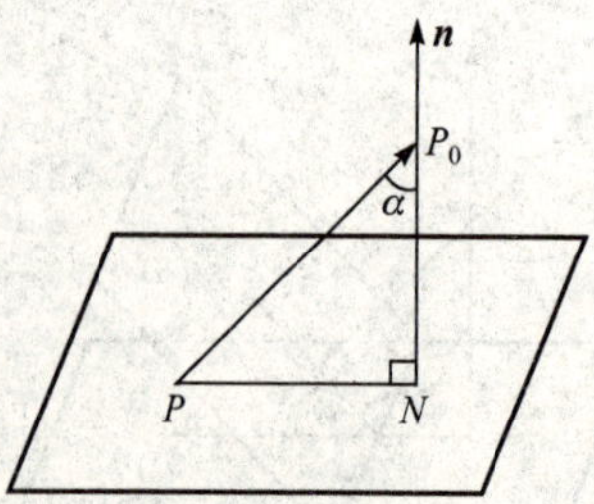

图 1.31

$$\begin{aligned}d&=|\overrightarrow{PP_0}|\cos\alpha=|\overrightarrow{PP_0}|\frac{|\boldsymbol{n}\cdot\overrightarrow{PP_0}|}{|\boldsymbol{n}||\overrightarrow{PP_0}|}=\frac{|\boldsymbol{n}\cdot\overrightarrow{PP_0}|}{|\boldsymbol{n}|}\\&=\frac{|A(x_0-x_1)+B(y_0-y_1)+C(z_0-z_1)|}{\sqrt{A^2+B^2+C^2}}\\&=\frac{|Ax_0+By_0+Cz_0-(Ax_1+By_1+Cz_1)|}{\sqrt{A^2+B^2+C^2}}\\&=\frac{|Ax_0+By_0+Cz_0+D|}{\sqrt{A^2+B^2+C^2}},\end{aligned}$$

即

$$d=\frac{|Ax_0+By_0+Cz_0+D|}{\sqrt{A^2+B^2+C^2}}.$$

这就是空间中一点到平面的距离公式.

例如，点(1，−1，2)到平面 $5x-y-3z+5=0$ 的距离为

$$d=\frac{|5+1-6+5|}{\sqrt{5^2+(-1)^2+(-3)^2}}=\frac{5}{\sqrt{35}}.$$

1.5　空间曲线及其方程

1.5.1　空间曲线的一般方程

任何空间曲线总可以看成两个空间曲面的交线. 如果空间曲线 Γ 是两个曲面 $F(x,y,z)=0, G(x,y,z)=0$ 的交线，则称方程组 $\begin{cases} F(x,y,z)=0, \\ G(x,y,z)=0 \end{cases}$ 为空间曲线 Γ 的**一般方程**.

例如，方程组 $\begin{cases} x^2+y^2=R^2, \\ z=a \end{cases}$ 表示母线平行于 z 轴的圆柱面与平行于 xOy 坐标面的平面交线，这是一个在 $z=a$ 平面上的圆.

1.5.2　空间曲线的参数方程

空间曲线除了可用一般方程表示外，也可用参数方程表示.

一般地，空间曲线 Γ 的参数方程为

$$\begin{cases} x=x(t), \\ y=y(t), \quad a\leqslant t\leqslant b, \\ z=z(t), \end{cases}$$

当给定 $t=t_1$ 时，就得到曲线 Γ 上的一个点 (x_1,y_1,z_1)，随着 t 的变动可得到曲线 Γ 上的全部点.

例 1.5.1　设圆柱面 $x^2+y^2=R^2$ 上有一质点，它一方面绕 z 轴等角速度 ω 旋转，另一方面以等速度 v_0 向 z 轴正方向移动，当 $t=0$ 时，质点在 $A(R,0,0)$ 处，求质点的运动方程.

解　设时刻 t 时，质点在 $M(x,y,z)$ 处，M' 是 M 在 xOy 面上的投影，则

$$\angle AOM'=\varphi=\omega t,$$

$$x=|\overrightarrow{OM'}|\cos\varphi=R\cos\omega t,$$

$$y=|\overrightarrow{OM'}|\sin\varphi=R\sin\omega t,$$

$$z=|\overrightarrow{MM'}|=v_0 t.$$

因此质点的运动方程为

$$\begin{cases} x=R\cos\omega t, \\ y=R\sin\omega t, \\ z=v_0 t. \end{cases}$$

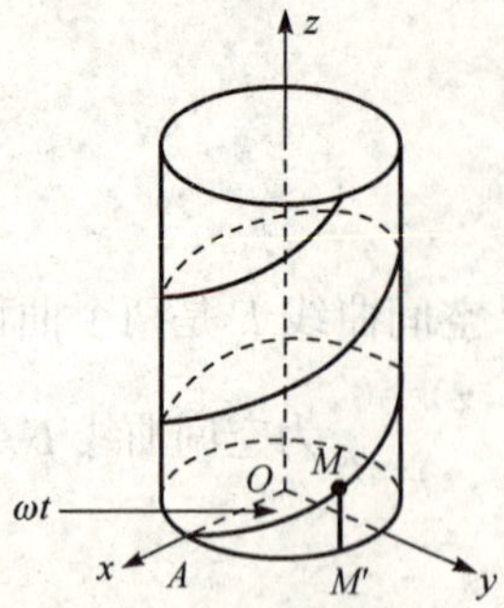

图 1.32

将此方程称为**圆柱螺旋线**(图 1.32)的参数方程.

若令 $\omega t=\theta, \dfrac{v_0}{\omega}=b$,则参数方程可写为

$$\begin{cases}x=R\cos\theta,\\ y=R\sin\theta,\\ z=b\theta.\end{cases}$$

螺旋线是一种常见的曲线,如平头螺丝钉的外缘曲线就是螺旋线. 由螺旋线的参数方程可知,当 θ 从 θ_0 变到 $\theta_0+\alpha$ 时,z 由 $b\theta_0$ 升高到 $b\theta_0+b\alpha$,即点 M 上升的高度与转过的角度成正比. 特别地,当 M 绕 z 轴旋转一周,即 $\alpha=2\pi$ 时,点 M 上升的高度 $h=2\pi b$ 称为**螺距**.

1.5.3 空间曲线在坐标面上的投影曲线

已知空间曲线 C 和平面 π,以曲线 C 为准线,垂直于平面 π 的直线为母线的柱面称为曲线 C 关于平面 π 的**投影柱面**,投影柱面与平面 π 的交线称为曲线 C 在平面 π 上的**投影曲线**. 下面主要讨论曲线在坐标面上的投影.

设空间曲线 C 的一般方程为

$$\begin{cases}F(x,y,z)=0,\\ G(x,y,z)=0,\end{cases}$$

则曲线 C 在 xOy 面上的投影曲线就是投影柱面与 xOy 面的交线. 而投影柱面以曲线 C 为准线,垂直于 xOy 面(即平行于 z 轴)的直线为母线,在方程组中消去变量 z 得方程

$$H(x,y)=0,$$

即为投影柱面的方程. 因此,曲线 C 在 xOy 面上的投影曲线的方程为

$$\begin{cases}H(x,y)=0,\\ z=0.\end{cases}$$

同理可得,曲线 C 在 yOz 面和 zOx 面上的投影曲线分别为

$$\begin{cases}R(y,z)=0,\\ x=0\end{cases} \quad 和 \quad \begin{cases}T(x,z)=0,\\ y=0.\end{cases}$$

例 1.5.2 设一立体由上半球面 $z=\sqrt{4-x^2-y^2}$ 和锥面 $z=\sqrt{3(x^2+y^2)}$ 所围成(图 1.33),求它在 xOy 面上的投影.

解 上半球面和锥面的交线 C 的方程为

$$\begin{cases} z=\sqrt{4-x^2-y^2}, \\ z=\sqrt{3(x^2+y^2)}, \end{cases}$$

消去 z,得到 $x^2+y^2=1$,这是交线 C 关于 xOy 面的投影柱面,因此,曲线 C 在 xOy 面上的投影曲线为

$$\begin{cases} x^2+y^2=1, \\ z=0. \end{cases}$$

这是一个 xOy 面上的圆. 于是所求立体在 xOy 面上的投影曲线就是该圆在 xOy 面上所围成的部分:$x^2+y^2\leqslant 1$.

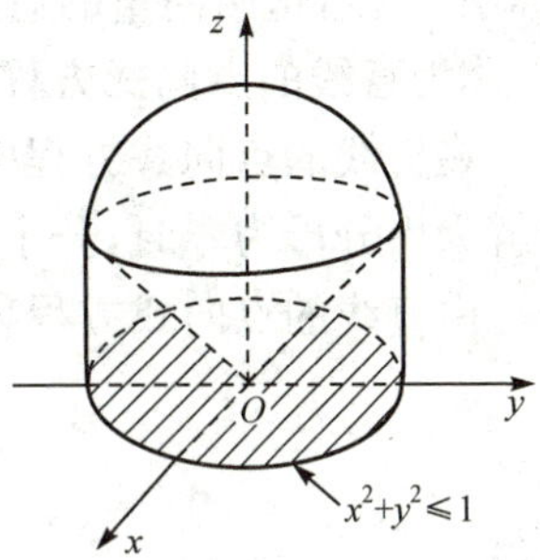

图 1.33

1.6　空间直线及其方程

1.6.1　空间直线的一般方程

空间直线可以看成两个平面的交线. 设直线 L 是平面

$$A_1x+B_1y+C_1z+D_1=0 \quad 和 \quad A_2x+B_2y+C_2z+D_2=0$$

的交线,则由曲线方程的概念可知,方程组

$$\begin{cases} A_1x+B_1y+C_1z+D_1=0, \\ A_2x+B_2y+C_2z+D_2=0 \end{cases} \tag{1.5}$$

是直线 L 的方程,方程组(1.5)称为**空间直线的一般方程**.

1.6.2　空间直线的点向式方程与参数方程

过空间一点 M_0 有且只有一条直线与已知直线平行. 也就是说,对于空间中的任意非零向量 $\boldsymbol{s}=(m,n,p)$,过点 M_0 且平行于向量 $\boldsymbol{s}$ 的直线 L 是唯一确定的. 向量 $\boldsymbol{s}$ 称为直线 L 的**方向向量**,m,n,p 称为 L 的**方向数**. 显然,任何与直线 L 平行的非零向量均可作为直线 L 的方向向量.

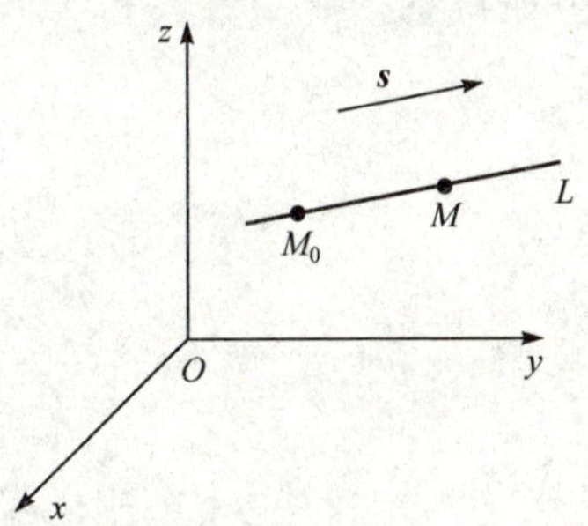

图 1.34

下面建立直线 L 的方程.

如图 1.34 所示,设直线 L 通过定点 $M_0(x_0, y_0, z_0)$,且它的方向向量为 $\boldsymbol{s}=(m,n,p)$,取直线 L 上的任意一点 $M(x,y,z)$,则 $\overrightarrow{M_0M}=(x-x_0, y-y_0, z-z_0)$与 $\boldsymbol{s}$ 平行,从而

$$\frac{x-x_0}{m}=\frac{y-y_0}{n}=\frac{z-z_0}{p}. \tag{1.6}$$

反之,如果点 M 不在直线上,那么由于$\overrightarrow{M_0M}$

与 $\boldsymbol{s}$ 不平行，这两向量的对应坐标就不成比例. 因此，方程组(1.6)就是直线 L 的方程，称为**直线的点向式方程**(**对称式方程**).

在直线的点向式方程中，方向数 m,n,p 可以有一个或两个为零，这时方程应理解为当分母为零时，分子必为零.

由直线的点向式方程易导出直线的参数方程. 令

$$\frac{x-x_0}{m}=\frac{y-y_0}{n}=\frac{z-z_0}{p}=t,$$

那么

$$\begin{cases}x=x_0+mt,\\ y=y_0+nt,\\ z=z_0+pt.\end{cases} \tag{1.7}$$

方程组(1.7)就是空间直线的**参数方程**.

例 1.6.1　求过点 $M_0(1,2,-3)$ 且与平面 $2x+3y-5z+8=0$ 垂直的直线方程.

解　由已知，平面 $2x+3y-5z+8=0$ 的法向量即为所求直线的方向向量，即

$$\boldsymbol{s}=(2,3,-5),$$

可得直线方程为

$$\frac{x-1}{2}=\frac{y-2}{3}=\frac{z+3}{-5}.$$

例 1.6.2　用点向式方程及参数方程表示直线

$$\begin{cases}2x-3y+z-5=0,\\ 3x+y-2z-4=0.\end{cases}$$

解　先选取直线上一个点，可设 $z=1$，代入方程组，解得 $x=2,y=0$. 于是得直线上一定点(2,0,1).

再确定直线的一个方向向量. 由于直线 L 在两个平面上，所以 L 与两个平面的法向量 $\boldsymbol{n}_1,\boldsymbol{n}_2$ 都垂直. 因此可以选取 $\boldsymbol{n}_1\times\boldsymbol{n}_2$ 为直线 L 的方向向量

$$\boldsymbol{s}=(2,-3,1)\times(3,1,-2)=(5,7,11),$$

故直线的点向式方程为

$$\frac{x-2}{5}=\frac{y-0}{7}=\frac{z-1}{11}.$$

令

$$\frac{x-2}{5}=\frac{y-0}{7}=\frac{z-1}{11}=t,$$

则所给直线的参数方程为

$$\begin{cases} x=2+5t, \\ y=7t, \\ z=1+11t. \end{cases}$$

1.6.3 两直线的夹角

两直线 L_1 和 L_2 的方向向量的夹角(通常指锐角)称为**两直线的夹角**. 设直线 L_1 和 L_2 的方向向量分别为 $\boldsymbol{s}_1=(m_1,n_1,p_1)$ 和 $\boldsymbol{s}_2=(m_2,n_2,p_2)$,则它们夹角 θ 的余弦为

$$\cos\theta=\frac{|\boldsymbol{s}_1\cdot\boldsymbol{s}_2|}{|\boldsymbol{s}_1||\boldsymbol{s}_2|}=\frac{|m_1m_2+n_1n_2+p_1p_2|}{\sqrt{m_1^2+n_1^2+p_1^2}\sqrt{m_2^2+n_2^2+p_2^2}}.$$

由此,可得下列结论:

两直线 L_1 和 L_2 平行的充要条件是 $\dfrac{m_1}{m_2}=\dfrac{n_1}{n_2}=\dfrac{p_1}{p_2}$;

两直线 L_1 和 L_2 垂直的充要条件是 $m_1m_2+n_1n_2+p_1p_2=0$.

例 1.6.3 求直线 $L_1: x=y=z$ 和 $L_2: \dfrac{x-1}{2}=\dfrac{y+3}{-1}=z$ 的夹角.

解 直线 L_1 和 L_2 的方向向量分别为 $\boldsymbol{s}_1=(1,1,1)$, $\boldsymbol{s}_2=(2,-1,1)$,设直线 L_1 和 L_2 的夹角为 θ,则

$$\cos\theta=\frac{|\boldsymbol{s}_1\cdot\boldsymbol{s}_2|}{|\boldsymbol{s}_1||\boldsymbol{s}_2|}=\frac{|1\times2+1\times(-1)+1\times1|}{\sqrt{1^2+1^2+1^2}\sqrt{2^2+(-1)^2+1^2}}=\frac{\sqrt{2}}{3},$$

$$\theta=\arccos\frac{\sqrt{2}}{3}.$$

例 1.6.4 求过点 $(-3,2,5)$ 且与两平面 $x-4z=3$ 和 $2x-y-5z=1$ 的交线平行的直线方程.

解 设所求直线的方向向量为 $\boldsymbol{s}=(m,n,p)$,由题意可知直线的方向向量与两个平面的法向量都垂直,所以可取 $\boldsymbol{s}=\boldsymbol{n}_1\times\boldsymbol{n}_2=(1,0,-4)\times(2,-1,-5)=(-4,-3,-1)$,则所求直线的方程为

$$\frac{x+3}{4}=\frac{y-2}{3}=\frac{z-5}{1}.$$

例 1.6.5 设 $M_0(x_0,y_0,z_0)$ 为空间中任一点,求 M_0 到直线 $L: \dfrac{x-x_1}{m}=\dfrac{y-y_1}{n}=\dfrac{z-z_1}{p}$ 的距离.

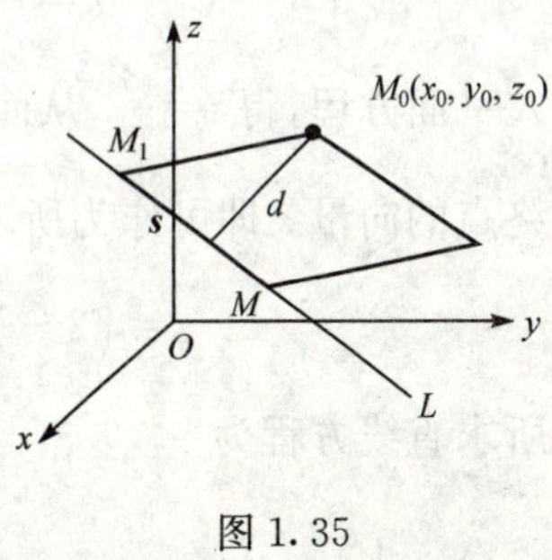

图 1.35

解 如图 1.35 所示,在直线 L 上取点 $M_1(x_1,y_1,z_1)$,设 $\boldsymbol{s}=\overrightarrow{M_1M}=(m,n,p)$,则以 $\boldsymbol{s}$ 和 $\overrightarrow{M_1M_0}$ 为邻边的平行四边形的面积

$$A=|\boldsymbol{s}\times\overrightarrow{M_1M_0}|=d|\boldsymbol{s}|,$$

所以点 M_0 到直线 L 的距离

$$d=\frac{|\boldsymbol{s}\times\overrightarrow{M_1M_0}|}{|\boldsymbol{s}|}.$$

1.6.4　直线和平面的夹角

当直线与平面不垂直时，直线与它在平面上的投影直线的夹角 $\varphi\left(0\leqslant\varphi\leqslant\frac{\pi}{2}\right)$ 称为**直线与平面的夹角**，当直线与平面垂直时，规定直线与平面的夹角为 $\frac{\pi}{2}$.

设直线 L 的方向向量为 $\boldsymbol{s}=(m,n,p)$，平面 π 的法向量为 $\boldsymbol{n}=(A,B,C)$，直线与平面的夹角为 φ，如图 1.36 所示，若设向量 $\boldsymbol{s}$ 和 $\boldsymbol{n}$ 的夹角为 θ，则 $\theta=\frac{\pi}{2}-\varphi$，有

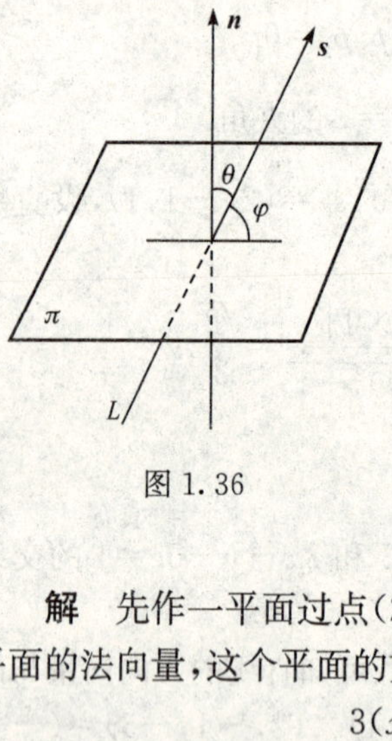

图 1.36

$$\cos\left(\frac{\pi}{2}-\varphi\right)=\sin\varphi=\frac{|Am+Bn+Cp|}{\sqrt{A^2+B^2+C^2}\sqrt{m^2+n^2+p^2}},$$

因此，直线和平面垂直的充要条件是 $\boldsymbol{s}/\!/\boldsymbol{n}$，相当于 $\frac{A}{m}=\frac{B}{n}=\frac{C}{p}$；直线和平面平行的充要条件是 $\boldsymbol{s}\perp\boldsymbol{n}$，相当于 $Am+Bn+Cp=0$.

例 1.6.6　求过点(2,1,3)且与直线 $\frac{x+1}{3}=\frac{y-1}{2}=\frac{z}{-1}$ 垂直相交的直线方程.

解　先作一平面过点(2,1,3)且垂直于已知直线，即以已知直线的方向向量为平面的法向量，这个平面的方程为

$$3(x-2)+2(y-1)-(z-3)=0.$$

再求已知直线和这个平面的交点. 将已知直线写成参数方程形式

$$x=-1+3t,\quad y=1+2t,\quad z=-t,$$

代入平面方程，得 $t=\frac{3}{7}$，从而求得交点为 $\left(\frac{2}{7},\frac{13}{7},-\frac{3}{7}\right)$. 以此交点为起点、已知点为终点的向量 $\boldsymbol{s}$ 即可作为所求直线的方向向量

$$\boldsymbol{s}=\left(2-\frac{2}{7},1-\frac{13}{7},3+\frac{3}{7}\right)=\frac{6}{7}(2,-1,4),$$

故所求直线方程为

$$\frac{x-2}{2}=\frac{y-1}{-1}=\frac{z-3}{4}.$$

1.7　空间解析几何模型应用举例

1.7.1　多面体零件的计算

一多面体零件如图 1.37 所示. 在制造时,需要求出二面角 D-AE-B, A-BE-F, E-BF-C 和 C-EF-B 的角度 $\theta_1, \theta_2, \theta_3$ 和 θ_4,以便制造测量样板,试求角 $\theta_1, \theta_2, \theta_3$ 和 θ_4 的值.

如图 1.37 所示,取坐标原点为 O,建立直角坐标系 $Oxyz$. 各点的坐标已知为 $A(600,600,0)$, $B(0,600,0)$, $C(0,0,0)$, $D(600,0,0)$, $E(450,450,300)$, $F(150,300,400)$, $G(450,150,300)$.

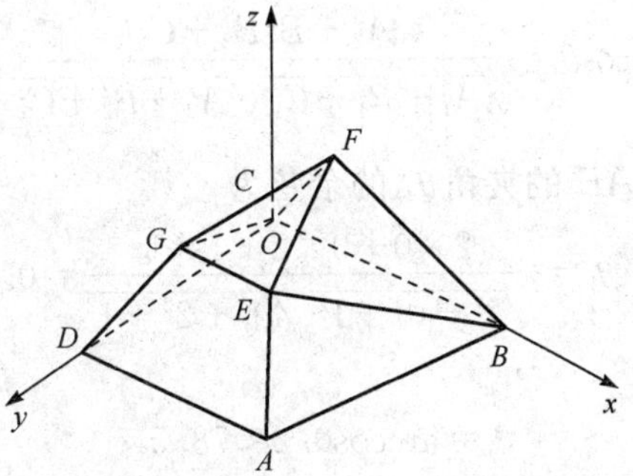

图 1.37

过点 (x_0, y_0, z_0) 的平面方程为

$$A(x-x_0)+B(y-y_0)+C(z-z_0)=0,$$

于是过点 $E(450,450,300)$ 的平面方程为

$$A(x-450)+B(y-450)+C(z-300)=0,$$

将点 D 和点 A 的坐标代入上式,有

$$\begin{cases}150A-450B-300C=0,\\150A+150B-300C=0,\end{cases}$$

解得

$$A=2,\quad B=0,\quad C=1,$$

得平面 DAE 的方程为

$$2x+z-1200=0.$$

类似可求得平面 BAE 的方程为

$$2y+z-1200=0,$$

平面 FBE 的方程为

$$3x-13.5-11.25z-8100=0,$$

平面 CBF 的方程为

$$8x-3z=0,$$

平面 GEF 的方程为

$$x-3z-1350=0.$$

由两平面夹角的余弦公式

$$\cos\theta=\frac{A_1A_2+B_1B_2+C_1C_2}{\sqrt{A_1^2+B_1^2+C_1^2}\sqrt{A_2^2+B_2^2+C_2^2}},$$

可求得平面 DAE 和 BAE 的夹角 θ_1 的余弦为

$$\cos\theta_1=\frac{2\times0+0\times2+1\times1}{\sqrt{2^2+0^2+1^2}\sqrt{0^2+2^2+1^2}}=0.2,$$

所以

$$\theta_1=\arccos0.2\approx78.5°;$$

平面 ABE 和 FBA 的夹角 θ_2 的余弦为

$$\cos\theta_2=\frac{0\times3+2\times(-13.5)+1\times(-11.25)}{\sqrt{0^2+2^2+1^2}\sqrt{3^2+(-13.5)^2+(-11.25)^2}}\approx-0.9595,$$

故

$$\theta_2=\arccos-0.9595\approx163.7°;$$

平面 EBF 和 CBF 的夹角 θ_3 的余弦为

$$\cos\theta_3=\frac{8\times3+0\times(-13.5)+(-3)\times(-11.25)}{\sqrt{8^2+0^2+(-3)^2}\sqrt{3^2+(-13.5)^2+(-11.25)^2}}\approx0.38,$$

故

$$\theta_3=\arccos0.38\approx67.7°;$$

平面 GEF 和 BEF 的夹角 θ_4 的余弦为

$$\cos\theta_4=\frac{1\times3+0\times(-13.5)+(-3)\times(-11.25)}{\sqrt{1^2+0^2+(-3)^2}\sqrt{3^2+(-13.5)^2+(-11.25)^2}}\approx-0.5473,$$

故

$$\theta_4=\arccos(-0.5473)\approx123.2°.$$

1.7.2　钣金零件的展开图

图 1.38 是我们通常见到的二通管道变形接头或炉筒拐脖的示意图. 制造这类零件,先按照零件展开图的度量尺寸(展开曲线)在薄板(铁皮或铝板等)上下料,然后弯曲成型,并将各部分焊接在一起.

为了获得零件展开图的展平曲线,必须求出截交线(截平面与圆柱管道的交线)的方程.

设圆柱管道的方程为

$$x^2+y^2=R^2,$$

截平面的方程为

$$\frac{x}{a}+\frac{y}{b}+\frac{z}{c}=1,$$

为求截平面和管道的截交线方程,将管道的方程改写成参数方程的形式

$$\begin{cases} x=R\cos\theta, \\ y=R\sin\theta, \quad 0\leqslant\theta\leqslant 2\pi, \\ z=z, \end{cases}$$

将其代入截平面方程中,得

$$\frac{R\cos\theta}{a}+\frac{R\sin\theta}{b}+\frac{z}{c}=1.$$

圆柱的底圆展开时有 $s=R\theta$,即 $\theta=\frac{s}{R}$,这里 s 是弧长. 将 $\theta=\frac{s}{R}$ 代入上式,有

$$\frac{R\cos\frac{s}{R}}{a}+\frac{R\sin\frac{s}{R}}{b}+\frac{z}{c}=1,$$

上式即是截交线的展开曲面方程.

如果截平面是正垂面(平行 y 轴):$\frac{x}{a}+\frac{z}{c}=1$,则截交线的展平曲线方程为

$$\frac{R\cos\frac{s}{R}}{a}+\frac{z}{c}=1,$$

即

$$z=\frac{c\left(a-R\cos\frac{s}{R}\right)}{a}, \quad 0\leqslant s\leqslant 2\pi R.$$

这是一条调整过振幅的余弦曲线(图 1.39).

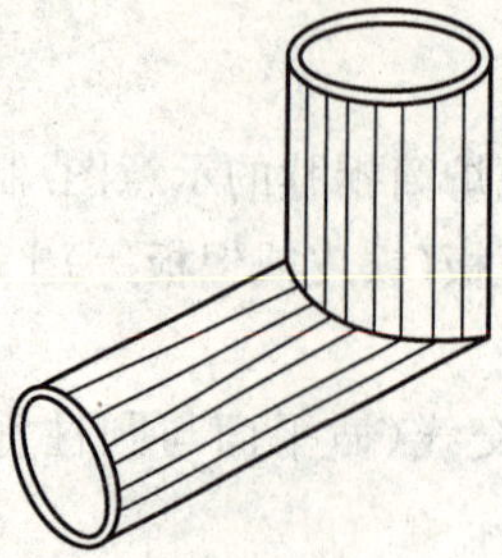

图 1.38

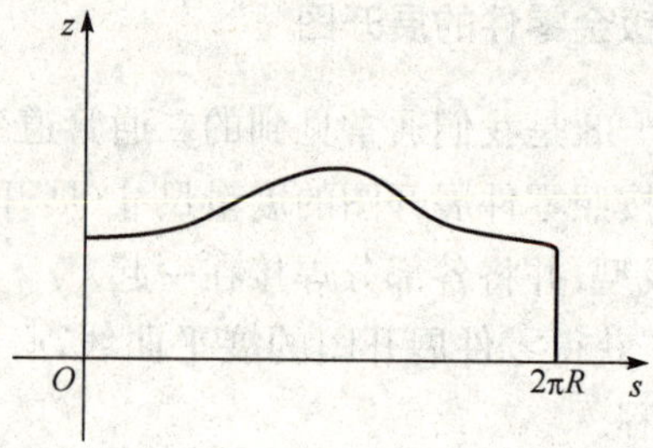

图 1.39

1.7.3 火力发电厂的供水塔

火力发电厂的供水塔(冷却塔)的横截面曲线均为圆，其半径 R 与塔高 H 的关系(图 1.40)为

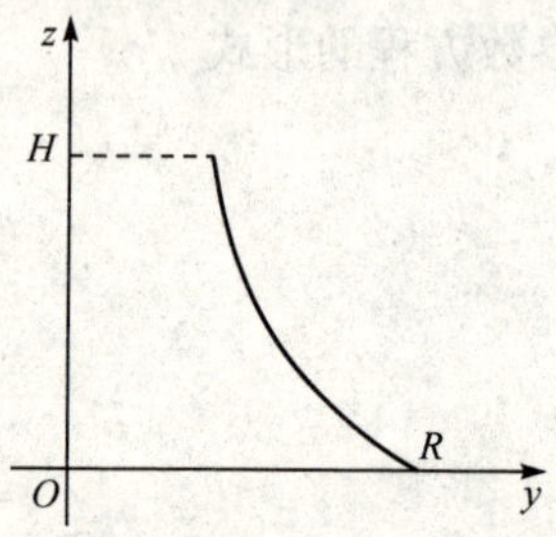

图 1.40

$$125R^2+(H-50)^2=50^2,$$

度量单位为米.

令冷却塔的中心为 z 轴，z 轴与地面的交点为原点，在地面上选一个方向 y 轴，则有 $y=R, z=H$.

冷却塔半径 R 与塔高 H 的关系式可以改写为

$$125y^2+(z-50)^2=50^2,$$

冷却塔的外开曲面的方程可以表示为

$$125(x^2+t^2)+(z-50)^2=50^2,$$

即

$$\frac{x^2}{20}+\frac{y^2}{20}+\frac{(z-50)^2}{2500}=1,$$

这正是旋转单叶双曲面.

习题 1

1. 空间直角坐标系下，已知点 $A(1,2,3)$，$B(-2,3,4)$，$C(2,-3,-4)$，$D(-2,-2,-3)$.

(1) 指出它们所在的卦限；

(2) 求点 A 关于原点的对称点的坐标、关于坐标面的对称点的坐标、关于坐标轴的对称点的坐标.

2. 设 $\boldsymbol{a}=(2,2,1)$，它与 u 轴的夹角为$\frac{\pi}{6}$，求 $\boldsymbol{a}$ 在 u 轴的投影 .

3. 设向量 $\boldsymbol{a}=2\boldsymbol{i}-\boldsymbol{k}$，$\boldsymbol{b}=\boldsymbol{i}-2\boldsymbol{j}-2\boldsymbol{k}$，求 $2\boldsymbol{a}+3\boldsymbol{b}$，$\boldsymbol{a}\cdot\boldsymbol{b}$，$\boldsymbol{a}\times\boldsymbol{b}$.

4. 已知$\overrightarrow{OA}=\boldsymbol{i}+3\boldsymbol{k}$，$\overrightarrow{OB}=\boldsymbol{j}+3\boldsymbol{k}$，求$\triangle OAB$ 的面积.

5. 设$|\boldsymbol{a}|=10$，$|\boldsymbol{b}|=2$，$\boldsymbol{a}\cdot\boldsymbol{b}=12$，求$|\boldsymbol{a}\times\boldsymbol{b}|$.

6. 建立以点 $M(1,3,-2)$为球心，且通过坐标原点的球面方程.

7. 求下列旋转曲面的方程：

(1) 平面 xOz 上的圆 $x^2+z^2=a^2$ 绕 z 轴旋转一周；

(2) 平面 xOz 上的抛物线 $z^2=4x$ 绕 x 轴旋转一周.

8. 指出下列方程所表示的曲面的名称.

(1) $\dfrac{x^2}{1}+\dfrac{y^2}{4}+\dfrac{z^2}{9}=1$；

(2) $\dfrac{x^2}{1}+\dfrac{y^2}{4}-\dfrac{z^2}{9}=1$；

(3) $\dfrac{x^2}{1}-\dfrac{y^2}{4}-\dfrac{z^2}{9}=1$.

9. 说明下列旋转曲面是怎样形成的.

(1) $\dfrac{x^2}{4}+\dfrac{y^2}{9}+\dfrac{z^2}{9}=1$；

(2) $(z-a)^2=x^2+y^2$.

10. 指出下列方程所表示的曲线.

(1) $\begin{cases}x^2+y^2+z^2=25,\\x=3;\end{cases}$

(2) $\begin{cases}x^2+4y^2+9z^2=36,\\y=2.\end{cases}$

11. 求过点 $M(2,4,-3)$且与平面 $2x+3y-5z=5$ 平行的平面方程.

12. 求过点 $A(1,1,-1)$，$B(-2,-2,2)$和 $C(1,-1,2)$的平面方程.

13. 求通过 x 轴和点$(4,-3,-1)$的平面方程.

14. 一平面过 z 轴且与平面 $2x+y-\sqrt{5}z-7=0$ 成$\dfrac{\pi}{3}$角，求此平面方程.

15. 求平行于平面 $6x+y+6z+5=0$ 而与三个坐标面所围成四面体的体积为一个单位的平面方程.

16. 求曲线$\begin{cases}x^2+y^2+z^2=1,\\z=\dfrac{1}{2}\end{cases}$在坐标面上的投影曲线方程.

17. 求抛物面 $y^2+z^2=x$ 与平面 $x+2y-z=0$ 的交线在三个坐标面上的投影曲线方程.

18. 求过点 $M(2,1,3)$且与直线$\dfrac{x+1}{3}=\dfrac{y-1}{2}=\dfrac{z}{-1}$平行的直线方程.

19. 将直线的一般方程$\begin{cases}x-y+z=1,\\2x+y+z=4\end{cases}$化为点向式方程及参数方程.

20. 设直线 L：$\dfrac{x-1}{2}=\dfrac{y}{-1}=\dfrac{z+1}{2}$，平面 π：$x-y+2z=3$，求直线和平面的夹角.

21. 求过点$(0,2,4)$且与两平面 $x+2z=1$ 和 $y-3z=2$ 的交线平行的直线方程.

22. 判断两直线$\begin{cases}x+2y-z-7=0,\\-2x+y+z-7=0\end{cases}$和$\begin{cases}3x+6y-3z-8=0,\\2x-y-z=0\end{cases}$的位置关系.

23. 求直线$\begin{cases}x-y-2z=0,\\2x+y+z=0\end{cases}$与直线$\dfrac{x}{2}=\dfrac{y-1}{1}=\dfrac{z-1}{2}$的夹角余弦.

第 2 章　矩阵与行列式

矩阵是线性代数的一个极其重要的工具，尤其是随着计算机的广泛应用，矩阵知识已成为现代科技人员必备的数学基础．行列式的概念最早是在研究线性方程组解的过程中产生的．如今，它在数学的许多分支中都有着非常广泛的应用，也是解线性方程组的一种重要工具．

2.1　矩阵的概念及其运算

2.1.1　矩阵的概念

矩阵是数(或函数)的矩形阵表．在工程技术、生产活动和日常生活中，我们常用表格表示一些量或关系，如工厂中的产量统计表、市场上的价目表等．在给出矩阵定义之前，先看几个例子．

例 2.1.1　某企业生产 A,B,C,D 四种产品，各种产品的季度产值(单位：万吨)见表 2.1.

表 2.1

季度	产品			
	A	B	C	D
1	80	75	75	78
2	98	70	85	84
3	90	75	90	90
4	88	70	82	80

如果用一个 4 行 4 列的数表表示该企业四种产品的各季度产值，可以简记为

$$\begin{bmatrix} 80 & 75 & 75 & 78 \\ 98 & 70 & 85 & 84 \\ 90 & 75 & 90 & 90 \\ 88 & 70 & 82 & 80 \end{bmatrix}.$$

该数表也揭示了产值随季节变化的规律、季增长率和年产量等情况．

例 2.1.2　二元一次方程组 $\begin{cases} 2x+3y=0, \\ 4x-5y=0 \end{cases}$ 的系数，按原位置构成一张数表：

$$A=\begin{bmatrix}2 & 3\\ 4 & -5\end{bmatrix}.$$

更一般地，对于方程组

$$\begin{cases}a_{11}x_1+a_{12}x_2+\cdots+a_{1n}x_n=b_1,\\ a_{21}x_1+a_{22}x_2+\cdots+a_{2n}x_n=b_2,\\ \cdots\cdots\\ a_{m1}x_1+a_{m2}x_2+\cdots+a_{mn}x_n=b_m,\end{cases}$$

如果把它的系数 $a_{ij}(i=1,2,\cdots,m;j=1,2,\cdots,n)$ 和常数项 $b_i(i=1,2,\cdots,m)$ 按照原来的位置写出，就可以得到 m 行 n 列的数表和一个 m 行 1 列的数表，

$$A=\begin{bmatrix}a_{11} & a_{12} & \cdots & a_{1n}\\ a_{21} & a_{22} & \cdots & a_{2n}\\ \vdots & \vdots & & \vdots\\ a_{m1} & a_{m2} & \cdots & a_{mn}\end{bmatrix},\quad b=\begin{bmatrix}b_1\\ b_2\\ \vdots\\ b_m\end{bmatrix}.$$

定义 2.1　由 $m\times n$ 个数 $a_{ij}(i=1,2,\cdots,m;j=1,2,\cdots,n)$ 排成的一个 m 行 n 列数表

$$\begin{matrix}a_{11} & a_{12} & \cdots & a_{1n}\\ a_{21} & a_{22} & \cdots & a_{2n}\\ \vdots & \vdots & & \vdots\\ a_{m1} & a_{m2} & \cdots & a_{mn}\end{matrix}$$

称为一个 **m 行 n 列矩阵**，简称 **$m\times n$ 矩阵**．为表示它是一个整体，总是加一个括弧，记为

$$A=\begin{bmatrix}a_{11} & a_{12} & \cdots & a_{1n}\\ a_{21} & a_{22} & \cdots & a_{2n}\\ \vdots & \vdots & & \vdots\\ a_{m1} & a_{m2} & \cdots & a_{mn}\end{bmatrix},$$

这 $m\times n$ 个数称为矩阵的**元素**，简称为元，其中 a_{ij} 称为矩阵的第 i 行第 j 列的元素，而 i 称为**行标**，j 称为**列标**．

通常用大写字母 A,B,C 等表示矩阵．有时为了表明矩阵的行数 m 和列数 n，也可记为

$$A=(a_{ij})_{m\times n},\quad A=(a_{ij}) 或 A_{m\times n}.$$

元素是实数的矩阵称为**实矩阵**，元素是复数的矩阵称为**复矩阵**，本书中的矩阵除有特殊说明外都指实矩阵．特别地，当 $m=n$ 时，$A=(a_{ij})_{n\times n}$ 称为 **n 阶矩阵**或者称为 **n 阶方阵**．

一个 n 阶方阵 A 中，从左上角到右下角的这条对角线称为 A 的**主对角线**，从右上角到左下角的这条对角线称为 A 的**次对角线**或**副对角线**．

如果两个矩阵具有相同的行数与相同的列数，则称这两个矩阵为**同型矩阵**．

特殊矩阵

(1) 只有一行的矩阵 $\boldsymbol{A}=(a_1,a_2,\cdots,a_n)$ 称为**行矩阵**或**行向量**．

(2) 只有一列的矩阵 $\boldsymbol{B}=\begin{bmatrix} b_1 \\ b_2 \\ \vdots \\ b_n \end{bmatrix}$ 称为**列矩阵**或**列向量**．

(3) 元素全为零的矩阵称为**零矩阵**，用 $\boldsymbol{O}_{m\times n}$ 或 $\boldsymbol{O}$ 表示．

(4) n **阶对角阵**　形如

$$\boldsymbol{A}=\begin{bmatrix} a_{11} & 0 & \cdots & 0 \\ 0 & a_{22} & \cdots & 0 \\ \vdots & \vdots & & \vdots \\ 0 & 0 & \cdots & a_{nn} \end{bmatrix}$$

或简写为

$$\boldsymbol{A}=\begin{bmatrix} a_{11} & & & \\ & a_{22} & & \\ & & \ddots & \\ & & & a_{nn} \end{bmatrix}$$

的矩阵，称为**对角矩阵**，对角矩阵必须是方阵．对角矩阵也可记为

$$\boldsymbol{A}=\mathrm{diag}(a_{11},a_{22},\cdots,a_{nn}).$$

(5) **数量矩阵**　当对角矩阵的主对角线上的元素都相同时，称它为**数量矩阵**．n 阶数量矩阵有如下形式：

$$\begin{bmatrix} a & 0 & \cdots & 0 \\ 0 & a & \cdots & 0 \\ \vdots & \vdots & & \vdots \\ 0 & 0 & \cdots & a \end{bmatrix}_{n\times n} \quad 或 \quad \begin{bmatrix} a & & & \\ & a & & \\ & & \ddots & \\ & & & a \end{bmatrix}_n .$$

特别地，当 $a=1$ 时，称为 n **阶单位矩阵**，记为 $\boldsymbol{E}_n$ 或 $\boldsymbol{I}_n$，即

$$\boldsymbol{E}_n=\begin{bmatrix} 1 & 0 & \cdots & 0 \\ 0 & 1 & \cdots & 0 \\ \vdots & \vdots & & \vdots \\ 0 & 0 & \cdots & 1 \end{bmatrix} \quad 或 \quad \boldsymbol{E}_n=\begin{bmatrix} 1 & & & \\ & 1 & & \\ & & \ddots & \\ & & & 1 \end{bmatrix},$$

在不致引起混淆时，也可用 $\boldsymbol{E}$ 表示单位矩阵．

(6) n **阶上三角矩阵**与 n **阶下三角矩阵**　形如

$$\begin{bmatrix} a_{11} & a_{12} & \cdots & a_{1n} \\ 0 & a_{22} & \cdots & a_{2n} \\ \vdots & \vdots & \ddots & \vdots \\ 0 & 0 & \cdots & a_{nn} \end{bmatrix}, \quad \begin{bmatrix} a_{11} & 0 & \cdots & 0 \\ a_{21} & a_{22} & \cdots & 0 \\ \vdots & \vdots & \ddots & \vdots \\ a_{n1} & a_{n2} & \cdots & a_{nn} \end{bmatrix}$$

的矩阵分别称为**上三角矩阵**和**下三角矩阵**.

2.1.2　矩阵的线性运算

定义 2.2　如果两个矩阵 $\boldsymbol{A}=(a_{ij})_{m\times n}$ 和 $\boldsymbol{B}=(b_{ij})_{m\times n}$ 为同型矩阵,且对应位置元素都相等,则称矩阵 $\boldsymbol{A}$ 与矩阵 $\boldsymbol{B}$ **相等**,记作 $\boldsymbol{A}=\boldsymbol{B}$.

若 $\boldsymbol{A}=(a_{ij})_{m\times n}$, $\boldsymbol{B}=(b_{ij})_{m\times n}$, 且 $a_{ij}=b_{ij}\ (i=1,2,\cdots,m;j=1,2,\cdots,n)$, 则 $\boldsymbol{A}=\boldsymbol{B}$.

例 2.1.3　设 $\boldsymbol{A}=\begin{bmatrix} 1 & 2 & 3 \\ 3 & 1 & 2 \end{bmatrix}$, $\boldsymbol{B}=\begin{bmatrix} 1 & x & 3 \\ y & 1 & z \end{bmatrix}$, 已知 $\boldsymbol{A}=\boldsymbol{B}$, 求 x,y,z.

解　因为 $\boldsymbol{A}=\boldsymbol{B}$, 所以有 $x=2,y=3,z=2$.

定义 2.3　设矩阵

$$\boldsymbol{A}=\begin{bmatrix} a_{11} & a_{12} & \cdots & a_{1n} \\ a_{21} & a_{22} & \cdots & a_{2n} \\ \vdots & \vdots & & \vdots \\ a_{m1} & a_{m2} & \cdots & a_{mn} \end{bmatrix}, \quad \boldsymbol{B}=\begin{bmatrix} b_{11} & b_{12} & \cdots & b_{1n} \\ b_{21} & b_{22} & \cdots & b_{2n} \\ \vdots & \vdots & & \vdots \\ b_{m1} & b_{m2} & \cdots & b_{mn} \end{bmatrix},$$

称矩阵

$$\begin{bmatrix} a_{11}+b_{11} & a_{12}+b_{12} & \cdots & a_{1n}+b_{1n} \\ a_{21}+b_{21} & a_{22}+b_{22} & \cdots & a_{2n}+b_{2n} \\ \vdots & \vdots & & \vdots \\ a_{m1}+b_{m1} & a_{m2}+b_{m2} & \cdots & a_{mn}+b_{mn} \end{bmatrix}$$

为 $\boldsymbol{A}$ 与 $\boldsymbol{B}$ 的和,记作 $\boldsymbol{A}+\boldsymbol{B}$.

注　只有两个矩阵是同型矩阵时,才能进行加法运算. 显然

$$\boldsymbol{A}_{m\times n}+\boldsymbol{O}_{m\times n}=\boldsymbol{A}_{m\times n}.$$

将矩阵 $\boldsymbol{A}=(a_{ij})_{m\times n}$ 的所有元素都换成其相反数,得到的新矩阵 $(-a_{ij})_{m\times n}$, 称之为 $\boldsymbol{A}$ 的**负矩阵**,记作 $-\boldsymbol{A}$. 由此规定**矩阵的减法**为

$$\boldsymbol{A}-\boldsymbol{B}=\boldsymbol{A}+(-\boldsymbol{B})=(a_{ij})_{m\times n}+(-b_{ij})_{m\times n}=(a_{ij}-b_{ij})_{m\times n}.$$

例 2.1.4　设矩阵

$$\boldsymbol{A}=\begin{bmatrix} x & -1 \\ 0 & 1 \end{bmatrix}, \quad \boldsymbol{B}=\begin{bmatrix} -1 & y \\ 2 & 0 \end{bmatrix}, \quad \boldsymbol{C}=\begin{bmatrix} 1 & -1 \\ 2 & 1 \end{bmatrix},$$

且 $\boldsymbol{A}+\boldsymbol{B}=\boldsymbol{C}$, 求 x,y.

解 由于 $\boldsymbol{A}+\boldsymbol{B}=\boldsymbol{C}$，即

$$\begin{bmatrix} x-1 & -1+y \\ 2 & 1 \end{bmatrix}=\begin{bmatrix} 1 & -1 \\ 2 & 1 \end{bmatrix},$$

所以 $x=2,y=0$.

定义 2.4 数 k 乘矩阵 $\boldsymbol{A}=(a_{ij})_{m\times n}$ 中每一个元素，所得矩阵

$$\begin{bmatrix} ka_{11} & ka_{12} & \cdots & ka_{1n} \\ ka_{21} & ka_{22} & \cdots & ka_{2n} \\ \vdots & \vdots & & \vdots \\ ka_{m1} & ka_{m2} & \cdots & ka_{mn} \end{bmatrix}$$

称为数 k 与矩阵 $\boldsymbol{A}$ 的乘积，记作 $k\boldsymbol{A}$.

例 2.1.5 设甲、乙两地与 3 个城市间的距离(单位：km)由矩阵 $\boldsymbol{A}$ 给出：

$$\boldsymbol{A}=\begin{bmatrix} 120 & 175 & 80 \\ 80 & 130 & 40 \end{bmatrix}.$$

已知某种货物的运费为 2 元/(t · km)，那么从甲、乙两地到 3 个城市间每吨货物的运费(元/t)可如下计算并表示为

$$\begin{bmatrix} 2\times120 & 2\times175 & 2\times80 \\ 2\times80 & 2\times130 & 2\times40 \end{bmatrix}=\begin{bmatrix} 240 & 350 & 160 \\ 160 & 260 & 80 \end{bmatrix}.$$

矩阵的加法和数乘这两种运算统称为矩阵的**线性运算**.

例 2.1.6 设矩阵

$$\boldsymbol{A}=\begin{bmatrix} 1 & 2 & 1 & 2 \\ 2 & 1 & 2 & 1 \\ 1 & 2 & 3 & 4 \end{bmatrix},\quad \boldsymbol{B}=\begin{bmatrix} 4 & 3 & 2 & 1 \\ -2 & 1 & -2 & 1 \\ 0 & -1 & 0 & -1 \end{bmatrix}.$$

(1) 求 $3\boldsymbol{A}-\boldsymbol{B}$.

(2) 若 $\boldsymbol{X}$ 满足 $\boldsymbol{A}+\boldsymbol{X}=\boldsymbol{B}$，求 $\boldsymbol{X}$.

解 (1) $3\boldsymbol{A}-\boldsymbol{B}=3\begin{bmatrix} 1 & 2 & 1 & 2 \\ 2 & 1 & 2 & 1 \\ 1 & 2 & 3 & 4 \end{bmatrix}-\begin{bmatrix} 4 & 3 & 2 & 1 \\ -2 & 1 & -2 & 1 \\ 0 & -1 & 0 & -1 \end{bmatrix}$

$$=\begin{bmatrix} 3 & 6 & 3 & 6 \\ 6 & 3 & 6 & 3 \\ 3 & 6 & 9 & 12 \end{bmatrix}-\begin{bmatrix} 4 & 3 & 2 & 1 \\ -2 & 1 & -2 & 1 \\ 0 & -1 & 0 & -1 \end{bmatrix}$$

$$=\begin{bmatrix} -1 & 3 & 1 & 5 \\ 8 & 2 & 8 & 2 \\ 3 & 7 & 9 & 13 \end{bmatrix}.$$

(2) 由 $\boldsymbol{A}+\boldsymbol{X}=\boldsymbol{B}$ 有 $\boldsymbol{X}=\boldsymbol{B}-\boldsymbol{A}$，得

$$X=\begin{bmatrix}4&3&2&1\\-2&1&-2&1\\0&-1&0&-1\end{bmatrix}-\begin{bmatrix}1&2&1&2\\2&1&2&1\\1&2&3&4\end{bmatrix}$$

$$=\begin{bmatrix}3&1&1&-1\\-4&0&-4&0\\-1&-3&-3&-5\end{bmatrix}.$$

设 $\boldsymbol{A},\boldsymbol{B},\boldsymbol{C},\boldsymbol{O}$ 都是 $m\times n$ 矩阵，不难验证矩阵的线性运算满足以下八条运算规则：

(1) $\boldsymbol{A}+\boldsymbol{B}=\boldsymbol{B}+\boldsymbol{A}$；

(2) $\boldsymbol{A}+(\boldsymbol{B}+\boldsymbol{C})=(\boldsymbol{A}+\boldsymbol{B})+\boldsymbol{C}$；

(3) $\boldsymbol{A}+\boldsymbol{O}=\boldsymbol{A}$；

(4) $\boldsymbol{A}+(-\boldsymbol{A})=\boldsymbol{O}$；

(5) $1\cdot\boldsymbol{A}=\boldsymbol{A}$；

(6) $(k+l)\boldsymbol{A}=k\boldsymbol{A}+l\boldsymbol{A}$；

(7) $k(\boldsymbol{A}+\boldsymbol{B})=k\boldsymbol{A}+k\boldsymbol{B}$；

(8) $k(l\boldsymbol{A})=(kl)\boldsymbol{A}$.

2.1.3 矩阵的乘法

定义 2.5 设 $\boldsymbol{A}=(a_{ij})$ 是 $m\times l$ 矩阵，$\boldsymbol{B}=(b_{ij})$ 是 $l\times n$ 矩阵. $\boldsymbol{A}$ 乘 $\boldsymbol{B}$ 的积记作 $\boldsymbol{AB}$，规定 $\boldsymbol{AB}=\boldsymbol{C}=(c_{ij})$ 是 $m\times n$ 矩阵，其中

$$c_{ij}=a_{i1}b_{1j}+a_{i2}b_{2j}+\cdots+a_{il}b_{lj}=\sum_{k=1}^{l}a_{ik}b_{kj}\quad(i=1,2,\cdots,m;j=1,2,\cdots,n).$$

由定义可知，只有当前一个矩阵 $\boldsymbol{A}$ 的列数等于后一个矩阵 $\boldsymbol{B}$ 的行数时，两个矩阵才能相乘，此时也称矩阵 $\boldsymbol{A}$ 与 $\boldsymbol{B}$ 具有可乘性，矩阵 $\boldsymbol{C}$ 的行数与 $\boldsymbol{A}$ 的行数一致，列数与 $\boldsymbol{B}$ 的列数相等．矩阵 $\boldsymbol{C}$ 中第 i 行第 j 列元 c_{ij} 等于 $\boldsymbol{A}$ 的第 i 行与 $\boldsymbol{B}$ 的第 j 列元对应乘积之和，即

$$(a_{i1},a_{i2},\cdots,a_{il})\begin{bmatrix}b_{1j}\\b_{2j}\\\vdots\\b_{lj}\end{bmatrix}=a_{i1}b_{1j}+a_{i2}b_{2j}+\cdots+a_{il}b_{lj}=c_{ij}.$$

例 2.1.7 设 $\boldsymbol{A}=\begin{bmatrix}1&0&3\\2&-1&0\end{bmatrix}$，$\boldsymbol{B}=\begin{bmatrix}1&-1\\2&3\\4&0\end{bmatrix}$，求 $\boldsymbol{AB}$ 及 $\boldsymbol{BA}$.

解　$\boldsymbol{AB}=\begin{bmatrix}1 & 0 & 3\\2 & -1 & 0\end{bmatrix}\begin{bmatrix}1 & -1\\2 & 3\\4 & 0\end{bmatrix}$

$$=\begin{bmatrix}1\times1+0\times2+3\times4 & 1\times(-1)+0\times3+3\times0\\2\times1+(-1)\times2+0\times4 & 2\times(-1)+(-1)\times3+0\times0\end{bmatrix}$$

$$=\begin{bmatrix}13 & -1\\0 & -5\end{bmatrix}.$$

$$\boldsymbol{BA}=\begin{bmatrix}1 & -1\\2 & 3\\4 & 0\end{bmatrix}\begin{bmatrix}1 & 0 & 3\\2 & -1 & 0\end{bmatrix}$$

$$=\begin{bmatrix}1\times1+(-1)\times2 & 1\times0+(-1)\times(-1) & 1\times3+(-1)\times0\\2\times1+3\times2 & 2\times0+3\times(-1) & 2\times3+3\times0\\4\times1+0\times2 & 4\times0+0\times(-1) & 4\times3+0\times0\end{bmatrix}$$

$$=\begin{bmatrix}-1 & 1 & 3\\8 & -3 & 6\\4 & 0 & 12\end{bmatrix}.$$

矩阵的乘法具有下列运算规律(假设运算均有意义)：

(1) **数乘结合律**　$k(\boldsymbol{BC})=(k\boldsymbol{B})\boldsymbol{C}=\boldsymbol{B}(k\boldsymbol{C})$，$k$ 是数；

(2) **左乘分配律**　$\boldsymbol{A}(\boldsymbol{B}+\boldsymbol{C})=\boldsymbol{AB}+\boldsymbol{AC}$；

　　右乘分配律　$(\boldsymbol{A}+\boldsymbol{B})\boldsymbol{C}=\boldsymbol{AC}+\boldsymbol{BC}$；

(3) **乘法结合律**　$(\boldsymbol{AB})\boldsymbol{C}=\boldsymbol{A}(\boldsymbol{BC})$.

例 2.1.8　设 $\boldsymbol{A}=\begin{bmatrix}2 & 1\\-4 & -2\end{bmatrix}$，$\boldsymbol{B}=\begin{bmatrix}3 & -1\\-6 & 2\end{bmatrix}$，求 $\boldsymbol{AB}$，$\boldsymbol{BA}$.

解　$\boldsymbol{AB}=\begin{bmatrix}2 & 1\\-4 & -2\end{bmatrix}\begin{bmatrix}3 & -1\\-6 & 2\end{bmatrix}$

$$=\begin{bmatrix}2\times3+1\times(-6) & 2\times(-1)+1\times2\\(-4)\times3+(-2)\times(-6) & (-4)\times(-1)+(-2)\times2\end{bmatrix}$$

$$=\begin{bmatrix}0 & 0\\0 & 0\end{bmatrix}.$$

$$\boldsymbol{BA}=\begin{bmatrix}3 & -1\\-6 & 2\end{bmatrix}\begin{bmatrix}2 & 1\\-4 & -2\end{bmatrix}$$

$$=\begin{bmatrix}3\times2+(-1)\times(-4) & 3\times1+(-1)\times(-2)\\(-6)\times2+2\times(-4) & (-6)\times1+2\times(-2)\end{bmatrix}$$

$$=\begin{bmatrix}10 & 5\\-20 & -10\end{bmatrix}.$$

在例 2.1.8 中，可以看出矩阵的乘法一般不满足交换律，即

$$\boldsymbol{AB}\neq\boldsymbol{BA}.$$

如果两个同阶方阵 $\boldsymbol{A}$ 与 $\boldsymbol{B}$ 满足 $\boldsymbol{AB}=\boldsymbol{BA}$，则称 $\boldsymbol{A}$ 与 $\boldsymbol{B}$ 可交换，当 $\boldsymbol{AB}\neq\boldsymbol{BA}$ 时，则称 $\boldsymbol{A}$ 与 $\boldsymbol{B}$ **不可交换**.

从例 2.1.8 还可看出：两个非零矩阵相乘，可能是零矩阵，所以不能从 $\boldsymbol{AB}=\boldsymbol{O}$ 得到 $\boldsymbol{A}=\boldsymbol{O}$ 或 $\boldsymbol{B}=\boldsymbol{O}$.

单位矩阵在矩阵乘法中起着类似于数 1 在数的乘法中的作用. 容易验证，在可以相乘的前提下，对任意矩阵 $\boldsymbol{A}$ 总有

$$\boldsymbol{EA}=\boldsymbol{AE}=\boldsymbol{A}.$$

此外，矩阵的乘法一般也不满足消去律. 即由 $\boldsymbol{AX}=\boldsymbol{AY}$ 且 $\boldsymbol{A}\neq\boldsymbol{O}$ 不能得到 $\boldsymbol{X}=\boldsymbol{Y}$.

例如，设

$$\boldsymbol{A}=\begin{bmatrix}1&2\\0&3\end{bmatrix},\quad \boldsymbol{B}=\begin{bmatrix}1&0\\0&4\end{bmatrix},\quad \boldsymbol{C}=\begin{bmatrix}1&1\\0&0\end{bmatrix},$$

虽然

$$\boldsymbol{AC}=\begin{bmatrix}1&2\\0&3\end{bmatrix}\begin{bmatrix}1&1\\0&0\end{bmatrix}=\begin{bmatrix}1&1\\0&0\end{bmatrix}=\begin{bmatrix}1&0\\0&4\end{bmatrix}\begin{bmatrix}1&1\\0&0\end{bmatrix}=\boldsymbol{BC},$$

但 $\boldsymbol{A}\neq\boldsymbol{B}$.

定义 2.6　设 $\boldsymbol{A}$ 是 n 阶方阵时，规定：

$$\boldsymbol{A}^m=\underbrace{\boldsymbol{AA}\cdots\boldsymbol{A}}_{m\text{个}},$$

称 $\boldsymbol{A}^m$ 为矩阵 $\boldsymbol{A}$ 的 m 次幂，其中 m 是正整数.

当 $m=0$ 时，规定 $\boldsymbol{A}^0=\boldsymbol{E}$. 显然有

$$\boldsymbol{A}^k\boldsymbol{A}^l=\boldsymbol{A}^{k+l},\quad (\boldsymbol{A}^k)^l=\boldsymbol{A}^{kl},$$

其中 k,l 是任意正整数. 矩阵乘法不满足交换律，因此，一般地有

$$(\boldsymbol{AB})^k\neq\boldsymbol{A}^k\boldsymbol{B}^k.$$

例 2.1.9　设 $\boldsymbol{A}=\begin{bmatrix}1&1\\0&1\end{bmatrix}$，求所有与 $\boldsymbol{A}$ 可交换的矩阵.

解　设与 $\boldsymbol{A}$ 可交换的矩阵为 $\boldsymbol{B}=\begin{bmatrix}a&b\\c&d\end{bmatrix}$，那么

$$\boldsymbol{AB}=\begin{bmatrix}1&1\\0&1\end{bmatrix}\begin{bmatrix}a&b\\c&d\end{bmatrix}=\begin{bmatrix}a+c&b+d\\c&d\end{bmatrix},$$

$$\boldsymbol{BA}=\begin{bmatrix}a&b\\c&d\end{bmatrix}\begin{bmatrix}1&1\\0&1\end{bmatrix}=\begin{bmatrix}a&a+b\\c&c+d\end{bmatrix}.$$

由 $\boldsymbol{AB}=\boldsymbol{BA}$，有

$$\begin{cases} a+c=a, \\ b+d=a+b, \\ c+d=d, \end{cases} \quad \text{即} \begin{cases} c=0, \\ a=d. \end{cases}$$

可见与 $\boldsymbol{A}$ 可交换的矩阵为 $\begin{bmatrix} a & b \\ 0 & a \end{bmatrix}$（$a,b$ 为任意实数）.

例 2.1.10　设 $\boldsymbol{A}=\begin{bmatrix}1\\2\\3\end{bmatrix}(1,2^{-1},3^{-1})$，计算 $\boldsymbol{A}^{11}$.

解　$\boldsymbol{A}^{11}=\begin{bmatrix}1\\2\\3\end{bmatrix}\left\{(1,2^{-1},3^{-1})\begin{bmatrix}1\\2\\3\end{bmatrix}\right\}\cdots\left\{(1,2^{-1},3^{-1})\begin{bmatrix}1\\2\\3\end{bmatrix}\right\}(1,2^{-1},3^{-1})$

$$=\begin{bmatrix}1\\2\\3\end{bmatrix}(1\times1+2^{-1}\times2+3^{-1}\times3)^{10}(1,2^{-1},3^{-1})=3^{10}\begin{bmatrix}1 & \frac{1}{2} & \frac{1}{3} \\ 2 & 1 & \frac{2}{3} \\ 3 & \frac{3}{2} & 1\end{bmatrix}.$$

定义 2.7　设 $f(x)=a_0+a_1x+a_2x^2+\cdots+a_kx^k$ 是 x 的 k 次多项式，$\boldsymbol{A}$ 是 n 阶方阵，则

$$f(\boldsymbol{A})=a_0\boldsymbol{E}+a_1\boldsymbol{A}+a_2\boldsymbol{A}^2+\cdots+a_k\boldsymbol{A}^k$$

称为矩阵 $\boldsymbol{A}$ 的 k 次多项式.

例 2.1.11　已知 $f(x)=x^2-5x+3$，$\boldsymbol{A}=\begin{bmatrix}2 & -1 \\ -3 & 3\end{bmatrix}$，求 $f(\boldsymbol{A})$.

解　$f(\boldsymbol{A})=\boldsymbol{A}^2-5\boldsymbol{A}+3\boldsymbol{E}$

$$=\begin{bmatrix}2 & -1 \\ -3 & 3\end{bmatrix}^2-5\begin{bmatrix}2 & -1 \\ -3 & 3\end{bmatrix}+3\begin{bmatrix}1 & 0 \\ 0 & 1\end{bmatrix}$$

$$=\begin{bmatrix}7 & -5 \\ -15 & 12\end{bmatrix}-\begin{bmatrix}10 & -5 \\ -15 & 15\end{bmatrix}+\begin{bmatrix}3 & 0 \\ 0 & 3\end{bmatrix}$$

$$=\begin{bmatrix}0 & 0 \\ 0 & 0\end{bmatrix}.$$

2.1.4　矩阵的转置

定义 2.8　设矩阵 $\boldsymbol{A}=(a_{ij})_{m\times n}$，$\boldsymbol{A}$ 的转置矩阵记作 $\boldsymbol{A}^{\mathrm{T}}$，规定

$$A^{\mathrm{T}}=\begin{bmatrix}a_{11}&a_{12}&\cdots&a_{1n}\\a_{21}&a_{22}&\cdots&a_{2n}\\\vdots&\vdots&&\vdots\\a_{m1}&a_{m2}&\cdots&a_{mn}\end{bmatrix}^{\mathrm{T}}=\begin{bmatrix}a_{11}&a_{21}&\cdots&a_{m1}\\a_{12}&a_{22}&\cdots&a_{m2}\\\vdots&\vdots&&\vdots\\a_{1n}&a_{2n}&\cdots&a_{mn}\end{bmatrix}.$$

由定义可知，若 $\boldsymbol{A}$ 是 $m\times n$ 矩阵，$\boldsymbol{A}^{\mathrm{T}}$ 的 (i,j) 元素恰是 $\boldsymbol{A}$ 的 (j,i) 元素．显然，$m\times n$ 矩阵的转置是 $n\times m$ 矩阵．

矩阵的转置满足以下运算规律(假设运算都是可行的)：

(1) $(\boldsymbol{A}^{\mathrm{T}})^{\mathrm{T}}=\boldsymbol{A}$；

(2) $(\boldsymbol{A}+\boldsymbol{B})^{\mathrm{T}}=\boldsymbol{A}^{\mathrm{T}}+\boldsymbol{B}^{\mathrm{T}}$；

(3) $(k\boldsymbol{A})^{\mathrm{T}}=k(\boldsymbol{A})^{\mathrm{T}}$；

(4) $(\boldsymbol{AB})^{\mathrm{T}}=\boldsymbol{B}^{\mathrm{T}}\boldsymbol{A}^{\mathrm{T}}$.

例 2.1.12 已知 $\boldsymbol{A}=\begin{bmatrix}2&0&-1\\1&3&2\end{bmatrix}$，$\boldsymbol{B}=\begin{bmatrix}1&7&-1\\4&2&3\\2&0&1\end{bmatrix}$．求 $(\boldsymbol{AB})^{\mathrm{T}}$.

解法 1 因为 $\boldsymbol{AB}=\begin{bmatrix}2&0&-1\\1&3&2\end{bmatrix}\begin{bmatrix}1&7&-1\\4&2&3\\2&0&1\end{bmatrix}=\begin{bmatrix}0&14&-3\\17&13&10\end{bmatrix}$，所以

$$(\boldsymbol{AB})^{\mathrm{T}}=\begin{bmatrix}0&17\\14&13\\-3&10\end{bmatrix}.$$

解法 2 $(\boldsymbol{AB})^{\mathrm{T}}=\boldsymbol{B}^{\mathrm{T}}\boldsymbol{A}^{\mathrm{T}}=\begin{bmatrix}1&4&2\\7&2&0\\-1&3&1\end{bmatrix}\begin{bmatrix}2&1\\0&3\\-1&2\end{bmatrix}=\begin{bmatrix}0&17\\14&13\\-3&10\end{bmatrix}$.

定义 2.9 如果方阵 $\boldsymbol{A}$ 满足 $\boldsymbol{A}^{\mathrm{T}}=\boldsymbol{A}$，则称 $\boldsymbol{A}$ 是**对称矩阵**，如果方阵 $\boldsymbol{A}$ 满足 $\boldsymbol{A}^{\mathrm{T}}=-\boldsymbol{A}$，则称 $\boldsymbol{A}$ 是**反对称矩阵**．

例如，

$$\boldsymbol{A}=\begin{bmatrix}5&2&3\\2&1&3\\3&3&0\end{bmatrix},\quad \boldsymbol{B}=\begin{bmatrix}0&3&2\\-3&0&-1\\-2&1&0\end{bmatrix}.$$

$\boldsymbol{A}$ 是对称矩阵，$\boldsymbol{B}$ 是反对称矩阵．

例 2.1.13 设 $\boldsymbol{A}$ 是 n 阶反对称矩阵，$\boldsymbol{B}$ 是 n 阶对称矩阵，证明 $\boldsymbol{AB}+\boldsymbol{BA}$ 是 n 阶反对称矩阵．

证
$$\begin{aligned}(\boldsymbol{AB}+\boldsymbol{BA})^{\mathrm{T}}&=(\boldsymbol{AB})^{\mathrm{T}}+(\boldsymbol{BA})^{\mathrm{T}}\\&=\boldsymbol{B}^{\mathrm{T}}\boldsymbol{A}^{\mathrm{T}}+\boldsymbol{A}^{\mathrm{T}}\boldsymbol{B}^{\mathrm{T}}\\&=\boldsymbol{B}(-\boldsymbol{A})+(-\boldsymbol{A})\boldsymbol{B}\\&=-(\boldsymbol{AB}+\boldsymbol{BA}),\end{aligned}$$

即 $\boldsymbol{AB}+\boldsymbol{BA}$ 为反对称矩阵．

2.2　矩阵的初等变换及初等矩阵

2.2.1　高斯消元法

设有线性方程组

$$\begin{cases}a_{11}x_1+a_{12}x_2+\cdots+a_{1n}x_n=b_1,\\ a_{21}x_1+a_{22}x_2+\cdots+a_{2n}x_n=b_2,\\ \quad\cdots\cdots\\ a_{m1}x_1+a_{m2}x_2+\cdots+a_{mn}x_n=b_m,\end{cases}\tag{2.1}$$

其矩阵形式为

$$\boldsymbol{AX}=\boldsymbol{b},\tag{2.2}$$

其中

$$\boldsymbol{A}=\begin{bmatrix}a_{11}&a_{12}&\cdots&a_{1n}\\ a_{21}&a_{22}&\cdots&a_{2n}\\ \vdots&\vdots&&\vdots\\ a_{m1}&a_{m2}&\cdots&a_{mn}\end{bmatrix},\quad \boldsymbol{X}=\begin{bmatrix}x_1\\ x_2\\ \vdots\\ x_n\end{bmatrix},\quad \boldsymbol{b}=\begin{bmatrix}b_1\\ b_2\\ \vdots\\ b_m\end{bmatrix}.$$

称 $\boldsymbol{A}$ 为方程组的**系数矩阵**．称 $(\boldsymbol{A},\boldsymbol{b})$ 为线性方程组的**增广矩阵**，记为 $\overline{\boldsymbol{A}}$，

$$\overline{\boldsymbol{A}}=\begin{bmatrix}a_{11}&a_{12}&\cdots&a_{1n}&b_1\\ a_{21}&a_{22}&\cdots&a_{2n}&b_2\\ \vdots&\vdots&&\vdots&\vdots\\ a_{m1}&a_{m2}&\cdots&a_{mn}&b_m\end{bmatrix}.$$

当 $b_i=0\ (i=1,2,\cdots,m)$ 时，线性方程组(2.1)称为**齐次线性方程组**；否则称为**非齐次线性方程组**．显然，齐次线性方程组的矩阵形式为 $\boldsymbol{AX}=\boldsymbol{0}$，非齐次线性方程组的矩阵形式为 $\boldsymbol{AX}=\boldsymbol{b},\boldsymbol{b}\neq\boldsymbol{0}$．对于一般的线性方程组，我们要讨论的问题是：它什么时候有解？如果有解，有多少解？如何求出其全部解？

例 2.2.1　用消元法求解线性方程组

$$\begin{cases}2x_1+2x_2-x_3=6,\\ x_1-2x_2+4x_3=3,\\ 5x_1+7x_2+x_3=28.\end{cases}$$

解　为观察消元过程，将消元过程中每个步骤的方程组及其对应的矩阵一并列出：

$$\begin{cases}2x_1+2x_2-x_3=6,\\ x_1-2x_2+4x_3=3,\ ①\\ 5x_1+7x_2+x_3=28,\end{cases}\leftrightarrow\left[\begin{array}{ccc:c}2&2&-1&6\\ 1&-2&4&3\\ 5&7&1&28\end{array}\right]①$$

$$\rightarrow\begin{cases}2x_1+2x_1-x_3=6,\\-3x_2+\dfrac{9}{2}x_3=0,\\2x_2+\dfrac{7}{2}x_3=13,\end{cases}\text{②}\leftrightarrow\left[\begin{array}{ccc:c}2&2&-1&6\\0&-3&\dfrac{9}{2}&0\\0&2&\dfrac{7}{2}&13\end{array}\right]\text{②}$$

$$\rightarrow\begin{cases}2x_1+2x_2-x_3=6,\\-3x_2+\dfrac{9}{2}x_3=0,\\\dfrac{13}{2}x_3=13,\end{cases}\text{③}\leftrightarrow\left[\begin{array}{ccc:c}2&2&-1&6\\0&-3&\dfrac{9}{2}&0\\0&0&\dfrac{13}{2}&13\end{array}\right]\text{③}$$

$$\rightarrow\begin{cases}2x_1+2x_2-x_3=6,\\-3x_2+\dfrac{9}{2}x_3=0,\\x_3=2,\end{cases}\text{④}\leftrightarrow\left[\begin{array}{ccc:c}2&2&-1&6\\0&-3&\dfrac{9}{2}&0\\0&0&1&2\end{array}\right]\text{④}$$

$$\rightarrow\begin{cases}x_1+x_2-\dfrac{1}{2}x_3=3,\\x_2-\dfrac{3}{2}x_3=0,\\x_3=2,\end{cases}\text{⑤}\leftrightarrow\left[\begin{array}{ccc:c}1&1&-\dfrac{1}{2}&3\\0&1&-\dfrac{3}{2}&0\\0&0&1&2\end{array}\right]\text{⑤}$$

$$\rightarrow\begin{cases}x_1=1,\\x_2=3,\\x_3=2,\end{cases}\text{⑥}\leftrightarrow\left[\begin{array}{ccc:c}1&0&0&1\\0&1&0&3\\0&0&1&2\end{array}\right]\text{⑥}$$

$$\begin{cases}x_1=1,\\x_2=3,\\x_3=2.\end{cases}$$

通常①～⑥消元过程所用的消元法就是**高斯消元法**.

从上面可以看出,用高斯消元法求解线性方程组的具体过程就是对方程组反复实施以下三种变换:

(1) 交换某两个方程的位置;

(2) 用一个非零数乘某个方程;

(3) 将一个方程的适当倍数加到另一个方程上去.

以上这三种变换称为**线性方程组的初等行变换**. 而消元法的目的就是利用方程组的初等行变换将原方程组化为阶梯形方程组,显然这个阶梯形方程组与原线性方程组同解,解这个阶梯形方程组即得原方程组的解. 如果用矩阵表示其系数及常数项,则将原方程组化为阶梯形方程组的过程就是将对应矩阵化为行阶梯形矩阵的过程.

2.2.2　矩阵的初等变换

在例 2.2.1 解线性方程组的过程中,线性方程组各个方程的系数和常数项能确定这个线性方程组的解,因此解线性方程组时,可将方程组的系数和常数项用矩阵表示,整个消元的过程可在矩阵上进行.下面引入矩阵的初等变换的概念.

定义 2.10　下面三种变换称为矩阵的初等行(列)变换:

(1) 交换矩阵 $\boldsymbol{A}$ 的某两行(列)的位置,如交换 i,j 两行(列)的初等行(列)变换记作 $r_i\leftrightarrow r_j(c_i\leftrightarrow c_j)$;

(2) 用非零常数乘矩阵 $\boldsymbol{A}$ 的某一行(列),如以 $k\neq 0$ 乘矩阵的第 i 行(列)的初等行(列)变换记作 $kr_i(kc_i)$;

(3) 将矩阵 $\boldsymbol{A}$ 的某一行(列)的适当倍数加到另一行(列)上去.例如,矩阵 $\boldsymbol{A}$ 的第 j 行(列)乘以常数 k,再加到第 i 行(列)的初等行(列)变换记作 $r_i+kr_j(c_i+kc_j)$.

矩阵的初等行变换与初等列变换统称为矩阵的**初等变换**.

定义 2.11　如果矩阵 $\boldsymbol{A}$ 经过有限次初等变换变成矩阵 $\boldsymbol{B}$,就称矩阵 $\boldsymbol{B}$ 与矩阵 $\boldsymbol{A}$ 等价,记作 $\boldsymbol{A}\sim\boldsymbol{B}$,特别地,若使用的是行(列)初等变换,则称 $\boldsymbol{A}$ 与 $\boldsymbol{B}$ 行(列)等价.不难证明,矩阵的等价关系具有以下性质:

(1) **反身性**　$\boldsymbol{A}\sim\boldsymbol{A}$;

(2) **对称性**　若 $\boldsymbol{A}\sim\boldsymbol{B}$,则 $\boldsymbol{B}\sim\boldsymbol{A}$;

(3) **传递性**　若 $\boldsymbol{A}\sim\boldsymbol{B},\boldsymbol{B}\sim\boldsymbol{C}$,则 $\boldsymbol{A}\sim\boldsymbol{C}$.

例 2.2.2　设矩阵 $\boldsymbol{A}=\begin{bmatrix}2&1&2&3\\4&1&3&5\\2&0&1&2\end{bmatrix}$,对其作如下初等行变换:

$$\boldsymbol{A}=\begin{bmatrix}2&1&2&3\\4&1&3&5\\2&0&1&2\end{bmatrix}\to\begin{bmatrix}2&1&2&3\\0&-1&-1&-1\\0&-1&-1&-1\end{bmatrix}\to\begin{bmatrix}2&1&2&3\\0&-1&-1&-1\\0&0&0&0\end{bmatrix}=\boldsymbol{B},$$

则 $\boldsymbol{A}\sim\boldsymbol{B}$.

定义 2.12　满足下列条件的矩阵称为**行阶梯形矩阵**:

(1) 零行(元素全为零的行)位于矩阵的下方;

(2) 各非零行(元素不全为零的行)的首非零元(从左至右第一个不为零的元素)的列标随着行标的增大而严格增大(或说其列标一定不小于行标).

例 2.2.2 中的矩阵 $\boldsymbol{B}$ 即为行阶梯形矩阵.

下列矩阵均为行阶梯形矩阵:

$$\begin{bmatrix}1&0&-1\\0&5&2\\0&0&8\end{bmatrix},\quad\begin{bmatrix}0&1&-3&-1\\0&0&0&7\\0&0&0&0\end{bmatrix},\quad\begin{bmatrix}2&1&0&2\\0&-1&1&1\\0&0&3&5\end{bmatrix}.$$

定义 2.13 满足下列条件的行阶梯形矩阵为**行最简形矩阵**(也称为最简行阶梯形矩阵):

(1) 各非零行的首非零元都是1;

(2) 每个首非零元所在列的其余元素都是零.

对例 2.2.2 中的行阶梯形矩阵 $\boldsymbol{B}$ 再作如下初等行变换:

$$\begin{bmatrix}2&1&2&3\\0&-1&-1&-1\\0&0&0&0\end{bmatrix}\to\begin{bmatrix}2&1&2&3\\0&1&1&1\\0&0&0&0\end{bmatrix}\to\begin{bmatrix}1&0&\frac{1}{2}&1\\0&1&1&1\\0&0&0&0\end{bmatrix}=\boldsymbol{C}.$$

矩阵 $\boldsymbol{C}$ 为**行最简形矩阵**.

下列矩阵均为行最简形矩阵:

$$\begin{bmatrix}1&0&-1\\0&1&2\\0&0&0\end{bmatrix},\quad\begin{bmatrix}1&0&0&-1\\0&1&0&7\\0&0&1&2\end{bmatrix},\quad\begin{bmatrix}1&0&0&0\\0&1&0&0\\0&0&1&0\\0&0&0&0\end{bmatrix}.$$

显然,对于任何矩阵 $\boldsymbol{A}$,总可以经过有限次初等行变换化为行阶梯形矩阵,并进而化为行最简形矩阵. 以后还会知道,所得到的行最简形矩阵是唯一的.

例 2.2.3 解下列方程组.

$$(1)\begin{cases}x_1+2x_2+x_3=4,\\2x_1+2x_2-3x_3=9,\\3x_1+9x_2+2x_3=19;\end{cases}\qquad(2)\begin{cases}x_1+x_2-x_3=4,\\-x_1-x_2+x_3=1,\\x_1-x_2+2x_3=-4.\end{cases}$$

解 (1) 对增广矩阵 $\overline{\boldsymbol{A}}$ 进行初等行变换,得

$$\overline{\boldsymbol{A}}=\begin{bmatrix}1&2&1&4\\2&2&-3&9\\3&9&2&19\end{bmatrix}\xrightarrow[r_3-3r_1]{r_2-2r_1}\begin{bmatrix}1&2&1&4\\0&-2&-5&1\\0&3&-1&7\end{bmatrix}\xrightarrow[r_3+\frac{3}{2}r_2]{r_1+r_2}\begin{bmatrix}1&0&-4&5\\0&-2&-5&1\\0&0&-\frac{17}{2}&\frac{17}{2}\end{bmatrix}$$

$$\xrightarrow[\left(-\frac{1}{2}\right)\times r_2]{\left(-\frac{2}{17}\right)\times r_3}\begin{bmatrix}1&0&-4&5\\0&1&\frac{5}{2}&-\frac{1}{2}\\0&0&1&-1\end{bmatrix}\xrightarrow[r_1+4r_3]{r_2-\frac{5}{2}r_3}\begin{bmatrix}1&0&0&1\\0&1&0&2\\0&0&1&-1\end{bmatrix}.$$

方程组有唯一解:$x_1=1,x_2=2,x_3=-1$.

(2) 对增广矩阵 $\overline{A}$ 进行初等行变换,得

$$\overline{A}=\begin{bmatrix}1&1&-1&4\\-1&-1&1&1\\1&-1&2&-4\end{bmatrix}\xrightarrow[r_3-r_1]{r_2+r_1}\begin{bmatrix}1&1&-1&4\\0&0&0&5\\0&-2&3&-8\end{bmatrix}\xrightarrow{r_2\leftrightarrow r_3}\begin{bmatrix}1&1&-1&4\\0&-2&3&-8\\0&0&0&5\end{bmatrix}.$$

可见,最后一个方程为矛盾方程,所以方程组无解.

从上面的例子可以看出,对于一般方程组 $\boldsymbol{AX}=\boldsymbol{b}$,通过消元步骤,即对增广矩阵作三种初等行变换,可将其化为行最简形矩阵.

2.2.3 初等矩阵

定义 2.14 将单位矩阵 $\boldsymbol{E}$ 作一次初等变换得到的矩阵称为**初等矩阵**.

三种初等变换分别对应着三种初等矩阵.

(1) 交换 $\boldsymbol{E}$ 的 i,j 两行或是 i,j 两列得到的初等矩阵记作 $\boldsymbol{E}_{ij}$:

$$\boldsymbol{E}_{ij}=\begin{bmatrix}1&&&&&&&&&\\&\ddots&&&&&&&&\\&&1&&&&&&&\\&&&0&\cdots&\cdots&\cdots&1&&\\&&&\vdots&1&&&\vdots&&\\&&&\vdots&&\ddots&&\vdots&&\\&&&\vdots&&&1&\vdots&&\\&&&1&\cdots&\cdots&\cdots&0&&\\&&&&&&&&1&\\&&&&&&&&&\ddots\\&&&&&&&&&&1\end{bmatrix}\begin{matrix}\\\\\\第\,i\,行\\\\\\\\第\,j\,行\\\\\\\\\end{matrix}.$$

　　　　　第 i 列　　　　第 j 列

(2) 用一个非零数 k 乘以 $\boldsymbol{E}$ 的第 i 行或第 j 列,得到的初等矩阵记作 $\boldsymbol{E}_i(c)$:

$$\boldsymbol{E}_i(c)=\begin{bmatrix}1&&&&&&\\&\ddots&&&&&\\&&1&&&&\\&&&c&&&\\&&&&1&&\\&&&&&\ddots&\\&&&&&&1\end{bmatrix}第\,i\,行.$$

　　　　　第 j 列

(3) 将 $\boldsymbol{E}$ 的第 j 行的 k 倍加到第 i 行上去，或将 $\boldsymbol{E}$ 的第 i 列的 k 倍加到第 j 列上去，得到的初等矩阵记作 $\boldsymbol{E}_{ij}(c)$：

$$\boldsymbol{E}_{ij}(c)=\begin{bmatrix}1 & & & & & & \\ & \ddots & & & & & \\ & & 1 & \cdots & c & & \\ & & & \ddots & \vdots & & \\ & & & & 1 & & \\ & & & & & \ddots & \\ & & & & & & 1\end{bmatrix}\begin{matrix}\\ \\ \text{第}\,i\,\text{行}\\ \\ \text{第}\,j\,\text{行}.\\ \\ \\ \end{matrix}$$

第 i 列　第 j 列

定理 2.1　设矩阵 $\boldsymbol{A}=(a_{ij})_{m\times n}$，对 $\boldsymbol{A}$ 施以一次初等行变换相当于在 $\boldsymbol{A}$ 的左侧乘上相应的初等矩阵；对 $\boldsymbol{A}$ 施以一次初等列变换相当于在 $\boldsymbol{A}$ 的右侧乘上相应的初等矩阵.

2.3　逆　矩　阵

2.3.1　逆矩阵的概念及性质

前面我们定义了矩阵的加法、减法和乘法三种运算. 自然地，我们通过数的倒数的概念，引入矩阵的类似于"除法"的概念.

对于任意矩阵 $\boldsymbol{A}$，有

$$\boldsymbol{AE}=\boldsymbol{EA}=\boldsymbol{A}.$$

从矩阵乘法的角度看，单位矩阵 $\boldsymbol{E}$ 类似于数 1 的作用.

一个数 $a\neq 0$ 的倒数 a^{-1} 满足

$$aa^{-1}=a^{-1}a=1.$$

类似地，我们引入逆矩阵.

下面给出逆矩阵的定义.

定义 2.15　对于 n 阶方阵 $\boldsymbol{A}$，如果有一个 n 阶方阵 $\boldsymbol{B}$，使 $\boldsymbol{AB}=\boldsymbol{BA}=\boldsymbol{E}$，则称方阵 $\boldsymbol{A}$ 是**可逆**的，并把矩阵 $\boldsymbol{B}$ 称为 $\boldsymbol{A}$ 的**逆矩阵**，简称 $\boldsymbol{A}$ 的逆.

定理 2.2　若方阵 $\boldsymbol{A}$ 是可逆的，那么 $\boldsymbol{A}$ 的逆矩阵是唯一的.

事实上，设 $\boldsymbol{B},\boldsymbol{C}$ 都是 $\boldsymbol{A}$ 的逆矩阵，则有

$$\boldsymbol{AB}=\boldsymbol{BA}=\boldsymbol{E},\quad \boldsymbol{AC}=\boldsymbol{CA}=\boldsymbol{E},$$
$$\boldsymbol{B}=\boldsymbol{EB}=(\boldsymbol{CA})\boldsymbol{B}=\boldsymbol{C}(\boldsymbol{AB})=\boldsymbol{CE}=\boldsymbol{C},$$

所以 $\boldsymbol{A}$ 的逆矩阵是唯一的，记为 $\boldsymbol{A}^{-1}$.

后面将证明：如果 $\boldsymbol{A},\boldsymbol{B}$ 为 n 阶方阵，且 $\boldsymbol{AB}=\boldsymbol{E}$（或 $\boldsymbol{BA}=\boldsymbol{E}$），则 $\boldsymbol{B}=\boldsymbol{A}^{-1}$，于是检验矩阵是否可逆时，就不需要按照定义去验证 $\boldsymbol{AB}=\boldsymbol{BA}=\boldsymbol{E}$，只需要验证 $\boldsymbol{AB}=\boldsymbol{E}$（或 $\boldsymbol{BA}=\boldsymbol{E}$）.

例 2.3.1 设方阵 $\boldsymbol{A}$ 满足 $\boldsymbol{A}^3-\boldsymbol{A}^2+2\boldsymbol{A}-\boldsymbol{E}=\boldsymbol{O}$，求 $\boldsymbol{A}^{-1}$.

解 由 $\boldsymbol{A}^3-\boldsymbol{A}^2+2\boldsymbol{A}-\boldsymbol{E}=\boldsymbol{O}$，得 $\boldsymbol{A}^3-\boldsymbol{A}^2+2\boldsymbol{A}=\boldsymbol{E}$，即

$$\boldsymbol{A}(\boldsymbol{A}^2-\boldsymbol{A}+2\boldsymbol{E})=\boldsymbol{E}.$$

由逆矩阵的定义知，$\boldsymbol{A}$ 可逆，且 $\boldsymbol{A}^{-1}=\boldsymbol{A}^2-\boldsymbol{A}+2\boldsymbol{E}$.

例 2.3.2 设矩阵 $\boldsymbol{A}=\begin{bmatrix}-2 & -1\\ 2 & 0\end{bmatrix}$，求 $\boldsymbol{A}^{-1}$.

解 设 $\boldsymbol{A}^{-1}$ 为 $\boldsymbol{B}$，且 $\boldsymbol{B}=\begin{bmatrix}a & b\\ c & d\end{bmatrix}$.

由逆矩阵的定义知

$$\boldsymbol{AB}=\begin{bmatrix}-2 & -1\\ 2 & 0\end{bmatrix}\begin{bmatrix}a & b\\ c & d\end{bmatrix}=\begin{bmatrix}1 & 0\\ 0 & 1\end{bmatrix}=\boldsymbol{E},$$

得

$$\begin{bmatrix}-2a-c & -2b-d\\ 2a & 2b\end{bmatrix}=\begin{bmatrix}1 & 0\\ 0 & 1\end{bmatrix},$$

即 $\begin{cases}-2a-c=1,\\ -2b-d=0,\\ 2a=0,\\ 2b=1,\end{cases}$ 解得 $\begin{cases}a=0,\\ b=\dfrac{1}{2},\\ c=-1,\\ d=-1.\end{cases}$ 故

$$\boldsymbol{A}^{-1}=\boldsymbol{B}=\begin{bmatrix}0 & \dfrac{1}{2}\\ -1 & -1\end{bmatrix}.$$

此法为矩阵求逆的**待定系数法**.

可逆矩阵有如下重要的性质.

性质 2.1 若 $\boldsymbol{A}$ 可逆，则 $\boldsymbol{A}^{-1}$ 也可逆，且 $(\boldsymbol{A}^{-1})^{-1}=\boldsymbol{A}$.

性质 2.2 若 $\boldsymbol{A}$ 可逆，数 $\lambda\neq 0$，则 $\lambda\boldsymbol{A}$ 可逆，且 $(\lambda\boldsymbol{A})^{-1}=\dfrac{1}{\lambda}\boldsymbol{A}^{-1}$.

性质 2.3 若 $\boldsymbol{A},\boldsymbol{B}$ 均为可逆矩阵，则 $\boldsymbol{AB}$ 也可逆，且

$$(\boldsymbol{AB})^{-1}=\boldsymbol{B}^{-1}\boldsymbol{A}^{-1}.$$

证 由于 $(\boldsymbol{AB})(\boldsymbol{B}^{-1}\boldsymbol{A}^{-1})=\boldsymbol{A}(\boldsymbol{BB}^{-1})\boldsymbol{A}^{-1}=\boldsymbol{AEA}^{-1}=\boldsymbol{AA}^{-1}=\boldsymbol{E}$，即有 $(\boldsymbol{AB})^{-1}=$

$B^{-1}A^{-1}$.这一结果可以推广为若 n 阶矩阵 $A_1,A_2,\cdots,A_s$ 都可逆,则它们的乘积 $A_1A_2\cdots A_s$ 也可逆,且

$$(A_1A_2\cdots A_s)^{-1}=A_s^{-1}\cdots A_2^{-1}A_1^{-1}.$$

性质 2.4 若 A 可逆,则 A^{T} 也可逆,且$(A^{\mathrm{T}})^{-1}=(A^{-1})^{\mathrm{T}}$.

证 由于 $A^{\mathrm{T}}(A^{-1})^{\mathrm{T}}=(A^{-1}A)^{\mathrm{T}}=E^{\mathrm{T}}=E$,因此

$$(A^{\mathrm{T}})^{-1}=(A^{-1})^{\mathrm{T}}.$$

2.3.2 初等变换求逆矩阵

定理 2.3 一个 $m\times n$ 矩阵 A 总可以表示为

$$A=E_1E_2\cdots E_sR$$

的形式,其中 $E_1,E_2,\cdots,E_s$ 为 m 阶初等矩阵,R 为 $m\times n$ 的行最简形矩阵.

定理 2.4 一个 n 阶矩阵可逆的充分必要条件是存在有限个初等矩阵 E_1, $E_2,\cdots,E_s$ 使 $A=E_1E_2\cdots E_s$.

从上述定理可以得到,若 A 可逆,则 A 与 E 行等价,因此,如果用一系列初等行变换将 A 化为 E,则用同样的初等行变换就将 E 变换为 A^{-1},于是得到一个计算 A^{-1}的有效方法:若对(A,E)施以初等行变换将 A 变为 E,则 E 就变为 A^{-1},

$$(A,E)\xrightarrow{\text{初等行变换}}(E,A^{-1}).$$

例 2.3.3 设矩阵

$$A=\begin{bmatrix}1&2&3\\2&2&1\\3&4&3\end{bmatrix},$$

求 A 的逆矩阵.

解

$$(A,E)=\left[\begin{array}{ccc:ccc}1&2&3&1&0&0\\2&2&1&0&1&0\\3&4&3&0&0&1\end{array}\right]\xrightarrow[r_3-3r_1]{r_2-2r_1}\left[\begin{array}{ccc:ccc}1&2&3&1&0&0\\0&-2&-5&-2&1&0\\0&-2&-6&-3&0&1\end{array}\right]$$

$$\xrightarrow[r_3-r_2]{r_1+r_2}\left[\begin{array}{ccc:ccc}1&0&-2&-1&1&0\\0&-2&-5&-2&1&0\\0&0&-1&-1&-1&1\end{array}\right]$$

$$\xrightarrow[r_2-5r_3]{r_1-2r_3}\left[\begin{array}{ccc:ccc}1&0&0&1&3&-2\\0&-2&0&3&6&-5\\0&0&-1&-1&-1&1\end{array}\right]$$

$$\xrightarrow[r_3\div(-1)]{r_2\div(-2)}\left[\begin{array}{ccc:ccc}1&0&0&1&3&-2\\0&1&0&-\frac{3}{2}&-2&\frac{5}{2}\\0&0&1&1&1&-1\end{array}\right].$$

$$A^{-1}=\begin{bmatrix}1 & 3 & -2\\ -\frac{3}{2} & -2 & \frac{5}{2}\\ 1 & 1 & -1\end{bmatrix}.$$

例 2.3.4　设矩阵 $A=\begin{bmatrix}1 & -2 & 1\\ 2 & 0 & 1\\ 0 & 4 & -1\end{bmatrix}$，求 A^{-1}.

解　$(A,E)=\left[\begin{array}{ccc:ccc}1 & -2 & 1 & 1 & 0 & 0\\ 2 & 0 & 1 & 0 & 1 & 0\\ 0 & 4 & -1 & 0 & 0 & 1\end{array}\right]$

$$\rightarrow\left[\begin{array}{ccc:ccc}1 & -2 & 1 & 1 & 0 & 0\\ 0 & 4 & -1 & -2 & 1 & 0\\ 0 & 4 & -1 & 0 & 0 & 1\end{array}\right]$$

$$\rightarrow\left[\begin{array}{ccc:ccc}1 & -2 & 1 & 1 & 0 & 0\\ 0 & 4 & -1 & -2 & 1 & 0\\ 0 & 0 & 0 & 2 & -1 & 1\end{array}\right],$$

故 A 不可逆．

2.3.3　矩阵方程

设矩阵方程为

$$AX=B,\quad XA=B,\quad AXB=C,$$

其中 A,B 均为可逆矩阵．

利用矩阵乘法的运算规律和逆矩阵的运算性质，通过在方程两边左乘或右乘相应矩阵的逆矩阵，可求出其解分别为

$$X=A^{-1}B,\quad X=BA^{-1},\quad X=A^{-1}CB^{-1},$$

对于其他形式的矩阵方程，可通过矩阵的有关性质转化为以上矩阵方程后进行求解．

例 2.3.5　设 $A=\begin{bmatrix}1 & 3 & 3\\ 1 & 4 & 3\\ 1 & 3 & 4\end{bmatrix}$，$B=\begin{bmatrix}2 & 1\\ 5 & 3\end{bmatrix}$，$C=\begin{bmatrix}1 & 0\\ 0 & 1\\ 1 & 0\end{bmatrix}$，求矩阵 X 使满足 $AXB=C$.

解　用初等变换法求得

$$A^{-1}=\begin{bmatrix}7&-3&-3\\-1&1&0\\-1&0&1\end{bmatrix},\quad B^{-1}=\begin{bmatrix}3&-1\\-5&2\end{bmatrix}.$$

所以A^{-1},B^{-1}存在,用A^{-1}左乘上式两端,B^{-1}右乘上式两端,有

$$A^{-1}AXBB^{-1}=A^{-1}CB^{-1},$$

$$X=A^{-1}CB^{-1},$$

于是

$$X=A^{-1}CB^{-1}=\begin{bmatrix}7&-3&-3\\-1&1&0\\-1&0&1\end{bmatrix}\begin{bmatrix}1&0\\0&1\\1&0\end{bmatrix}\begin{bmatrix}3&-1\\-5&2\end{bmatrix}$$

$$=\begin{bmatrix}4&-3\\-1&1\\0&0\end{bmatrix}\begin{bmatrix}3&-1\\-5&2\end{bmatrix}=\begin{bmatrix}27&-10\\-8&3\\0&0\end{bmatrix}.$$

2.4 分块矩阵

2.4.1 分块矩阵的概念

对于行数和列数较高的矩阵,为了简化运算,经常采用分块法,使大矩阵的运算化成若干小矩阵间的运算,同时也使原矩阵的结构显得简单而清晰,具体的做法是:将大矩阵用若干条纵线和横线分成多个小矩阵.每个小矩阵称为A的子块,以子块为元素的形式上的矩阵称为**分块矩阵**.

矩阵的分块有多种方式,可根据具体需要而定,如

$$A=\left[\begin{array}{cc:cc}4&-5&7&-1\\-1&2&6&3\\-3&1&8&4\\\hdashline 0&0&1&0\\0&0&0&1\end{array}\right]=\begin{bmatrix}A_1&A_2\\O&E_2\end{bmatrix},$$

其中

$$A_1=\begin{bmatrix}4&-5\\-1&2\\-3&1\end{bmatrix},\quad A_2=\begin{bmatrix}7&-1\\6&3\\8&4\end{bmatrix},$$

$$O=\begin{bmatrix}0&0\\0&0\end{bmatrix},\quad E_2=\begin{bmatrix}1&0\\0&1\end{bmatrix}.$$

2.4.2　分块矩阵的运算

分块矩阵的运算与普通矩阵的运算规则相似．分块时要特别注意，运算的两矩阵按照块能运算，并且参与运算的子块也能运算，即内外都能运算．

设矩阵 $\boldsymbol{A}$ 与 $\boldsymbol{B}$ 的行数、列数相同，采用相同的分块法，若

$$\boldsymbol{A}=(\boldsymbol{A}_{pq})_{s\times l}=\begin{bmatrix}\boldsymbol{A}_{11} & \boldsymbol{A}_{12} & \cdots & \boldsymbol{A}_{1l}\\ \boldsymbol{A}_{21} & \boldsymbol{A}_{22} & \cdots & \boldsymbol{A}_{2l}\\ \vdots & \vdots & & \vdots\\ \boldsymbol{A}_{s1} & \boldsymbol{A}_{s2} & \cdots & \boldsymbol{A}_{sl}\end{bmatrix},$$

$$\boldsymbol{B}=(\boldsymbol{B}_{pq})_{s\times l}=\begin{bmatrix}\boldsymbol{B}_{11} & \boldsymbol{B}_{12} & \cdots & \boldsymbol{B}_{1l},\\ \boldsymbol{B}_{21} & \boldsymbol{B}_{22} & \cdots & \boldsymbol{B}_{2l}\\ \vdots & \vdots & & \vdots\\ \boldsymbol{B}_{s1} & \boldsymbol{B}_{s2} & \cdots & \boldsymbol{B}_{sl}\end{bmatrix},$$

其中对应子块 $\boldsymbol{A}_{pq}$ 与 $\boldsymbol{B}_{pq}$ 也是同型矩阵，则

$$\begin{aligned}\boldsymbol{A}+\boldsymbol{B}&=(\boldsymbol{A}_{pq})+(\boldsymbol{B}_{pq})=(\boldsymbol{A}_{pq}+\boldsymbol{B}_{pq})\\ &=\begin{bmatrix}\boldsymbol{A}_{11}+\boldsymbol{B}_{11} & \boldsymbol{A}_{12}+\boldsymbol{B}_{12} & \cdots & \boldsymbol{A}_{1l}+\boldsymbol{B}_{1l}\\ \boldsymbol{A}_{21}+\boldsymbol{B}_{21} & \boldsymbol{A}_{22}+\boldsymbol{B}_{22} & \cdots & \boldsymbol{A}_{2l}+\boldsymbol{B}_{2l}\\ \vdots & \vdots & & \vdots\\ \boldsymbol{A}_{s1}+\boldsymbol{B}_{s1} & \boldsymbol{A}_{s2}+\boldsymbol{B}_{s2} & \cdots & \boldsymbol{A}_{sl}+\boldsymbol{B}_{sl}\end{bmatrix},\end{aligned}$$

即可以把子块看成“数”，也就是说以子块为元素进行通常的矩阵加法运算．

注　同型矩阵可以进行分块加法运算的条件是：两个矩阵分块方法必须一致．

设 $\boldsymbol{A}=\begin{bmatrix}\boldsymbol{A}_{11} & \cdots & \boldsymbol{A}_{1t}\\ \vdots & & \vdots\\ \boldsymbol{A}_{s1} & \cdots & \boldsymbol{A}_{st}\end{bmatrix}$，$k$ 为实数，则 $k\boldsymbol{A}=\begin{bmatrix}k\boldsymbol{A}_{11} & \cdots & k\boldsymbol{A}_{1l}\\ \vdots & & \vdots\\ k\boldsymbol{A}_{s1} & \cdots & k\boldsymbol{A}_{st}\end{bmatrix}$.

设 $\boldsymbol{A}$ 为 $m\times l$ 矩阵，$\boldsymbol{B}$ 为 $l\times n$ 矩阵，分块成

$$\boldsymbol{A}=\begin{bmatrix}\boldsymbol{A}_{11} & \cdots & \boldsymbol{A}_{1l}\\ \vdots & & \vdots\\ \boldsymbol{A}_{s1} & \cdots & \boldsymbol{A}_{st}\end{bmatrix},\quad \boldsymbol{B}=\begin{bmatrix}\boldsymbol{B}_{11} & \cdots & \boldsymbol{B}_{1r}\\ \vdots & & \vdots\\ \boldsymbol{B}_{t1} & \cdots & \boldsymbol{b}_{tr}\end{bmatrix},$$

其中 $\boldsymbol{A}_{p1},\boldsymbol{A}_{p2},\cdots,\boldsymbol{A}_{pt}$ 的列数分别等于 $\boldsymbol{B}_{1q},\boldsymbol{B}_{2q},\cdots,\boldsymbol{B}_{tq}$ 的行数，则

$$\boldsymbol{AB}=\begin{bmatrix}\boldsymbol{C}_{11} & \cdots & \boldsymbol{C}_{1r}\\ \vdots & & \vdots\\ \boldsymbol{C}_{s1} & \cdots & \boldsymbol{C}_{sr}\end{bmatrix},$$

其中

$$C_{pq}=\sum_{k=1}^{t}A_{pk}B_{kq}\quad (p=1,2,\cdots,s;q=1,2,\cdots,r).$$

例 2.4.1 设矩阵

$$A=\begin{bmatrix}1&0&0&0\\0&1&0&0\\-1&2&1&0\\1&2&0&1\end{bmatrix},\quad B=\begin{bmatrix}1&0&1&0\\-1&2&0&1\\1&0&4&1\\-1&-1&2&0\end{bmatrix},$$

求 $kA, A+B, AB$.

解 $$A=\left[\begin{array}{cc:cc}1&0&0&0\\0&1&0&0\\\hdashline -1&2&1&0\\1&2&0&1\end{array}\right]=\begin{bmatrix}E&O\\A_1&E\end{bmatrix},$$

$$B=\left[\begin{array}{cc:cc}1&0&1&0\\-1&2&0&1\\\hdashline 1&0&4&1\\-1&-1&2&0\end{array}\right]=\begin{bmatrix}B_{11}&E\\B_{21}&B_{22}\end{bmatrix}.$$

则

$$kA=k\begin{bmatrix}E&O\\A_1&E\end{bmatrix}=\begin{bmatrix}kE&O\\kA_1&kE\end{bmatrix}=\begin{bmatrix}k&0&0&0\\0&k&0&0\\-k&2k&k&0\\k&2k&0&k\end{bmatrix},$$

$$A+B=\begin{bmatrix}E&O\\A_1&E\end{bmatrix}+\begin{bmatrix}B_{11}&E\\B_{21}&B_{22}\end{bmatrix}=\begin{bmatrix}E+B_{11}&E\\A_1+B_{21}&E+B_{22}\end{bmatrix}=\begin{bmatrix}2&0&1&0\\-1&3&0&1\\0&2&5&1\\0&1&2&1\end{bmatrix},$$

$$AB=\begin{bmatrix}E&O\\A_1&E\end{bmatrix}\begin{bmatrix}B_{11}&E\\B_{21}&B_{22}\end{bmatrix}=\begin{bmatrix}B_{11}&E\\A_1B_{11}+B_{21}&A_1+B_{22}\end{bmatrix},$$

而

$$A_1B_{11}+B_{21}=\begin{bmatrix}-1&2\\1&1\end{bmatrix}\begin{bmatrix}1&0\\-1&2\end{bmatrix}+\begin{bmatrix}1&0\\-1&-1\end{bmatrix}=\begin{bmatrix}-2&4\\-1&1\end{bmatrix},$$

$$A_1+B_{22}=\begin{bmatrix}-1&2\\1&1\end{bmatrix}+\begin{bmatrix}4&1\\2&0\end{bmatrix}=\begin{bmatrix}3&3\\3&1\end{bmatrix}.$$

于是

$$\boldsymbol{AB}=\begin{bmatrix}1 & 0 & 1 & 0\\ -1 & 2 & 0 & 1\\ -2 & 4 & 3 & 3\\ -1 & 1 & 3 & 1\end{bmatrix}.$$

2.4.3 分块矩阵的转置

设分块矩阵

$$\boldsymbol{A}=(\boldsymbol{A}_{pq})_{s\times l}=\begin{bmatrix}\boldsymbol{A}_{11} & \boldsymbol{A}_{12} & \cdots & \boldsymbol{A}_{1l}\\ \boldsymbol{A}_{21} & \boldsymbol{A}_{22} & \cdots & \boldsymbol{A}_{2l}\\ \vdots & \vdots & & \vdots\\ \boldsymbol{A}_{s1} & \boldsymbol{A}_{s2} & \cdots & \boldsymbol{A}_{sl}\end{bmatrix},$$

则

$$\boldsymbol{A}^{\mathrm{T}}=(\boldsymbol{A}_{pq}^{\mathrm{T}})_{ls}=\begin{bmatrix}\boldsymbol{A}_{11}^{\mathrm{T}} & \boldsymbol{A}_{21}^{\mathrm{T}} & \cdots & \boldsymbol{A}_{s1}^{\mathrm{T}}\\ \boldsymbol{A}_{12}^{\mathrm{T}} & \boldsymbol{A}_{22}^{\mathrm{T}} & \cdots & \boldsymbol{A}_{s2}^{\mathrm{T}}\\ \vdots & \vdots & & \vdots\\ \boldsymbol{A}_{1l}^{\mathrm{T}} & \boldsymbol{A}_{2l}^{\mathrm{T}} & \cdots & \boldsymbol{A}_{sl}^{\mathrm{T}}\end{bmatrix}.$$

这就是说,分块矩阵 $\boldsymbol{A}$ 的转置,不仅要把分块矩阵 $\boldsymbol{A}$ 的每一“行”变为同序号的“列”,还要把 $\boldsymbol{A}$ 的每一个子块 $\boldsymbol{A}_{pq}$ 取转置.

2.4.4 分块对角矩阵

设 $\boldsymbol{A}$ 为 n 阶矩阵,若 $\boldsymbol{A}$ 的分块矩阵只有在主对角线上有非零子块,且非零子块都是方阵,其余子块都为零矩阵,即

$$\boldsymbol{A}=\begin{bmatrix}\boldsymbol{A}_1 & & & \\ & \boldsymbol{A}_2 & & \\ & & \ddots & \\ & & & \boldsymbol{A}_s\end{bmatrix},$$

其中 $\boldsymbol{A}_i(i=1,2,\cdots,s)$ 都是方阵,那么称 $\boldsymbol{A}$ 为**分块对角矩阵**.

分块对角矩阵 $\boldsymbol{A}$ 可逆的充分必要条件是 $\boldsymbol{A}_i(i=1,2,\cdots,s)$ 均可逆. 并且,当 $\boldsymbol{A}$ 可逆时,显然有

$$\boldsymbol{A}^{-1}=\begin{bmatrix}\boldsymbol{A}_1^{-1} & & & \\ & \boldsymbol{A}_2^{-1} & & \\ & & \ddots & \\ & & & \boldsymbol{A}_s^{-1}\end{bmatrix}.$$

例 2.4.2 设矩阵 $\boldsymbol{A}=\begin{bmatrix}5&0&0&0&0\\0&2&1&0&0\\0&1&1&0&0\\0&0&0&2&5\\0&0&0&1&3\end{bmatrix}$,求 $\boldsymbol{A}^{-1}$.

解 因为

$$\boldsymbol{A}=\left[\begin{array}{c:cc:cc}5&0&0&0&0\\ \hdashline 0&2&1&0&0\\0&1&1&0&0\\ \hdashline 0&0&0&2&5\\0&0&0&1&3\end{array}\right]=\begin{bmatrix}\boldsymbol{A}_1&&\\&\boldsymbol{A}_2&\\&&\boldsymbol{A}_3\end{bmatrix},$$

其中

$$\boldsymbol{A}_1=[5],\quad \boldsymbol{A}_2=\begin{bmatrix}2&1\\1&1\end{bmatrix},\quad \boldsymbol{A}_3=\begin{bmatrix}2&5\\1&3\end{bmatrix},$$

可以求出

$$\boldsymbol{A}_1^{-1}=\left[\frac{1}{5}\right],\quad \boldsymbol{A}_2^{-1}=\begin{bmatrix}1&-1\\-1&2\end{bmatrix},\quad \boldsymbol{A}_3^{-1}=\begin{bmatrix}3&-5\\-1&2\end{bmatrix},$$

故

$$\boldsymbol{A}^{-1}=\begin{bmatrix}\boldsymbol{A}_1^{-1}&&\\&\boldsymbol{A}_2^{-1}&\\&&\boldsymbol{A}_3^{-1}\end{bmatrix}=\begin{bmatrix}\frac{1}{5}&0&0&0&0\\0&1&-1&0&0\\0&-1&2&0&0\\0&0&0&3&-5\\0&0&0&-1&2\end{bmatrix}.$$

2.5 行列式的定义

2.5.1 二阶与三阶行列式

解方程是线性代数的一个基本问题,下面我们从解二元及三元线性方程组引入二阶及三阶行列式的概念及运算.

用消元法解二元线性方程组

$$\begin{cases}a_{11}x_1+a_{12}x_2=b_1, & ①\\ a_{21}x_1+a_{22}x_2=b_2. & ②\end{cases}$$

①$\times a_{22}-$②$\times a_{12}$:

$$(a_{11}a_{22}-a_{12}a_{21})x_1=b_1a_{22}-b_2a_{12}.$$

②$\times a_{11}$－①$\times a_{21}$：

$$(a_{11}a_{22}-a_{12}a_{21})x_2=b_2a_{11}-b_1a_{21}.$$

当 $a_{11}a_{22}-a_{12}a_{21}\neq 0$ 时，方程组有唯一解为

$$x_1=\frac{b_1a_{22}-b_2a_{12}}{a_{11}a_{22}-a_{12}a_{21}},\quad x_2=\frac{b_2a_{11}-b_1a_{21}}{a_{11}a_{22}-a_{12}a_{21}}.$$

记 $a_{11}a_{22}-a_{12}a_{21}=\begin{vmatrix} a_{11} & a_{12} \\ a_{21} & a_{22} \end{vmatrix}$，称之为**二阶行列式**.

对于二阶行列式的计算可采用下面的对角线法则：

$$\begin{vmatrix} a_{11} & a_{12} \\ a_{21} & a_{22} \end{vmatrix}=a_{11}a_{22}-a_{12}a_{21},$$

即主对角线元素乘积减去次对角线元素乘积. 于是上述二元线性方程组的解可以叙述为以下形式：

当二阶行列式

$$\begin{vmatrix} a_{11} & a_{12} \\ a_{21} & a_{22} \end{vmatrix}\neq 0$$

时，二元线性方程组有唯一解为

$$x_1=\frac{\begin{vmatrix} b_1 & a_{12} \\ b_2 & a_{22} \end{vmatrix}}{\begin{vmatrix} a_{11} & a_{12} \\ a_{21} & a_{22} \end{vmatrix}},\quad x_2=\frac{\begin{vmatrix} a_{11} & b_1 \\ a_{21} & b_2 \end{vmatrix}}{\begin{vmatrix} a_{11} & a_{12} \\ a_{21} & a_{22} \end{vmatrix}}.$$

对于三元线性方程组也有相似的结论.

设有三元线性方程组

$$\begin{cases} a_{11}x_1+a_{12}x_2+a_{13}x_3=b_1, \\ a_{21}x_1+a_{22}x_2+a_{23}x_3=b_2, \\ a_{31}x_1+a_{32}x_2+a_{33}x_3=b_3, \end{cases}$$

称

$$a_{11}a_{22}a_{33}+a_{12}a_{23}a_{31}+a_{13}a_{21}a_{32}-a_{13}a_{22}a_{31}-a_{11}a_{23}a_{32}-a_{12}a_{21}a_{33}=\begin{vmatrix} a_{11} & a_{12} & a_{13} \\ a_{21} & a_{22} & a_{23} \\ a_{31} & a_{32} & a_{33} \end{vmatrix}$$

为**三阶行列式**.

对于三阶的计算可采用下面的对角线法则

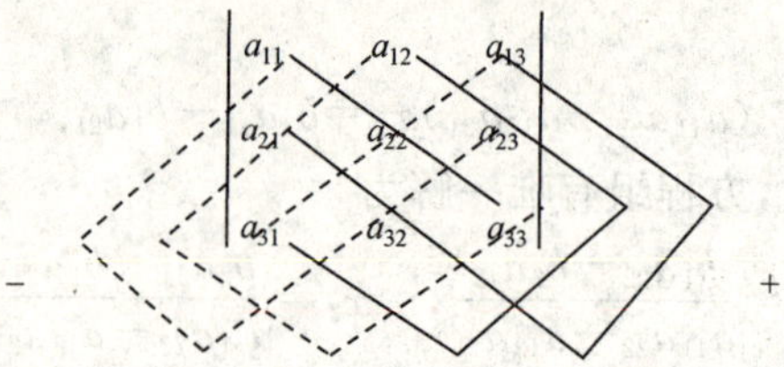

于是上述三元线性方程组的解可以叙述为以下形式：

当三阶行列式

$$D=\begin{vmatrix} a_{11} & a_{12} & a_{13} \\ a_{21} & a_{22} & a_{23} \\ a_{31} & a_{32} & a_{33} \end{vmatrix}\neq 0$$

时，上述三元线性方程组有唯一解

$$x_1=\frac{D_1}{D},\quad x_2=\frac{D_2}{D},\quad x_3=\frac{D_3}{D},$$

其中

$$D_1=\begin{vmatrix} b_1 & a_{12} & a_{13} \\ b_2 & a_{22} & a_{23} \\ b_3 & a_{32} & a_{33} \end{vmatrix},\quad D_2=\begin{vmatrix} a_{11} & b_1 & a_{13} \\ a_{21} & b_2 & a_{23} \\ a_{31} & b_3 & a_{33} \end{vmatrix},\quad D_3=\begin{vmatrix} a_{11} & a_{12} & b_1 \\ a_{21} & a_{22} & b_2 \\ a_{31} & a_{32} & b_3 \end{vmatrix}.$$

2.7 节将把这个结果推广到 n 元线性方程组的情形. 为此，本节首先给出 n 阶行列式的定义并讨论它的性质 .

2.5.2　*n* 阶行列式的定义

定义 2.16　在 n 阶行列式中，把元素 a_{ij} 所在的第 i 行和第 j 列划去后所得到的 $n-1$ 阶行列式称为元素 a_{ij} 的**余子式**，记为 M_{ij}；称 $A_{ij}=(-1)^{i+j}M_{ij}$ 为 a_{ij} 的**代数余子式**.

例如，三阶行列式 $\begin{vmatrix} 1 & 0 & 2 \\ -3 & 8 & 5 \\ 6 & 1 & 9 \end{vmatrix}$ 中，元素 $a_{12}=0$ 的余子式为 $M_{12}=\begin{vmatrix} -3 & 5 \\ 6 & 9 \end{vmatrix}=-57$，代数余子式 $A_{12}=(-1)^{1+2}\begin{vmatrix} -3 & 5 \\ 6 & 9 \end{vmatrix}=57$.

对于二阶行列式可视为按第 1 行展开，且 a_{22} 恰好是 a_{11} 的代数余子式，$-a_{21}$ 恰为 a_{12} 的代数余子式，

$$\begin{vmatrix} a_{11} & a_{12} \\ a_{21} & a_{22} \end{vmatrix}=a_{11}a_{22}-a_{12}a_{21},$$

即

$$\begin{vmatrix} a_{11} & a_{12} \\ a_{21} & a_{22} \end{vmatrix} = a_{11}A_{11} + a_{12}A_{12}, \tag{2.3}$$

其中 A_{11}, A_{12} 分别是 a_{11}, a_{12} 的代数余子式.

对于三阶行列式写成如下展开形式

$$\begin{aligned} \begin{vmatrix} a_{11} & a_{12} & a_{13} \\ a_{21} & a_{22} & a_{23} \\ a_{31} & a_{32} & a_{33} \end{vmatrix} &= a_{11}\begin{vmatrix} a_{22} & a_{23} \\ a_{32} & a_{33} \end{vmatrix} - a_{12}\begin{vmatrix} a_{21} & a_{23} \\ a_{31} & a_{33} \end{vmatrix} + a_{13}\begin{vmatrix} a_{21} & a_{22} \\ a_{31} & a_{32} \end{vmatrix} \\ &= a_{11}A_{11} + a_{12}A_{12} + a_{13}A_{13}, \end{aligned} \tag{2.4}$$

其中 A_{11}, A_{12}, A_{13} 分别为 a_{11}, a_{12}, a_{13} 的代数余子式.

如果把式(2.3)和(2.4)作为二阶和三阶行列式的定义,共同特点都是通过低阶行列式定义高一阶的行列式,按此方式可以定义一般的 n 阶行列式.

定义 2.17 设 $\boldsymbol{A}$ 为 n 阶矩阵,$\boldsymbol{A}$ 的行列式

$$\det \boldsymbol{A} = \begin{vmatrix} a_{11} & a_{12} & \cdots & a_{1n} \\ a_{21} & a_{22} & \cdots & a_{2n} \\ \vdots & \vdots & & \vdots \\ a_{n1} & a_{n2} & \cdots & a_{nn} \end{vmatrix}$$

是由 $\boldsymbol{A}$ 确定的一个数:

(1) 当 $n=1$ 时,$\det \boldsymbol{A} = \det(a_{11}) = a_{11}$;

(2) 当 $n \geqslant 2$ 时,

$$\det \boldsymbol{A} = a_{11}A_{11} + a_{12}A_{12} + \cdots + a_{1n}A_{1n},$$

其中 $A_{ij} = (-1)^{i+j}M_{ij}$.

为了书写方便,在不引起混淆的时候,也用 $|\boldsymbol{A}|$ 表示矩阵 $\boldsymbol{A}$ 的行列式,这里的定义方式称为按行列式的第 1 行展开.

例 2.5.1 计算行列式 $D = \begin{vmatrix} 1 & 2 \\ 3 & 4 \end{vmatrix}$.

解 按对角线法则,有

$$D = 1\times 4 - 2\times 3 = -2.$$

例 2.5.2 计算行列式 $D = \begin{vmatrix} 1 & 2 & 3 \\ 4 & 0 & 5 \\ -1 & 0 & 6 \end{vmatrix}$.

解 按对角线法则,有

$$\begin{aligned} D &= 1\times 0\times 6 + 2\times 5\times(-1) + 0\times 4\times 3 - 3\times 0\times(-1) \\ &\quad - 2\times 4\times 6 - 5\times 0\times 1 = -58. \end{aligned}$$

例 2.5.3　计算左下三角行列式 $D_n=\begin{vmatrix} a_{11} & & & 0 \\ a_{21} & a_{22} & & \\ \vdots & \vdots & \ddots & \\ a_{n1} & a_{n2} & \cdots & a_{nn} \end{vmatrix}$.

解　$D_n=a_{11}\begin{vmatrix} a_{22} & & & \\ a_{32} & a_{33} & & \\ \vdots & \vdots & \ddots & \\ a_{n2} & a_{n3} & \cdots & a_{nn} \end{vmatrix}=a_{11}a_{22}\begin{vmatrix} a_{33} & & & \\ a_{43} & a_{44} & & \\ \vdots & \vdots & \ddots & \\ a_{n3} & a_{n4} & \cdots & a_{nn} \end{vmatrix}$

$=\cdots=a_{11}a_{22}\cdots a_{nn}$.

单位矩阵 $\boldsymbol{E}$ 和数量矩阵的行列式分别为 $\det \boldsymbol{E}=1$, $\det(k\boldsymbol{E})=k^n$.

例 2.5.4　计算右下三角形行列式 $D_n=\begin{vmatrix} 0 & & & a_n \\ & & \iddots & \\ & a_2 & & \\ a_1 & & & * \end{vmatrix}$.

解　$D_n=a_n(-1)^{1+n}\begin{vmatrix} 0 & & & a_{n-1} \\ & & \iddots & \\ & a_2 & & \\ a_1 & & & * \end{vmatrix}=(-1)^{n-1}a_nD_{n-1}$

$=(-1)^{n-1}a_n(-1)^{n-2}D_{n-2}=\cdots=(-1)^{(n-1)+(n-2)+\cdots+1}a_na_{n-1}\cdots a_1$

$=(-1)^{\frac{n(n-1)}{2}}a_1a_2\cdots a_n$.

2.6　行列式的性质与计算

当阶数 n 较大时，根据行列式定义来计算是非常烦琐的. 本节给出行列式的 5 条性质，利用这些性质可以简化行列式的计算.

2.6.1　行列式的性质

性质 2.5　行列式按任一行展开，其值相等，即

$$\det \mathbf{A}=a_{i1}A_{i1}+a_{i2}A_{i2}+\cdots+a_{in}A_{in},\quad i=1,2,\cdots,n.$$

推论　若行列式的某一行全为零，则行列式等于零.

例 2.6.1　计算 $D_n=\begin{vmatrix} a_{11} & a_{12} & \cdots & a_{1n} \\ & a_{22} & \cdots & a_{2n} \\ & & \ddots & \vdots \\ 0 & & & a_{nn} \end{vmatrix}$.

解　$$D_n = a_{nn}\begin{vmatrix} a_{11} & a_{12} & \cdots & a_{1,n-1} \\ & a_{22} & \cdots & a_{2,n-1} \\ & & \ddots & \vdots \\ 0 & & & a_{n-1,n-1} \end{vmatrix}$$

$$= a_{nn}a_{n-1,n-1}\begin{vmatrix} a_{11} & a_{12} & \cdots & a_{1,n-2} \\ & a_{22} & \cdots & a_{2,n-2} \\ & & \ddots & \vdots \\ 0 & & & a_{n-2,n-2} \end{vmatrix}$$

$$= \cdots = a_{11}a_{22}\cdots a_{nn}.$$

性质 2.6　若 n 阶行列式某两行对应元素全相等,则行列式值为零.

性质 2.6 可用数学归纳法证明,此处证明略.

性质 2.7　若行列式 D 中某行(列)的元素都是两数之和,则 D 可依此行(列)拆成两个行列式 D_1 与 D_2 之和,即

$$D = \begin{vmatrix} a_{11} & a_{12} & \cdots & a_{1n} \\ \vdots & \vdots & & \vdots \\ b_{i1}+c_{i1} & b_{i2}+c_{i2} & \cdots & b_{in}+c_{in} \\ \vdots & \vdots & & \vdots \\ a_{n1} & a_{n2} & \cdots & a_{nn} \end{vmatrix}$$

$$= \begin{vmatrix} a_{11} & a_{12} & \cdots & a_{1n} \\ \vdots & \vdots & & \vdots \\ b_{i1} & b_{i2} & \cdots & b_{in} \\ \vdots & \vdots & & \vdots \\ a_{n1} & a_{n2} & \cdots & a_{nn} \end{vmatrix} + \begin{vmatrix} a_{11} & a_{12} & \cdots & a_{1n} \\ \vdots & \vdots & & \vdots \\ c_{i1} & c_{i2} & \cdots & c_{in} \\ \vdots & \vdots & & \vdots \\ a_{n1} & a_{n2} & \cdots & a_{nn} \end{vmatrix} = D_1 + D_2.$$

证　$$左 \xlongequal{\text{按第 } i \text{ 行展开}} (b_{i1}+c_{i1})A_{i1}+\cdots+(b_{in}+c_{in})A_{in}$$

$$= (b_{i1}A_{i1}+\cdots+b_{in}A_{in})+(c_{i1}A_{i1}+\cdots+c_{in}A_{in})$$

$$= \begin{vmatrix} a_{11} & a_{12} & \cdots & a_{1n} \\ \vdots & \vdots & & \vdots \\ b_{i1} & b_{i2} & \cdots & b_{in} \\ \vdots & \vdots & & \vdots \\ a_{n1} & a_{n2} & \cdots & a_{nn} \end{vmatrix} + \begin{vmatrix} a_{11} & a_{12} & \cdots & a_{1n} \\ \vdots & \vdots & & \vdots \\ c_{i1} & c_{i2} & \cdots & c_{in} \\ \vdots & \vdots & & \vdots \\ a_{n1} & a_{n2} & \cdots & a_{nn} \end{vmatrix} = D_1 + D_2$$

$$= 右.$$

性质 2.8(行列式的初等变换)　若把初等行变换施于 n 阶矩阵 $\mathbf{A}$ 上:

(1) 将 $\mathbf{A}$ 的某一行乘以数 k 得到 $\mathbf{A}_1$,则 $|\mathbf{A}_1| = k|\mathbf{A}|$;

(2) 将 $\mathbf{A}$ 的某一行的 $k(\neq 0)$ 倍加到另一行得到 $\mathbf{A}_2$,则 $|\mathbf{A}_2| = |\mathbf{A}|$;

(3) 交换 $\boldsymbol{A}$ 的两行得到 $\boldsymbol{A}_3$，则 $|\boldsymbol{A}_3|=-|\boldsymbol{A}|$.

证 (1) 按乘以数 k 的那一行展开，即得结论成立.

(2)

$$|\boldsymbol{A}_2|=\begin{vmatrix} a_{11} & \cdots & a_{1n} \\ \vdots & & \vdots \\ a_{i1} & \cdots & a_{in} \\ \vdots & & \vdots \\ a_{j1}+ka_{i1} & \cdots & a_{jn}+ka_{in} \\ \vdots & & \vdots \\ a_{n1} & \cdots & a_{nn} \end{vmatrix}=\begin{vmatrix} a_{11} & \cdots & a_{1n} \\ \vdots & & \vdots \\ a_{i1} & \cdots & a_{in} \\ \vdots & & \vdots \\ a_{j1} & \cdots & a_{jn} \\ \vdots & & \vdots \\ a_{n1} & \cdots & a_{nn} \end{vmatrix}+\begin{vmatrix} a_{11} & \cdots & a_{1n} \\ \vdots & & \vdots \\ a_{i1} & \cdots & a_{in} \\ \vdots & & \vdots \\ ka_{i1} & \cdots & ka_{in} \\ \vdots & & \vdots \\ a_{n1} & \cdots & a_{nn} \end{vmatrix}=|\boldsymbol{A}|.$$

(3)

$$|\boldsymbol{A}_3|=\begin{vmatrix} a_{11} & \cdots & a_{1n} \\ \vdots & & \vdots \\ a_{j1} & \cdots & a_{jn} \\ \vdots & & \vdots \\ a_{i1} & \cdots & a_{in} \\ \vdots & & \vdots \\ a_{n1} & \cdots & a_{nn} \end{vmatrix}=\begin{vmatrix} a_{11} & \cdots & a_{1n} \\ \vdots & & \vdots \\ a_{j1} & \cdots & a_{jn} \\ \vdots & & \vdots \\ a_{j1}+a_{i1} & \cdots & a_{jn}+a_{in} \\ \vdots & & \vdots \\ a_{n1} & \cdots & a_{nn} \end{vmatrix}=\begin{vmatrix} a_{11} & \cdots & a_{1n} \\ \vdots & & \vdots \\ -a_{i1} & \cdots & -a_{in} \\ \vdots & & \vdots \\ a_{j1}+a_{i1} & \cdots & a_{jn}+a_{in} \\ \vdots & & \vdots \\ a_{n1} & \cdots & a_{nn} \end{vmatrix}$$

$$=\begin{vmatrix} a_{11} & \cdots & a_{1n} \\ \vdots & & \vdots \\ -a_{i1} & \cdots & -a_{in} \\ \vdots & & \vdots \\ a_{j1} & \cdots & a_{jn} \\ \vdots & & \vdots \\ a_{n1} & \cdots & a_{nn} \end{vmatrix}=-|\boldsymbol{A}|.$$

从性质 2.8 可知下列常用结论成立，设 $\boldsymbol{A}$ 为 n 阶矩阵，则

$$|k\boldsymbol{A}|=k^n|\boldsymbol{A}|.$$

推论 若行列式某两行对应元素成比例，则行列式的值为零.

为了研究矩阵转置的行列式，先讨论初等矩阵的行列式. 对于三个初等矩阵，由性质 2.8 可以有

$$|\boldsymbol{E}_{ij}|=|\boldsymbol{E}_{ij}\boldsymbol{E}|=-|\boldsymbol{E}|=-1;\quad |\boldsymbol{E}_i(c)|=c\neq 0;\quad |\boldsymbol{E}_{ij}(c)|=1.$$

于是，设 $\boldsymbol{A}$ 为 n 阶矩阵，由性质 2.8 可以得到

$$|\boldsymbol{E}_{ij}\boldsymbol{A}|=-|\boldsymbol{A}|=|\boldsymbol{E}_{ij}||\boldsymbol{A}|;\quad |\boldsymbol{E}_i(c)\boldsymbol{A}|=c|\boldsymbol{A}|=|\boldsymbol{E}_i(c)||\boldsymbol{A}|;\quad |\boldsymbol{E}_{ij}(c)\boldsymbol{A}|=|\boldsymbol{A}|=|\boldsymbol{E}_{ij}(c)||\boldsymbol{A}|.$$

故对于任一初等矩阵 $\boldsymbol{E}$，$|\boldsymbol{E}\boldsymbol{A}|=|\boldsymbol{E}||\boldsymbol{A}|$，更一般地，设 $\boldsymbol{E}_1,\boldsymbol{E}_2,\cdots,\boldsymbol{E}_t$ 为初等矩阵，则

$$|\boldsymbol{E}_1\boldsymbol{E}_2\cdots\boldsymbol{E}_t\boldsymbol{A}|=|\boldsymbol{E}_1||\boldsymbol{E}_2|\cdots|\boldsymbol{E}_t||\boldsymbol{A}|.$$

将行列式 D 的行与列互换后得到的行列式称为 D 的**转置行列式**，记为 D^{T}，即

$$D=\begin{vmatrix} a_{11} & a_{12} & \cdots & a_{1n} \\ a_{21} & a_{22} & \cdots & a_{2n} \\ \vdots & \vdots & & \vdots \\ a_{n1} & a_{n2} & \cdots & a_{nn} \end{vmatrix},$$

则

$$D^{\mathrm{T}}=\begin{vmatrix} a_{11} & a_{21} & \cdots & a_{n1} \\ a_{12} & a_{22} & \cdots & a_{n2} \\ \vdots & \vdots & & \vdots \\ a_{1n} & a_{2n} & \cdots & a_{nn} \end{vmatrix}.$$

性质 2.9　行列式与其转置行列式的值相等，即 $D=D^{\mathrm{T}}$.

注 1　性质 2.9 表明，行列式中的行与列具有相同的地位．因而，上面给出的有关行列式行的性质，对列也成立，不再一一说明．

注 2　以 r_i 表示行列式的第 i 行，c_i 表示第 i 列，交换 i,j 两行记作 $r\leftrightarrow r_j$，交换 i,j 两列记作 $c_i\leftrightarrow c_j$.

注 3　不能把矩阵的初等变换与行列式的初等变换混淆。首先矩阵是数表，行列式是数；其次前者保持两矩阵的等价关系，不是相等，后者保持两行列式的等值关系.

2.6.2　行列式的计算

利用行列式的性质计算行列式的一般方法是：利用行列式的性质，把行列式化成上(下)三角形行列式．

例 2.6.2　计算 $D=\begin{vmatrix} 2 & -1 & 0 & 1 \\ 1 & 0 & 2 & 3 \\ -3 & 1 & 1 & -1 \\ 3 & 2 & 0 & 2 \end{vmatrix}$.

解

$$D\xlongequal{r_1\leftrightarrow r_2}\begin{vmatrix} 1 & 0 & 2 & 3 \\ 2 & -1 & 0 & 1 \\ -3 & 1 & 1 & -1 \\ 3 & 2 & 0 & 2 \end{vmatrix}\xlongequal{r_2-2r_1,r_3+3r_1,r_4-3r_1}\begin{vmatrix} 1 & 0 & 2 & 3 \\ 0 & -1 & -4 & -5 \\ 0 & 1 & 7 & 8 \\ 0 & 2 & -6 & -7 \end{vmatrix}$$

$$\xlongequal{r_3+r_2,\,r_4+2r_2}-\begin{vmatrix}1&0&2&3\\0&-1&-4&-5\\0&0&3&3\\0&0&-14&-17\end{vmatrix}=-3\begin{vmatrix}1&0&2&3\\0&1&4&5\\0&0&1&1\\0&0&-14&-17\end{vmatrix}$$

$$\xrightarrow{r_4+14r_3}-3\begin{vmatrix}1&0&2&3\\0&1&4&5\\0&0&1&1\\0&0&0&-3\end{vmatrix}=9.$$

例 2.6.3 计算 $D=\begin{vmatrix}1&-4&2\\-3&10&-5\\5&-16&8\end{vmatrix}$.

解 因为第 2 列与第 3 列对应元素成比例,根据性质 2.8 推论知 $D=0$.

例 2.6.4 计算 $D=\begin{vmatrix}3&1&1&1\\1&3&1&1\\1&1&3&1\\1&1&1&3\end{vmatrix}$.

解 注意到此行列式中各行(列)4 个元素之和都为 6. 故可把 2,3,4 行同时加到第 1 行,提出公因子 6,然后各行减去第 1 行化为上三角行列式来计算:

$$D\xlongequal{r_1+r_2+r_3+r_4}\begin{vmatrix}6&6&6&6\\1&3&1&1\\1&1&3&1\\1&1&1&3\end{vmatrix}\xlongequal{\frac{1}{6}r_1}6\begin{vmatrix}1&1&1&1\\1&3&1&1\\1&1&3&1\\1&1&1&3\end{vmatrix}\xlongequal[r_4-r_1]{r_2-r_1,\ r_3-r_1}6\begin{vmatrix}1&1&1&1\\0&2&0&0\\0&0&2&0\\0&0&0&2\end{vmatrix}=48.$$

注 仿照上述方法可得到更一般的结果:

$$\begin{vmatrix}a&b&b&\cdots&b\\b&a&b&\cdots&b\\\vdots&\vdots&\vdots&&\vdots\\b&b&b&\cdots&a\end{vmatrix}=[a+(n-1)b](a-b)^{n-1}.$$

例 2.6.5 设 $\begin{vmatrix}a_{11}&a_{12}&a_{13}\\a_{21}&a_{22}&a_{23}\\a_{31}&a_{32}&a_{33}\end{vmatrix}=1$,求 $\begin{vmatrix}-4a_{11}&2a_{12}&6a_{13}\\2a_{21}&-a_{22}&-3a_{23}\\2a_{31}&-a_{32}&-3a_{33}\end{vmatrix}$.

解 $\begin{vmatrix}-4a_{11}&2a_{12}&6a_{13}\\2a_{21}&-a_{22}&-3a_{23}\\2a_{31}&-a_{32}&-3a_{33}\end{vmatrix}=-2\begin{vmatrix}2a_{11}&-a_{12}&-3a_{13}\\2a_{21}&-a_{22}&-3a_{23}\\2a_{31}&-a_{32}&-3a_{33}\end{vmatrix}$

$$=2(-2)(-1)(-3)\begin{vmatrix}a_{11}&a_{12}&a_{13}\\a_{21}&a_{22}&a_{23}\\a_{31}&a_{32}&a_{33}\end{vmatrix}$$

$$=2(-2)(-1)(-3)1=-12.$$

例 2.6.6　计算 $D=\begin{vmatrix} a_1 & -a_1 & 0 & 0 \\ 0 & a_2 & -a_2 & 0 \\ 0 & 0 & a_3 & -a_3 \\ 1 & 1 & 1 & 1 \end{vmatrix}$.

解　为使 D 中的零元素增多,可将第 1 列加到第 2 列,然后第 2 列加到第 3 列,再将第 3 列加到第 4 列.

$$D\overset{c_2+c_1}{=\!=\!=}\begin{vmatrix} a_1 & 0 & 0 & 0 \\ 0 & a_2 & -a_2 & 0 \\ 0 & 0 & a_3 & -a_3 \\ 1 & 2 & 1 & 1 \end{vmatrix}\overset{c_3+c_2}{=\!=\!=}\begin{vmatrix} a_1 & 0 & 0 & 0 \\ 0 & a_2 & 0 & 0 \\ 0 & 0 & a_2 & -a_3 \\ 1 & 2 & 3 & 1 \end{vmatrix}\overset{c_4+c_3}{=\!=\!=}\begin{vmatrix} a_1 & 0 & 0 & 0 \\ 0 & a_2 & 0 & 0 \\ 0 & 0 & a_3 & 0 \\ 1 & 2 & 3 & 4 \end{vmatrix}$$

$=4a_1a_2a_3$.

例 2.6.7　计算 n 阶行列式 $D_n=\begin{vmatrix} 1 & 1 & 1 & \cdots & 1 \\ 1 & 2 & 0 & \cdots & 0 \\ 1 & 0 & 3 & \cdots & 0 \\ \vdots & \vdots & \vdots & & \vdots \\ 1 & 0 & 0 & \cdots & n \end{vmatrix}$.

解　将第 $i(i=2,3,\cdots,n)$ 列乘以 $-\dfrac{1}{i}$ 依次加到第 1 列,得

$$D_n=\begin{vmatrix} 1-\sum\limits_{i=2}^{n}\dfrac{1}{i} & 1 & 1 & \cdots & 1 \\ 0 & 2 & 0 & \cdots & 0 \\ 0 & 0 & 3 & \cdots & 0 \\ \vdots & \vdots & \vdots & & \vdots \\ 0 & 0 & 0 & \cdots & n \end{vmatrix}=n!\left(1-\sum_{i=2}^{n}\frac{1}{i}\right).$$

把行列式化成上三角行列式是一般方法,计算比较复杂,方法也比较多. 我们应针对行列式的特点选取合适的方法.

例 2.6.8　证明范德蒙德行列式 $(n\geqslant 2)$

$$V_n=\begin{vmatrix} 1 & 1 & 1 & \cdots & 1 \\ x_1 & x_2 & x_3 & \cdots & x_n \\ x_1^2 & x_2^2 & x_3^2 & \cdots & x_n^2 \\ x_1^3 & x_2^3 & x_3^3 & \cdots & x_n^3 \\ \vdots & \vdots & \vdots & & \vdots \\ x_1^{n-1} & x_2^{n-1} & x_3^{n-1} & \cdots & x_n^{n-1} \end{vmatrix}=\prod_{1\leqslant j<i\leqslant n}(x_i-x_j),$$

其中连乘积

$$\prod_{1\leqslant j<i\leqslant n}(x_i-x_j)$$
$$=(x_2-x_1)(x_3-x_1)\cdots(x_n-x_1)(x_3-x_2)\cdots(x_n-x_2)$$
$$\cdots(x_{n-1}-x_{n-2})(x_n-x_1)(x_n-x_{n-1}).$$

证 用数学归纳法.

$n=2$：$\begin{vmatrix}1 & 1\\ x_1 & x_2\end{vmatrix}=x_2-x_1$，结论成立.

假设对于 $n-1$ 阶结论成立，对于 n 阶：

$$V_n=\begin{vmatrix}1 & 1 & 1 & \cdots & 1\\ 0 & x_2-x_1 & x_3-x_1 & \cdots & x_n-x_1\\ 0 & x_2(x_2-x_1) & x_3(x_3-x_1) & \cdots & x_n(x_n-x_1)\\ \vdots & \vdots & \vdots & & \vdots\\ 0 & x_2^{n-2}(x_2-x_1) & x_3^{n-2}(x_3-x_1) & \cdots & x_n^{n-2}(x_n-x_1)\end{vmatrix}$$

$$=\begin{vmatrix}x_2-x_1 & x_3-x_1 & \cdots & x_n-x_1\\ x_2(x_2-x_1) & x_3(x_3-x_1) & \cdots & x_n(x_n-x_1)\\ \vdots & \vdots & & \vdots\\ x_2^{n-2}(x_2-x_1) & x_3^{n-2}(x_3-x_1) & \cdots & x_n^{n-2}(x_n-x_1)\end{vmatrix}$$

$$=(x_2-x_1)(x_3-x_1)\cdots(x_n-x_1)\begin{vmatrix}1 & 1 & \cdots & 1\\ x_2 & x_3 & \cdots & x_n\\ \vdots & \vdots & & \vdots\\ x_2^{n-2} & x_3^{n-2} & \cdots & x_n^{n-2}\end{vmatrix}$$

$$=(x_2-x_1)(x_3-x_1)\cdots(x_n-x_1)\prod_{2\leqslant j<i\leqslant n}(x_i-x_j)$$

$$=\prod_{1\leqslant j<i\leqslant n}(x_i-x_j).$$

例 2.6.9 利用范德蒙德行列式计算四阶行列式

$$D=\begin{vmatrix}a & b & c & d\\ a^2 & b^2 & c^2 & d^2\\ a^3 & b^3 & c^3 & d^3\\ b+c+d & a+c+d & a+b+d & a+b+c\end{vmatrix}.$$

解 $$D=\begin{vmatrix}a & b & c & d\\ a^2 & b^2 & c^2 & d^2\\ a^3 & b^3 & c^3 & d^3\\ a+b+c+d & a+b+c+d & a+b+c+d & a+b+c+d\end{vmatrix}$$

$$=(a+b+c+d)\begin{vmatrix} a & b & c & d \\ a^2 & b^2 & c^2 & d^2 \\ a^3 & b^3 & c^3 & d^3 \\ 1 & 1 & 1 & 1 \end{vmatrix}.$$

把上式等号右边的行列式的最后一行依次与前面的行交换，共交换 3 次，得

$$D=-(a+b+c+d)\begin{vmatrix} 1 & 1 & 1 & 1 \\ a & b & c & d \\ a^2 & b^2 & c^2 & d^2 \\ a^3 & b^3 & c^3 & d^3 \end{vmatrix}.$$

此为范德蒙德行列式，由计算公式得

$$D=-(a+b+c+d)(d-a)(d-b)(d-c)(c-a)(c-b)(b-a).$$

定义 2.18　设 n 阶方阵 $\mathbf{A}=(a_{ij})$，元素 a_{ij} 在 $|\mathbf{A}|$ 中的代数余子式为 A_{ij} $(i,j=1,2\cdots,n)$，则矩阵

$$\mathbf{A}^*=\begin{bmatrix} A_{11} & A_{21} & \cdots & A_{n1} \\ A_{12} & A_{22} & \cdots & A_{n2} \\ \vdots & \vdots & & \vdots \\ A_{1n} & A_{2n} & \cdots & A_{nn} \end{bmatrix}$$

称为 $\mathbf{A}$ 的**伴随矩阵**.

例 2.6.10　设 $\mathbf{A}=\begin{bmatrix} 2 & 2 & 3 \\ 1 & -1 & 0 \\ -1 & 2 & 1 \end{bmatrix}$，试求 $\mathbf{A}^*$.

解　通过计算可得

$$A_{11}=-1,\quad A_{12}=-1,\quad A_{13}=1,\quad A_{21}=4,$$

$$A_{22}=5,\quad A_{23}=-6,\quad A_{31}=3,\quad A_{32}=3,\quad A_{33}=-4.$$

所以 $\mathbf{A}^*=\begin{bmatrix} -1 & 4 & 3 \\ -1 & 5 & 3 \\ 1 & -6 & -4 \end{bmatrix}$.

定义 2.19　如果 n 阶矩阵 $\mathbf{A}$ 的行列式 $|\mathbf{A}|\neq 0$，则称 $\mathbf{A}$ 为**非奇异矩阵**，否则称 $\mathbf{A}$ 为**奇异矩阵**.

引理 2.1　设 $\mathbf{A}=(a_{ij})_{n\times n}$，$A_{ij}$ 表示 a_{ij} 的代数余子式，则

$$\begin{cases} a_{i1}A_{j1}+a_{i2}A_{j2}+\cdots+a_{in}A_{jn}=0, & i\neq j, \\ a_{1i}A_{1j}+a_{2i}A_{2j}+\cdots+a_{ni}A_{nj}=0, & i\neq j. \end{cases}$$

证　行列式按照第 j 行展开得 $\det(\mathbf{A})=\sum_{k=1}^{n}a_{jk}A_{jk}$. 将行列式第 j 行的元 a_{j1}，

$a_{j2},\cdots,a_{jn}$ 换为 $a_{i1},a_{i2},\cdots,a_{in}$ 后所得的行列式，其展开为 $\sum_{k=1}^{n}a_{ik}A_{jk}$，即

$$\sum_{k=1}^{n}a_{ik}A_{jk}=\begin{vmatrix} a_{11} & a_{12} & \cdots & a_{1n} \\ \vdots & \vdots & & \vdots \\ a_{i1} & a_{i2} & \cdots & a_{in} \\ \vdots & \vdots & & \vdots \\ a_{j1} & a_{j2} & \cdots & a_{jn} \\ \vdots & \vdots & & \vdots \\ a_{n1} & a_{n2} & \cdots & a_{nn} \end{vmatrix}\begin{matrix} \\ \\ \text{第 } i \text{ 行} \\ \\ \text{第 } j \text{ 行} \\ \\ \\ \end{matrix}=0.$$

定理 2.5　n 阶矩阵 $\boldsymbol{A}$ 可逆的充分必要条件是行列式 $|\boldsymbol{A}|\neq 0$，且当其可逆时，有

$$\boldsymbol{A}^{-1}=\frac{1}{|\boldsymbol{A}|}\boldsymbol{A}^*,$$

其中 $\boldsymbol{A}^*$ 为 $\boldsymbol{A}$ 的伴随矩阵．

证　必要性. 由 $\boldsymbol{A}$ 可逆，知存在 n 阶矩阵 $\boldsymbol{B}$ 满足 $\boldsymbol{AB}=\boldsymbol{E}$，从而

$$|\boldsymbol{AB}|=|\boldsymbol{A}|\,|\boldsymbol{B}|=|\boldsymbol{E}|=1\neq 0.$$

因此 $|\boldsymbol{A}|\neq 0$，同时 $|\boldsymbol{B}|\neq 0$.

充分性. 设 $\boldsymbol{A}=(a_{ij})_{n\times n}$，则

$$\begin{aligned}\boldsymbol{AA}^*&=\begin{bmatrix} a_{11} & a_{12} & \cdots & a_{1n} \\ a_{21} & a_{22} & \cdots & a_{2n} \\ \vdots & \vdots & & \vdots \\ a_{n1} & a_{n2} & \cdots & a_{nn} \end{bmatrix}\begin{bmatrix} A_{11} & A_{21} & \cdots & A_{n1} \\ A_{12} & A_{22} & \cdots & A_{n2} \\ \vdots & \vdots & & \vdots \\ A_{1n} & A_{2n} & \cdots & A_{nn} \end{bmatrix}=\begin{bmatrix} |\boldsymbol{A}| & 0 & \cdots & 0 \\ 0 & |\boldsymbol{A}| & \cdots & 0 \\ \vdots & \vdots & & \vdots \\ 0 & 0 & \cdots & |\boldsymbol{A}| \end{bmatrix}\\ &=|\boldsymbol{A}|\boldsymbol{E},\end{aligned}$$

且当 $|\boldsymbol{A}|\neq 0$ 时，有 $\boldsymbol{A}\left(\frac{1}{|\boldsymbol{A}|}\boldsymbol{A}^*\right)=\boldsymbol{E}$.

类似地，可得 $\boldsymbol{A}^*\boldsymbol{A}=|\boldsymbol{A}|\boldsymbol{E}$，且当 $|\boldsymbol{A}|\neq 0$ 时，有 $\left(\frac{1}{|\boldsymbol{A}|}\boldsymbol{A}^*\right)\boldsymbol{A}=\boldsymbol{E}$.

由定义知，矩阵 $\boldsymbol{A}$ 可逆，且 $\boldsymbol{A}^{-1}=\frac{1}{|\boldsymbol{A}|}\boldsymbol{A}^*$.

此定理不仅给出了方阵 $\boldsymbol{A}$ 可逆的充分必要条件，而且提供了求 $\boldsymbol{A}^{-1}$ 的一种方法.

例 2.6.11　求矩阵 $\boldsymbol{A}=\begin{bmatrix} 2 & 2 & 3 \\ 1 & -1 & 0 \\ -1 & 2 & 1 \end{bmatrix}$ 的逆矩阵．

解　因 $|\boldsymbol{A}|=\begin{vmatrix} 2 & 2 & 3 \\ 1 & -1 & 0 \\ -1 & 2 & 1 \end{vmatrix}=-1\neq 0$，故矩阵 $\boldsymbol{A}$ 可逆，由例 2.6.10 的结果

可知 $A^*=\begin{bmatrix}-1 & 4 & 3\\-1 & 5 & 3\\1 & -6 & -4\end{bmatrix}$. 于是

$$A^{-1}=\frac{1}{|A|}A^*=-\begin{bmatrix}-1 & 4 & 3\\-1 & 5 & 3\\1 & -6 & -4\end{bmatrix}=\begin{bmatrix}1 & -4 & -3\\1 & -5 & -3\\-1 & 6 & 4\end{bmatrix}.$$

例 2.6.12　设 $A=\begin{bmatrix}1 & 3 & 3\\1 & 4 & 3\\1 & 3 & 4\end{bmatrix}$,验证 A 是否可逆,若可逆求其逆.

解　因为 $|A|=1\neq 0$,故 A 可逆,再计算

$$A^*=\begin{bmatrix}7 & -3 & -3\\-1 & 1 & 0\\-1 & 0 & 1\end{bmatrix},$$

所以

$$A^{-1}=\frac{1}{|A|}A^*=\begin{bmatrix}7 & -3 & -3\\-1 & 1 & 0\\-1 & 0 & 1\end{bmatrix}.$$

定理 2.6　设 A,B 为 n 阶矩阵,则 $\det(AB)=\det(A)\cdot\det(B)$.

证　设 A 经过行初等变换化为简化行阶梯形矩阵 R,即存在初等矩阵 E_1,E_2,…,E_s,使得 $A=E_1E_2\cdots E_sR$,则

$$\det(AB)=\det(E_1)\det(E_2)\cdots\det(RB).$$

若 A 可逆,则 $R=I$. 此时 $A=E_1E_2\cdots E_s$,于是

$$\det A=\det(E_1)\det(E_2)\cdots\det(E_s),$$

故 $\det(AB)=\det(A)\det(IB)=\det(A)\det(B)$.

若 A 不可逆,则 R 最后一行全为 0,因而 $R(B)$ 最后一行也全为零,所以 $\det(RB)=0$. 从而 $\det(AB)=0$. 又因为 $\det A=0$,故

$$\det(AB)=\det(A)\det(B).$$

将定理 2.6 推广到有限个 n 阶方阵乘积的情况,可得如下推论.

推论　设 $A_i(i=1,\cdots,s)$均为 n 阶可逆阵,则

$$\det(A_1A_2\cdots A_s)=\det(A_1)\det(A_2)\cdots\det(A_s).$$

2.7　克拉默法则

二阶和三阶行列式是为求解线性方程组而引入的,同样地,n 阶行列式可用来求解 n 元线性方程组.

本节将介绍求解线性方程组的克拉默法则及其相关定理.

线性方程组

$$\begin{cases} a_{11}x_1+a_{12}x_2+\cdots+a_{1n}x_n=b_1, \\ a_{21}x_1+a_{22}x_2+\cdots+a_{2n}x_n=b_2, \\ \cdots\cdots \\ a_{n1}x_1+a_{n2}x_2+\cdots+a_{nn}x_n=b_n \end{cases} \tag{2.5}$$

的系数 a_{ij} 构成的行列式称为该方程组的**系数行列式**,即

$$D=\begin{vmatrix} a_{11} & a_{12} & \cdots & a_{1n} \\ a_{21} & a_{22} & \cdots & a_{2n} \\ \vdots & \vdots & & \vdots \\ a_{n1} & a_{n2} & \cdots & a_{nn} \end{vmatrix}.$$

与二元、三元线性方程组类似,n 元线性方程组的解可以用 n 阶行列式表示.

定理 2.7(克拉默法则) 若线性方程组(2.5)的系数行列式 $D\neq0$,则线性方程组(2.5)有唯一解,其解为

$$x_1=\frac{D_1}{D},x_2=\frac{D_2}{D},\cdots,x_n=\frac{D_n}{D},$$

其中 $D_j(j=1,2,\cdots,n)$是把系数行列式 D 中的第 j 列元素依次换成方程组(2.5)的常数项所得到的行列式,即

$$D_j=\begin{vmatrix} a_{11} & \cdots & a_{1,j-1} & b_1 & a_{1,j+1} & \cdots & a_{1n} \\ a_{21} & \cdots & a_{2,j-1} & b_2 & a_{2,j+1} & \cdots & a_{2n} \\ \vdots & & \vdots & \vdots & \vdots & & \vdots \\ a_{n1} & \cdots & a_{n,j-1} & b_n & a_{n,j+1} & \cdots & a_{nn} \end{vmatrix}.$$

例 2.7.1 用克拉默法则解方程组

$$\begin{cases} x_1-x_2+x_3-2x_4=2, \\ 2x_1-x_3+4x_4=4, \\ 3x_1+2x_2+x_3=-1, \\ -x_1+2x_2-x_3+2x_4=-4. \end{cases}$$

解 计算行列式

$$D=\begin{vmatrix} 1 & -1 & 1 & -2 \\ 2 & 0 & -1 & 4 \\ 3 & 2 & 1 & 0 \\ -1 & 2 & -1 & 2 \end{vmatrix}=-2\neq0,$$

$$D_1=\begin{vmatrix}2&-1&1&-2\\4&0&-1&4\\-1&2&1&0\\-4&2&-1&2\end{vmatrix}=-2,\quad D_2=\begin{vmatrix}1&2&1&-2\\2&4&-1&4\\3&-1&1&0\\-1&-4&-1&2\end{vmatrix}=4,$$

$$D_3=\begin{vmatrix}1&-1&2&-2\\2&0&4&4\\3&2&-1&0\\-1&2&-4&2\end{vmatrix}=0,\quad D_4=\begin{vmatrix}1&-1&1&2\\2&0&-1&4\\3&2&1&-1\\-1&2&-1&-4\end{vmatrix}=1.$$

所以，原方程组的解为

$$x_1=\frac{D_1}{D}=1,\quad x_2=\frac{D_2}{D}=-2,\quad x_3=\frac{D_3}{D}=0,\quad x_4=\frac{D_4}{D}=\frac{-1}{2}.$$

一般地，用克拉默法则求解方程组，计算量是比较大的，对具体的数字方程组，当未知数较多时，可以借助软件利用计算机求解．另外，对于方程个数与未知数个数不相等及系数行列式为零时此法则就不能使用．

克拉默法则给出了在一定条件下线性方程组解的存在性、唯一性，在理论分析上具有十分重要的意义．

克拉默法则可叙述为下面的定理.

定理 2.8　如果线性方程组(2.5)的系数行列式 $D\neq0$，则方程组(2.5)一定有解，且解是唯一的．

定理 2.9　如果线性方程组(2.5)无解或解不是唯一的，则它的系数行列式必为零．

对于 n 个方程 n 个未知数的齐次线性方程组，显然 $x_1=x_2=\cdots=x_n=0$ 是方程组的解，称为齐次线性方程组的**零解**，把克拉默法则应用到齐次线性方程组，可得如下结论.

定理 2.10　如果齐次线性方程组的系数行列式 $D\neq0$，则齐次线性方程组没有非零解，即只有零解．

定理 2.11　如果齐次线性方程组有非零解，则它的系数行列式必为零．

例 2.7.2　若齐次线性方程组

$$\begin{cases}\lambda x_1+x_2+x_3=0,\\x_1+\lambda x_2+x_3=0,\\x_1+x_2+x_3=0\end{cases}$$

只有零解，则 λ 应满足什么条件?

解　当

$$\begin{vmatrix} \lambda & 1 & 1 \\ 1 & \lambda & 1 \\ 1 & 1 & 1 \end{vmatrix} = \begin{vmatrix} \lambda-1 & 0 & 0 \\ 0 & \lambda-1 & 0 \\ 1 & 1 & 1 \end{vmatrix} = (\lambda-1)^2 \neq 0,$$

即 $\lambda\neq 1$ 时，齐次线性方程组只有零解．

例 2.7.3 问 λ 取何值时，齐次线性方程组 $\begin{cases} (5-\lambda)x+2y+2z=0, \\ 2x+(6-\lambda)y=0, \\ 2x+(4-\lambda)z=0 \end{cases}$ 有非零解？

解 系数行列式为

$$D=\begin{vmatrix} 5-\lambda & 2 & 2 \\ 2 & 6-\lambda & 0 \\ 2 & 0 & 4-\lambda \end{vmatrix} = (5-\lambda)(2-\lambda)(8-\lambda),$$

而齐次线性方程组若有非零解，其系数行列式一定为 0，所以 $\lambda=2,\lambda=5$ 或 $\lambda=8$ 时此方程组有非零解．

克拉默法则解决方程个数与未知数个数相等的线性方程组解的问题，第 3 章将讨论求解 m 个方程组成的 n 元线性方程组的更一般方法．

2.8 矩阵的秩

任意矩阵可经矩阵的初等行变换化为行阶梯形矩阵，这个行阶梯形矩阵所含非零行的行数实际上就是本节要讨论的矩阵的秩．它是矩阵的一个数字特征，是矩阵在初等行变换中的一个不变量，对研究矩阵的性质有着重要的作用．

定义 2.20 在 $m\times n$ 矩阵 $\boldsymbol{A}$ 中，任取 k 行 k 列 $(1\leqslant k\leqslant m, 1\leqslant k\leqslant n)$，位于这些行、列交叉点的 k^2 个元素，按照原来的相对位置组成的 k 阶行列式，称为 $\boldsymbol{A}$ 的一个 **k 阶子式**．

注 $m\times n$ 矩阵 $\boldsymbol{A}$ 的 k 阶子式共有 $C_m^k C_n^k$ 个．

例如，设矩阵 $\boldsymbol{A}=\begin{bmatrix} 1 & 3 & 4 & 5 \\ -1 & 0 & 2 & 3 \\ 0 & 1 & -1 & 0 \end{bmatrix}$，取第 1，3 行和第 2，4 列交叉点上的元，组成的二阶子式 $\begin{vmatrix} 3 & 5 \\ 1 & 0 \end{vmatrix}$ 为 $\boldsymbol{A}$ 的一个二阶子式．

定义 2.21 如果矩阵 $\boldsymbol{A}$ 中有一个 r 阶子式 $D_r\neq 0$，而所有 $r+1$ 阶子式（如果存在的话）的值全为 0，则称 D_r 为矩阵 $\boldsymbol{A}$ 的一个**最高阶非零子式**，其阶数 r 称为**矩阵 $\boldsymbol{A}$ 的秩**，记作 $R(\boldsymbol{A})$（或 $r(\boldsymbol{A})$）．并规定零矩阵的秩为 0．

例 2.8.1 求矩阵 $\boldsymbol{A}=\begin{bmatrix} 1 & 2 & 3 \\ 2 & 3 & -5 \\ 4 & 7 & 1 \end{bmatrix}$ 的秩．

解　在 $\boldsymbol{A}$ 中，有一个二阶子式 $\begin{vmatrix}1&3\\2&-5\end{vmatrix}\neq0$，$\boldsymbol{A}$ 的三阶子式只有一个 $|\boldsymbol{A}|$，且

$$|\boldsymbol{A}|=\begin{vmatrix}1&2&3\\2&3&-5\\4&7&1\end{vmatrix}=\begin{vmatrix}1&2&3\\0&-1&-11\\0&-1&-11\end{vmatrix}=0,$$

故 $R(\boldsymbol{A})=2$.

例 2.8.2　求矩阵 $\boldsymbol{A}=\begin{bmatrix}1&-1&0&2&3\\0&2&1&-1&0\\0&0&0&2&-1\\0&0&0&0&0\end{bmatrix}$ 的秩.

解　$\boldsymbol{A}$ 是一个行阶梯形矩阵，其非零行有三行，即知 $\boldsymbol{A}$ 的所有四阶子式全为零. 而以三个非零行的首非零元为对角元的三阶行列式

$$\begin{vmatrix}1&-1&2\\0&2&-1\\0&0&2\end{vmatrix}$$

是一个上三角行列式，它的值显然不等于 0，因此 $R(\boldsymbol{A})=3$.

矩阵的秩具有下列性质：

(1) 若矩阵 $\boldsymbol{A}$ 有一个 s 阶子式不为 0，则 $R(\boldsymbol{A})\geqslant s$；

(2) 若 $\boldsymbol{A}$ 中所有的 t 阶子式全为 0，则 $R(\boldsymbol{A})<t$；

(3) 若 $\boldsymbol{A}$ 为 $m\times n$ 矩阵，则 $0\leqslant R(\boldsymbol{A})\leqslant\min\{m,n\}$；

(4) $R(\boldsymbol{A})=R(\boldsymbol{A}^{\mathrm{T}})$.

当 $R(\boldsymbol{A})=\min\{m,n\}$ 时，称矩阵 $\boldsymbol{A}$ 为**满秩矩阵**，否则称为**降秩矩阵**.

例如，求矩阵

$$\boldsymbol{A}=\begin{bmatrix}3&1&0&2\\1&-1&2&-1\\1&3&-4&4\end{bmatrix}$$

的秩.

解　$\boldsymbol{A}$ 有 12 个一阶子式，例如，第 1 行第 1 列交叉点上的元构成的一阶子式

$$\det(3)=3\neq0.$$

对于 $\boldsymbol{A}$ 的二阶子式，我们知道 $\boldsymbol{A}$ 有

$$\mathrm{C}_3^2\mathrm{C}_4^2=18$$

个二阶子式，其中由第 1，2 行、第 1，2 列交叉点上的元构成的二阶行列式

$$\begin{vmatrix}3&1\\1&-1\end{vmatrix}=-4\neq0.$$

最后，再考察一下 $\boldsymbol{A}$ 的三阶子式，$\boldsymbol{A}$ 有 4 个三阶子式，分别为

$$\begin{vmatrix}3&1&0\\1&-1&2\\1&3&-4\end{vmatrix}=0,\quad\begin{vmatrix}3&1&2\\1&-1&1\\1&3&4\end{vmatrix}=0,\quad\begin{vmatrix}3&0&2\\1&2&-1\\1&-4&4\end{vmatrix}=0,$$

$$\begin{vmatrix}1&0&2\\-1&2&-1\\3&-4&4\end{vmatrix}=0.$$

故由定义知，$R(\boldsymbol{A})=2$.

由上面的例子可知，利用定义计算矩阵的秩是很困难的，特别是，当行数与列数较高时，按定义求秩是非常麻烦的．

由于行阶梯形矩阵的秩很容易判断，而任意矩阵都可以经过有限次初等行变换化为行阶梯形矩阵，因而可考虑使用初等变换法求矩阵的秩．

定理 2.12　初等变换不改变矩阵的秩．

根据这个定理，可得到利用初等行变换求矩阵秩的方法：用初等行变换把矩阵化成行阶梯形矩阵，行阶梯形矩阵中非零行的行数就是该矩阵的秩．

例 2.8.3　求矩阵 $\boldsymbol{A}=\begin{bmatrix}1&0&0&1\\1&2&0&-1\\3&-1&0&4\\1&4&5&1\end{bmatrix}$ 的秩．

解　因为

$$\boldsymbol{A}\xrightarrow[r_4-r_1]{\substack{r_2-r_1\\r_3-3r_1}}\begin{bmatrix}1&0&0&1\\0&2&0&-2\\0&-1&0&1\\0&4&5&0\end{bmatrix}\xrightarrow[\substack{r_3+r_2\\r_4-4r_2}]{r_2\div 2}\begin{bmatrix}1&0&0&1\\0&1&0&-1\\0&0&0&0\\0&0&5&4\end{bmatrix}\xrightarrow{r_3\leftrightarrow r_4}\begin{bmatrix}1&0&0&1\\0&1&0&-1\\0&0&5&4\\0&0&0&0\end{bmatrix},$$

所以 $R(\boldsymbol{A})=3$.

例 2.8.4　设 $\boldsymbol{A}=\begin{bmatrix}3&2&0&5&0\\3&-2&3&6&-1\\2&0&1&5&-3\\1&6&-4&-1&4\end{bmatrix}$，求矩阵 $\boldsymbol{A}$ 的秩，并求 $\boldsymbol{A}$ 的一个最高阶非零子式．

解　对 $\boldsymbol{A}$ 作初等行变换，变成行阶梯形矩阵

$$\boldsymbol{A}\xrightarrow{r_1\leftrightarrow r_4}\begin{bmatrix}1&6&-4&-1&4\\3&-2&3&6&-1\\2&0&1&5&-3\\3&2&0&5&0\end{bmatrix}\xrightarrow{r_2-r_4}\begin{bmatrix}1&6&-4&-1&4\\0&-4&3&1&-1\\2&0&1&5&-3\\3&2&0&5&0\end{bmatrix}$$

$$\xrightarrow[r_4-3r_1]{r_3-2r_1}\begin{bmatrix}1&6&-4&-1&4\\0&-4&3&1&-1\\0&-12&9&7&-11\\0&-16&12&8&-12\end{bmatrix}\xrightarrow[r_4-4r_2]{r_3-3r_2}\begin{bmatrix}1&6&-4&-1&4\\0&-4&3&1&-1\\0&0&0&4&-8\\0&0&0&4&-8\end{bmatrix}$$

$$\xrightarrow{r_4-r_3}\begin{bmatrix}1&6&-4&-1&4\\0&-4&3&1&-1\\0&0&0&4&-8\\0&0&0&0&0\end{bmatrix},$$

由行阶梯形矩阵有三个非零行可知 $R(\boldsymbol{A})=3$.

再求 $\boldsymbol{A}$ 的一个最高阶子式．由 $R(\boldsymbol{A})=3$ 知，$\boldsymbol{A}$ 的最高阶非零子式为三阶．$\boldsymbol{A}$ 的三阶子式共有 $C_4^3C_5^3=40$ 个．

取 $\boldsymbol{A}$ 的第 1,2,4 列，第 1,2,3 行，可得到 $\boldsymbol{A}$ 的一个三阶子式.

$$\boldsymbol{B}=\begin{vmatrix}3&2&5\\3&-2&6\\2&0&5\end{vmatrix}=\begin{vmatrix}3&2&5\\6&0&11\\2&0&5\end{vmatrix}=-2\begin{vmatrix}6&11\\2&5\end{vmatrix}=-16\neq 0,$$

则这个子式便是 $\boldsymbol{A}$ 的一个最高阶非零子式．

例 2.8.5　设 $\boldsymbol{A}=\begin{bmatrix}1&-1&1&2\\3&\lambda&-1&2\\5&3&\mu&6\end{bmatrix}$，已知 $R(\boldsymbol{A})=2$，求 λ 与 μ 的值．

解　$\boldsymbol{A}\xrightarrow[r_3-5r_1]{r_2-3r_1}\begin{bmatrix}1&-1&1&2\\0&\lambda+3&-4&-4\\0&8&\mu-5&-4\end{bmatrix}\xrightarrow{r_3-r_2}\begin{bmatrix}1&-1&1&2\\0&\lambda+3&-4&-4\\0&5-\lambda&\mu-1&0\end{bmatrix}$，因为 $R(\boldsymbol{A})=2$，故 $5-\lambda=0,\mu-1=0$，即 $\lambda=5,\mu=1$.

2.9　矩阵与行列式模型应用实例

线性代数是以向量和矩阵为对象，以实向量空间为背景的一种抽象数学工具，它在科学技术及国防经济的各个领域中的应用非常普遍，矩阵在这类模型中的应用最为广泛.

2.9.1　循环比赛名次问题

例 2.9.1　若 5 个队进行单循环比赛，其结果是：1 队胜 3 队、4 队；2 队胜 1 队、3 队、5 队；3 队胜 4 队；4 队胜 2 队；5 队胜 1 队、3 队、4 队．按直接胜与间接胜次数之和排名次．

解　用邻接矩阵 $\boldsymbol{A}$ 来表示各个队直接胜的情况：$\boldsymbol{A}=(a_{ij})_{5\times 5}$，若 i 队胜 j 队，

则 $a_{ij}=1(i,j=1,2,3,4,5)$. 由此可得

$$\boldsymbol{A}=\begin{bmatrix}0&0&1&1&0\\1&0&1&0&1\\0&0&0&1&0\\0&1&0&0&0\\1&0&1&1&0\end{bmatrix}.$$

$\boldsymbol{A}$ 中各行元素之和分别为各队直接胜的次数,分别为 2,3,1,1,3. 可见按直接胜次数排名有 2 队和 5 队并列,3 队与 4 队并列.

间接胜的邻接矩阵为

$$\boldsymbol{A}^2=\begin{bmatrix}0&1&0&1&0\\1&0&2&3&0\\0&1&0&0&0\\1&0&1&0&1\\0&1&1&2&0\end{bmatrix},$$

$\boldsymbol{A}^2$ 中各行元素之和分别为各队间接胜的次数.

又 $\boldsymbol{A}+\boldsymbol{A}^2=\begin{bmatrix}0&1&1&2&0\\2&0&3&3&1\\0&1&0&1&0\\1&1&1&0&1\\1&1&2&3&0\end{bmatrix}$,$\boldsymbol{A}+\boldsymbol{A}^2$ 中各行元素之和分别为 4,9,2,4,7. 可见按直接胜与间接胜的次数排名有 1 队与 4 队并列;继续求出

$$\boldsymbol{A}^3=\begin{bmatrix}1&1&1&0&1\\0&3&1&3&0\\1&0&1&0&1\\1&0&2&3&0\\1&2&1&1&1\end{bmatrix},$$

$$\boldsymbol{A}+\boldsymbol{A}^2+\boldsymbol{A}^3=\begin{bmatrix}1&2&2&2&1\\2&3&4&6&1\\1&1&1&1&1\\2&1&3&3&1\\2&3&3&4&1\end{bmatrix}.$$

$\boldsymbol{A}+\boldsymbol{A}^2+\boldsymbol{A}^3$ 中各行元素之和分别为 8,16,5,10,13. 可见按直接胜与间接胜的次数排名为 2 队、5 队、4 队、1 队、3 队.

2.9.2 生产成本计算问题

在经济管理中经常要利用投入产出模型来研究一个经济系统各部门之间的

"投入"与"产出"的关系. 这就需要对生产过程中产生的大量数据进行统计、处理和分析,以此对生产过程进行了解和监控,进而进行管理和调控,以保证正常平稳的生产达到最好的经济收益. 但是得到的原始数据往往比较复杂,这就需要借助于矩阵对数据进行处理,生成直接明了的结果.

例 2.9.2　某厂生产三种产品,每种产品的原料费、支付员工工资、管理费及其他费用等见表 2.2,每季度生产每种产品的产量见表 2.3 . 财务人员需要用表格的形式直观地向部门经理展示以下数据:第一季度中每一类成本的数量,每一季度三类成本的总数量,四个季度每类成本的总数量.

表 2.2　生产单位产品的成本　(单位:万元)

成本	产品		
	A	B	C
原料费用	0.1	0.3	0.15
支付工资	0.3	0.4	0.25
管理费及其他费用	0.1	0.2	0.15

表 2.3　每种产品各季度产量　(单位:件)

产品	季度			
	春季	夏季	秋季	冬季
A	4000	4500	4500	4000
B	2000	28000	2400	2200
C	5800	6200	6000	6000

我们用矩阵的方法来考虑这个问题 . 两张表格的数据都可以表示成一个矩阵,如下所示:

$$\boldsymbol{M}=\begin{pmatrix}0.1 & 0.3 & 0.15\\ 0.3 & 0.4 & 0.25\\ 0.1 & 0.2 & 0.15\end{pmatrix},\quad \boldsymbol{P}=\begin{pmatrix}4000 & 4500 & 4500 & 4000\\ 2000 & 28000 & 2400 & 2200\\ 5800 & 6200 & 6000 & 6000\end{pmatrix}.$$

通过矩阵乘法可以得到

$$\boldsymbol{MP}=\begin{pmatrix}1870 & 2220 & 2070 & 1960\\ 3450 & 4020 & 3800 & 3580\\ 1670 & 1940 & 1830 & 1740\end{pmatrix}.$$

$\boldsymbol{MP}$ 的第一行元素表示四个季度中每个季度的原料总成本;$\boldsymbol{MP}$ 的第二行元素表示四个季度中每个季度的支付工资总成本;$\boldsymbol{MP}$ 的第三行元素表示四个季度中每个季度的管理费及其他费用总成本.

$\boldsymbol{MP}$ 的第一列元素表示春季生产三种产品的总成本;$\boldsymbol{MP}$ 的第二列元素表示夏季生产三种产品的总成本;$\boldsymbol{MP}$ 的第三列元素表示秋季生产三种产品的总成本;

$\boldsymbol{MP}$ 的第四列元素表示冬季生产三种产品的总成本.

对成本进行汇总,每一类成本的年度总成本由矩阵的每一行元素相加得到,每一季度的总成本由每一列相加得到,见表 2.4.

表 2.4 总成本汇总表 （单位:万元）

成本	季度				全年
	春季	夏季	秋季	冬季	
原料费	1870	2220	2070	1960	8120
支付工资	3450	4020	3800	3580	14860
管理费及其他费用	1670	1940	1830	1740	7180
合计	6990	8180	7710	7280	30160

这样,我们就利用矩阵的乘法把多个数据表汇总成一个数据表,从而比较直观地反映了该工厂生产的成本.

2.9.3 复杂电路分割问题

在电路设计中,经常要把复杂的电路分割为局部电路,每一个电路都用一个网络"黑盒子"来表示."黑盒子"的输入为 u_1, i_1,输出为 u_2, i_2,其输入输出关系用矩阵 $\boldsymbol{A}$ 表示(图 2.1),则有

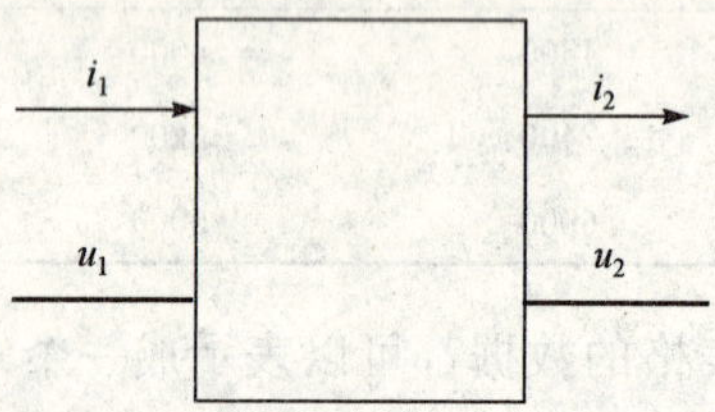

图 2.1

$$\begin{bmatrix} u_2 \\ i_2 \end{bmatrix} = \boldsymbol{A} \begin{bmatrix} u_1 \\ i_1 \end{bmatrix},$$

$\boldsymbol{A}$ 是二阶方阵,称为该局部电路的传输矩阵.

把复杂的电路分成许多串接局部电路,分别求出它们的传输矩阵,再相乘起来,得到总的传输矩阵,可以使分析电路的工作简化.

例 2.9.3 "黑盒子"的输入为 u_1, i_1,输出为 u_2, i_2,其输入输出关系用矩阵 $\boldsymbol{A}$ 表示(图 2.2),把两个电阻组成的分压电路分成两个串接的子网络.

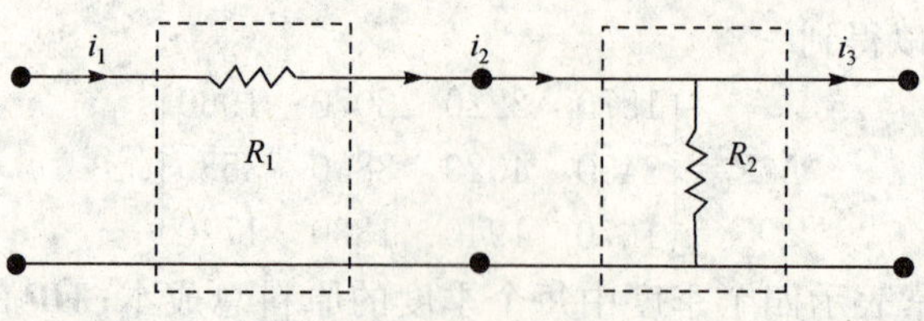

图 2.2

解 以图 2.2 为例,把两个电阻组成的分压电路分成两个串接的子网络.第一个子网络包含电阻 R_1,第二个子网络包含电阻 R_2,列出第一个子网络的电路方

程为

$$i_2=i_1,\quad u_2=u_1-i_1R_1,$$

写成矩阵方程为

$$\begin{bmatrix}u_2\\i_2\end{bmatrix}=\begin{bmatrix}1&-R_1\\0&1\end{bmatrix}\begin{bmatrix}u_1\\i_1\end{bmatrix}=\boldsymbol{A}_1\begin{bmatrix}u_1\\i_1\end{bmatrix}.$$

同样可列出第二个子网络的电路方程为

$$i_3=i_2-\frac{u_2}{R_2},\quad u_3=u_2,$$

写成矩阵方程为

$$\begin{bmatrix}u_3\\i_3\end{bmatrix}=\begin{bmatrix}1&0\\-\dfrac{1}{R_2}&1\end{bmatrix}\begin{bmatrix}u_2\\i_2\end{bmatrix}=\boldsymbol{A}_2\begin{bmatrix}u_2\\i_2\end{bmatrix}.$$

由上分别得到两个子网络的传输矩阵

$$\boldsymbol{A}_1=\begin{bmatrix}1&-R_1\\0&1\end{bmatrix},\quad \boldsymbol{A}_2=\begin{bmatrix}1&0\\-\dfrac{1}{R_2}&1\end{bmatrix}.$$

整个电路的传输矩阵为两者的乘积

$$\boldsymbol{A}=\boldsymbol{A}_2\boldsymbol{A}_1=\begin{bmatrix}1&0\\-\dfrac{1}{R_2}&1\end{bmatrix}\begin{bmatrix}1&-R_1\\0&1\end{bmatrix}=\begin{bmatrix}1&-R_1\\-\dfrac{1}{R_2}&1+\dfrac{R_1}{R_2}\end{bmatrix}.$$

实用中通常对比较复杂的网络进行分段,对于这样简单的电路是不分段的,这里只是一个应用举例.

习题 2

1. 设有矩阵 $\boldsymbol{A}_{3\times2}$,$\boldsymbol{B}_{2\times3}$,$\boldsymbol{C}_{3\times3}$,下列运算(　　)可行.

(A) $\boldsymbol{AC}$　　(B) $\boldsymbol{BC}$　　(C) $\boldsymbol{ABC}$　　(D) $\boldsymbol{AB}-\boldsymbol{BC}$

2. 若 $\boldsymbol{A}$ 是(　　),则 $\boldsymbol{A}$ 必为方阵.

(A) 对称矩阵　　(B) 可逆矩阵

(C) n 阶矩阵的转置矩阵　　(D) 线性方程组的系数矩阵

3. 设

$$\boldsymbol{A}=\begin{bmatrix}1&2\\1&3\end{bmatrix},\quad \boldsymbol{B}=\begin{bmatrix}1&0\\1&2\end{bmatrix},$$

问:

(1) $\boldsymbol{AB}=\boldsymbol{BA}$ 吗?

(2) $(\boldsymbol{A}+\boldsymbol{B})^2=\boldsymbol{A}^2+2\boldsymbol{AB}+\boldsymbol{B}^2$ 吗?

(3) $(\boldsymbol{A}+\boldsymbol{B})(\boldsymbol{A}-\boldsymbol{B})=\boldsymbol{A}^2-\boldsymbol{B}^2$ 吗?

4. 指出下列矩阵是什么矩阵.

(1) $\begin{bmatrix}1&0&0\\0&1&0\\0&0&1\end{bmatrix}$；　(2) $\begin{bmatrix}a&0&0\\0&a&0\\0&0&a\end{bmatrix}(a\neq 0)$；　(3) $\begin{bmatrix}1&0&0\\0&-2&0\\0&0&5\end{bmatrix}$；

(4) $\begin{bmatrix}1&0&10\\0&2&4\\10&4&-5\end{bmatrix}$；　(5) $\begin{bmatrix}0&-1&3\\1&0&5\\-3&-5&0\end{bmatrix}$；　(6) $\begin{bmatrix}1&0&0\\0&4&0\\2&-5&3\end{bmatrix}$.

5. 计算.

(1) $\begin{bmatrix}1&6&4\\-4&2&8\end{bmatrix}+\begin{bmatrix}-2&0&1\\2&-3&4\end{bmatrix}$；　(2) $\begin{bmatrix}1&2\\0&1\end{bmatrix}-\begin{bmatrix}2&-2\\0&3\end{bmatrix}$.

6. 设 $\boldsymbol{A}=\begin{bmatrix}x&0\\7&y\end{bmatrix}$，$\boldsymbol{B}=\begin{bmatrix}u&v\\y&2\end{bmatrix}$，$\boldsymbol{C}=\begin{bmatrix}3&-4\\x&v\end{bmatrix}$，且 $\boldsymbol{A}+2\boldsymbol{B}-\boldsymbol{C}=\boldsymbol{O}$，求 x,y,u,v 的值.

7. 计算.

(1) $\begin{bmatrix}4&3&1\\1&-2&3\\5&7&0\end{bmatrix}\begin{bmatrix}7\\2\\1\end{bmatrix}$；　(2) $\begin{bmatrix}1&2&3\\2&4&6\\3&6&9\end{bmatrix}\begin{bmatrix}-1&-2&-4\\-1&-2&-4\\1&2&4\end{bmatrix}$；

(3) $(1,2,3)\begin{bmatrix}3\\2\\1\end{bmatrix}$；　(4) $\begin{bmatrix}3\\2\\1\end{bmatrix}(1,2,3)$；

(5) $\begin{bmatrix}1&2&3\\-2&1&2\end{bmatrix}\begin{bmatrix}1&2&0\\0&1&1\\3&0&-1\end{bmatrix}$；　(6) $\begin{bmatrix}3&1&2&-1\\0&3&1&0\end{bmatrix}\begin{bmatrix}1&0&5\\0&2&0\\1&0&1\\0&3&0\end{bmatrix}\begin{bmatrix}-1&0\\1&5\\0&2\end{bmatrix}$.

8. 设 $\boldsymbol{A}=\begin{bmatrix}1&3\\0&1\end{bmatrix}$，求 $\boldsymbol{A}^n$.

9. 求下列矩阵的逆矩阵.

(1) $\begin{bmatrix}1&2\\2&5\end{bmatrix}$；　(2) $\begin{bmatrix}\cos\theta&-\sin\theta\\\sin\theta&\cos\theta\end{bmatrix}$；

(3) $\begin{bmatrix}2&2&2\\1&2&3\\1&3&6\end{bmatrix}$；　(4) $\begin{bmatrix}1&3&-5&7\\0&1&2&3\\0&0&1&2\\0&0&0&1\end{bmatrix}$.

10. 用初等变换判断下列矩阵是否可逆，如可逆，求其逆矩阵.

(1) $\begin{bmatrix}3&2&1\\3&1&5\\3&2&1\end{bmatrix}$；　(2) $\begin{bmatrix}2&2&-1\\1&-2&4\\5&8&2\end{bmatrix}$；　(3) $\begin{bmatrix}3&-2&0&-1\\0&2&2&1\\1&-2&-3&-2\\0&1&2&1\end{bmatrix}$.

11. 设方阵 $\boldsymbol{A}$ 满足 $\boldsymbol{A}^2-\boldsymbol{A}-2\boldsymbol{E}=\boldsymbol{O}$，证明：$\boldsymbol{A}$ 及 $\boldsymbol{A}-\boldsymbol{E}$ 都可逆，并求 $\boldsymbol{A}^{-1}$ 及 $(\boldsymbol{A}-\boldsymbol{E})^{-1}$.

12. 用逆矩阵解下列矩阵方程.

(1) $\begin{bmatrix}2&5\\1&3\end{bmatrix}\boldsymbol{X}=\begin{bmatrix}4&-6\\2&1\end{bmatrix}$；

(2) $\begin{bmatrix}1 & 4\\-1 & 2\end{bmatrix}\boldsymbol{X}\begin{bmatrix}2 & 0\\-1 & 1\end{bmatrix}=\begin{bmatrix}3 & 1\\0 & -1\end{bmatrix}$;

(3) $\begin{bmatrix}0 & 1 & 0\\1 & 0 & 0\\0 & 0 & 1\end{bmatrix}\boldsymbol{X}\begin{bmatrix}1 & 0 & 0\\0 & 0 & 1\\0 & 1 & 0\end{bmatrix}=\begin{bmatrix}1 & -4 & 3\\2 & 0 & -1\\1 & -2 & 0\end{bmatrix}$.

13. 已知 $\boldsymbol{\alpha}=(1,2,3)$，$\boldsymbol{\beta}=\left(1,\frac{1}{2},\frac{1}{3}\right)$，设矩阵 $\boldsymbol{A}=\boldsymbol{\alpha}^{\mathrm{T}}\boldsymbol{\beta}$，其中 $\boldsymbol{\alpha}^{\mathrm{T}}$ 是 $\boldsymbol{\alpha}$ 的转置，求 $\boldsymbol{A}^n$（n 为正整数）.

14. 设矩阵 $\boldsymbol{A},\boldsymbol{B}$ 满足关系 $\boldsymbol{AB}=\boldsymbol{A}+2\boldsymbol{B}$，$\boldsymbol{A}=\begin{bmatrix}3 & 0 & 1\\1 & 1 & 0\\0 & 1 & 4\end{bmatrix}$，求矩阵 $\boldsymbol{B}$.

15. 按照下面的分块法，求出下列矩阵的逆矩阵.

(1) $\left[\begin{array}{c:cc}5 & 0 & 0\\\hdashline 0 & 3 & 1\\0 & 2 & 1\end{array}\right]$；　　(2) $\left[\begin{array}{cc:cc}2 & 1 & 0 & 0\\3 & 2 & 0 & 0\\\hdashline 0 & 0 & 1 & 8\\0 & 0 & -1 & -6\end{array}\right]$；

16. 设 $\boldsymbol{A}=\begin{bmatrix}-1 & 3 & 1\\0 & 4 & 2\end{bmatrix}$，$\boldsymbol{B}=\begin{bmatrix}4 & 1\\2 & 5\\3 & 4\end{bmatrix}$，$\boldsymbol{C}=\begin{bmatrix}2 & -1\\4 & 2\end{bmatrix}$，试求 $(\boldsymbol{ABC})^{\mathrm{T}}$.

17. 设 $\boldsymbol{A},\boldsymbol{B}$ 为 n 阶方阵，且 $\boldsymbol{A}$ 为对称阵，证明：$\boldsymbol{B}^{\mathrm{T}}\boldsymbol{AB}$ 也是对称阵 .

18. 计算下列行列式.

(1) $\begin{vmatrix}5 & 4\\3 & 2\end{vmatrix}$；　　(2) $\begin{vmatrix}-2 & 3\\-1 & 5\end{vmatrix}$；　　(3) $\begin{vmatrix}\sin x & -\cos x\\\cos x & \sin x\end{vmatrix}$；

(4) $\begin{vmatrix}2 & 1 & 3\\3 & -2 & -1\\1 & 4 & 3\end{vmatrix}$；　　(5) $\begin{vmatrix}1 & -1 & 3\\2 & -1 & 1\\1 & 2 & 0\end{vmatrix}$；　　(6) $\begin{vmatrix}0 & a & 0\\b & 0 & c\\0 & d & 0\end{vmatrix}$.

19. 解下列关于 x 的方程.

(1) $\begin{vmatrix}1 & 1 & 1\\1 & 2 & x\\1 & x & 6\end{vmatrix}=1$；　　(2) $\begin{vmatrix}x & x & 2\\0 & -1 & 1\\1 & 2 & x\end{vmatrix}=0$.

20. 计算下列行列式.

(1) $\begin{vmatrix}1 & 0 & 1\\2 & 1 & 1\\3 & 2 & 1\end{vmatrix}$；　　(2) $\begin{vmatrix}2 & 1 & 4 & -1\\3 & -1 & 2 & -1\\1 & 2 & 3 & -1\\5 & 0 & 6 & -2\end{vmatrix}$；

(3) $\begin{vmatrix}4 & 3 & 2 & 1\\3 & 2 & 1 & 4\\2 & 1 & 4 & 3\\1 & 4 & 3 & 2\end{vmatrix}$；　　(4) $\begin{vmatrix}2 & -5 & 3 & -2\\-3 & 7 & -1 & 4\\7 & -9 & 2 & 7\\4 & -6 & 4 & 9\end{vmatrix}$；

(5) $\begin{vmatrix} 4 & 1 & 2 & 4 \\ 1 & 2 & 0 & 2 \\ 10 & 5 & 2 & 0 \\ 0 & 1 & 1 & 7 \end{vmatrix}$；　　(6) $\begin{vmatrix} 1+x & 1 & 1 & 1 \\ 1 & 1-x & 1 & 1 \\ 1 & 1 & 1+y & 1 \\ 1 & 1 & 1 & 1-y \end{vmatrix}$.

21. 证明下列等式.

(1) $\begin{vmatrix} a^2 & ab & b^2 \\ 2a & a+b & 2b \\ 1 & 1 & 1 \end{vmatrix}=(a-b)^3$；

(2) $\begin{vmatrix} b+c & c+a & a+b \\ b_1+c_1 & c_1+a_1 & a_1+b_1 \\ b_2+c_2 & c_2+a_2 & a_2+b_2 \end{vmatrix}=2\begin{vmatrix} a & b & c \\ a_1 & b_1 & c_1 \\ a_2 & b_2 & c_2 \end{vmatrix}$.

22. 计算下列行列式.

(1) $\begin{vmatrix} 2 & -3 & 4 & 1 \\ 4 & 2 & 3 & 2 \\ 1 & 0 & 2 & 0 \\ 3 & -1 & 4 & 0 \end{vmatrix}$；　(2) $\begin{vmatrix} 1 & 2 & -1 & 1 \\ 3 & 0 & 1 & 2 \\ 1 & -1 & 2 & 1 \\ 1 & 0 & 3 & -2 \end{vmatrix}$；　(3) $\begin{vmatrix} 1 & a & a^2 & a^3 \\ 1 & b & b^2 & b^3 \\ 1 & c & c^2 & c^3 \\ 1 & d & d^2 & d^3 \end{vmatrix}$.

23. 计算下列 n 阶行列式.

(1) $\begin{vmatrix} a & b & b & \cdots & b \\ b & a & b & \cdots & b \\ b & b & a & \cdots & b \\ \vdots & \vdots & \vdots & & \vdots \\ b & b & b & \cdots & a \end{vmatrix}$；　(2) $\begin{vmatrix} 1 & 2 & 2 & \cdots & 2 \\ 2 & 2 & 2 & \cdots & 2 \\ 2 & 2 & 3 & \cdots & 2 \\ \vdots & \vdots & \vdots & & \vdots \\ 2 & 2 & 2 & \cdots & n \end{vmatrix}$.

24. k 为何值时，方程组$\begin{cases} kx+y+z=0, \\ x+ky-z=0, \\ 2x-y+z=0 \end{cases}$仅有零解？

25. 当 λ 取何值时，方程组$\begin{cases} (1-\lambda)x_1-2x_2+4x_3=0, \\ 2x_1+(3-\lambda)x_2+x_3=0, \\ x_1+x_2+(1-\lambda)x_3=0 \end{cases}$有非零解？

26. 设 $\mathbf{A}=\begin{bmatrix} 1 & a & -1 & 2 \\ 0 & -1 & a & 2 \\ 1 & 0 & -1 & 2 \end{bmatrix}$，且 $R(\mathbf{A})=2$，求 a.

27. 求下列矩阵的秩，并求一个最高阶非零子式.

(1) $\begin{bmatrix} 3 & 1 & 0 & 2 \\ 1 & -1 & 3 & -1 \\ 1 & 3 & -4 & -4 \end{bmatrix}$；　(2) $\begin{bmatrix} 3 & 2 & -1 & 3 & -1 \\ 2 & -1 & 3 & 1 & -3 \\ 7 & 0 & 5 & -1 & -8 \end{bmatrix}$.

28. 设 $\mathbf{A}=\begin{bmatrix} 1 & 0 & 0 \\ 2 & 2 & 0 \\ 3 & 4 & 5 \end{bmatrix}$，$\mathbf{A}^*$ 是 $\mathbf{A}$ 的伴随矩阵，求 $(\mathbf{A}^*)^{-1}$.

第 3 章　线性方程组

线性方程组的理论是线性代数的重要内容. 第 2 章里已经介绍了用高斯消元法解线性方程组这一基本方法,深入讨论线性方程组的解的存在与结构问题,必须了解方程组中各个方程之间的关系,即研究有序数组之间的关系. 因此本章首先引入 n 维向量(有序数组)的概念并定义它的线性运算,从理论上研究了向量组的线性相关性,最终得到线性方程组解的结构及解的存在性定理.

3.1　向量与向量组的线性组合

3.1.1　n 维向量及其运算

从代数的角度看,平面直角坐标系和空间直角坐标系下的几何向量分别是二维和三维数组. 因此借用解析几何中的名称,把有序的数组称为向量. n 维向量是二维、三维向量的推广,虽然四维以上的向量没有几何意义,但却在日常生活和工作中随处可见.

例 3.1.1　确定空中飞机的状态,需要 6 个参数:飞机重心在空间的位置 x, y, z,机身的水平转角 $\theta(0\leqslant\theta\leqslant\pi)$,机身的仰角 $\varphi\left(-\dfrac{\pi}{2}\leqslant\varphi\leqslant\dfrac{\pi}{2}\right)$,机翼(以机身为轴)的转角 $\psi(-\pi<\psi\leqslant\pi)$,这 6 个参数构成一个有序数组 $(x,y,z,\theta,\varphi,\psi)$,即为 6 维向量.

下面给出 n 维向量的定义.

定义 3.1　n 个数 $a_1,a_2,\cdots,a_n$ 所组成的有序数组称为 **n 维向量**,记为 $(a_1,a_2,\cdots,a_n)$,通常用小写的希腊字母 $\boldsymbol{\alpha},\boldsymbol{\beta},\boldsymbol{\gamma}$ 等表示. 而这 n 个数称为该向量的 n 个分量,第 i 个数 a_i 称为第 i 个分量.

分量为实数的向量称为**实向量**,分量为复数的向量称为**复向量**.

一般称 $\boldsymbol{\alpha}=(a_1,a_2,\cdots,a_n)$ 为 n 维行向量,$\boldsymbol{\beta}=\begin{bmatrix}b_1\\b_2\\\vdots\\b_n\end{bmatrix}$ 为 n 维列向量.

由于向量可以看成特殊矩阵,行向量可以看成行矩阵,因此,把 n 维列向量

$\boldsymbol{\beta}=\begin{bmatrix}b_1\\b_2\\\vdots\\b_n\end{bmatrix}$ 与 n 维行向量 $\boldsymbol{\beta}^{\mathrm{T}}=(b_1,b_2,\cdots,b_n)$ 视为两个不同的向量.

所有分量均为零的向量称为**零向量**,零向量记为 $\mathbf{0}=(0,0,\cdots,0)$.

称 $-\boldsymbol{\alpha}=(-a_1,-a_2,\cdots,-a_n)$ 为向量 $\boldsymbol{\alpha}=(a_1,a_2,\cdots,a_n)$ 的负向量.

两个 n 维向量相等的充要条件为它们各对应的分量相等,即 $\boldsymbol{\alpha}=(a_1,a_2,\cdots,a_n)$, $\boldsymbol{\beta}=(b_1,b_2,\cdots,b_n)$, $\boldsymbol{\alpha}=\boldsymbol{\beta}$ 的充分必要条件是 $a_i=b_i(i=1,2,\cdots,n)$.

设 n 维向量 $\boldsymbol{\alpha}=(a_1,a_2,\cdots,a_n)$ 与 $\boldsymbol{\beta}=(b_1,b_2,\cdots,b_n)$,则有如下定义.

定义 3.2　$\boldsymbol{\alpha}$ 与 $\boldsymbol{\beta}$ 的和记为 $\boldsymbol{\alpha}+\boldsymbol{\beta}$,且 $\boldsymbol{\alpha}+\boldsymbol{\beta}=(a_1+b_1,a_2+b_2,\cdots,a_n+b_n)$.

$\boldsymbol{\alpha}$ 与 $\boldsymbol{\beta}$ 的差记为 $\boldsymbol{\alpha}-\boldsymbol{\beta}$,即 $\boldsymbol{\alpha}-\boldsymbol{\beta}=\boldsymbol{\alpha}+(-\boldsymbol{\beta})=(a_1-b_1,a_2-b_2,\cdots,a_n-b_n)$.

常数 λ 与向量 $\boldsymbol{\alpha}$ 的数乘向量记为 $\lambda\boldsymbol{\alpha}$,即 $\lambda\boldsymbol{\alpha}=(\lambda a_1,\lambda a_2,\cdots,\lambda a_n)$.

显然向量的加法与数乘和矩阵的加法与数乘类似,向量的加法与数乘运算统称为向量的线性运算.

定义 3.3　所有 n 维实向量构成的集合记为 $\mathbf{R}^n$,称 $\mathbf{R}^n$ **为实 n 维向量空间**,它是指在 $\mathbf{R}^n$ 中定义了加法和数乘这两种运算,且这两种运算满足下面 8 条运算规律:

(1) $\boldsymbol{\alpha}+\boldsymbol{\beta}=\boldsymbol{\beta}+\boldsymbol{\alpha}$ (加法交换律);

(2) $(\boldsymbol{\alpha}+\boldsymbol{\beta})+\boldsymbol{\gamma}=\boldsymbol{\alpha}+(\boldsymbol{\beta}+\boldsymbol{\gamma})$ (加法结合律);

(3) $\boldsymbol{\alpha}+\mathbf{0}=\boldsymbol{\alpha}$;

(4) $\boldsymbol{\alpha}+(-\boldsymbol{\alpha})=\mathbf{0}$;

(5) $1\cdot\boldsymbol{\alpha}=\boldsymbol{\alpha}$;

(6) $(\lambda\mu)\boldsymbol{\alpha}=\lambda(\mu\boldsymbol{\alpha})$ (数乘结合律);

(7) $(\lambda+\mu)\boldsymbol{\alpha}=\lambda\boldsymbol{\alpha}+\mu\boldsymbol{\alpha}$ (数乘分配律);

(8) $\lambda(\boldsymbol{\alpha}+\boldsymbol{\beta})=\lambda\boldsymbol{\alpha}+\lambda\boldsymbol{\beta}$ (数乘分配律).

设 V 是 n 维向量空间 $\mathbf{R}^n$ 的一个非空子集,对于 $\mathbf{R}^n$ 的运算,V 在一定条件下也构成一 n 维向量空间,因为 V 中的向量经过线性运算会产生另一 n 维向量. 为了使 V 为向量空间,V 中的向量经过线性运算所得的新向量必须仍在 V 中.

定义 3.4　设 V 是 $\mathbf{R}^n$ 的一个非空子集,若 V 关于 $\mathbf{R}^n$ 所定义的加法和数乘满足:$\forall\boldsymbol{\alpha},\boldsymbol{\beta}\in V,k\in\mathbf{R}$,有 $k\boldsymbol{\alpha}\in V,\boldsymbol{\alpha}+\boldsymbol{\beta}\in V$,则称 V 是 $\mathbf{R}^n$ 的一个子空间.

例 3.1.2　设 $V=\{(x_1,x_2)\mid x_2=3x_1\}\subset\mathbf{R}^2$.

显然对 V 中任意一元素 $(c,3c)$ 和实数 k,有 $k(c,3c)=(kc,3kc)\in V$;

对 V 中任意两个元素 $(c,3c)$ 和 $(b,3b)$,有 $(c,3c)+(b,3b)=(c+b,3(c+b))\in V$.

显然 V 对于 $\mathbf{R}^2$ 的线性运算是一向量空间.

例 3.1.3　设 $V=\{(x_1,x_2,x_3)\mid x_1-x_2+x_3=1\}\subset\mathbf{R}^3$.

可以验证 V 不是 $\mathbf{R}^3$ 的一个子空间,实际上,若取 $(1,0,0)\in V$,显然 $k(1,0,0)\notin V(k\neq 1)$.

下面我们将进一步研究向量之间的关系 .

3.1.2　向量组的线性组合

例 3.1.4　某企业生产两种产品,生产 1 美元价值的产品 A 需耗费 0.45 美元材料费用、0.15 美元劳务费用、0.09 美元管理费用;生产 1 美元价值的产品 B,公司需耗费 0.40 美元材料费用、0.25 美元劳务费用、0.10 美元管理费用. 设

$$\boldsymbol{\alpha}=\begin{bmatrix}0.45\\0.15\\0.09\end{bmatrix},\quad \boldsymbol{\beta}=\begin{bmatrix}0.40\\0.25\\0.10\end{bmatrix},$$

向量 $\boldsymbol{\alpha}$ 和 $\boldsymbol{\beta}$ 分别称为产品 A 和 B 的"单位美元产出成本",问:

(1) 向量 $100\boldsymbol{\alpha}$ 的实际意义是什么?

(2) 设公司希望生产价值 x_1 美元产品 A 和价值 x_2 美元产品 B. 试给出描述该公司所花费的各部分成本(材料费用、劳务费用、管理费用)的向量.

解　(1) 显然

$$100\boldsymbol{\alpha}=100\begin{bmatrix}0.45\\0.15\\0.09\end{bmatrix}=\begin{bmatrix}45\\15\\9\end{bmatrix},$$

$100\boldsymbol{\alpha}$ 的实际意义为生产价值 100 美元的产品 A 所需的各种成本:材料费用 45 美元,劳务费用 15 美元,管理费用 9 美元.

(2) 生产价值 x_1 美元产品 A 和价值 x_2 美元产品 B 所花费的总的各部分成本(材料费用、劳务费用、管理费用)的向量为 $x_1\boldsymbol{\alpha}+x_2\boldsymbol{\beta}=\begin{bmatrix}0.45x_1+0.40x_2\\0.15x_1+0.25x_2\\0.09x_1+0.10x_2\end{bmatrix}$.

一般情况下,两个向量之间最简单的关系是成比例,即指存在一个数 k,使得 $\boldsymbol{\beta}=k\cdot\boldsymbol{\alpha}$ 或 $\boldsymbol{\alpha}=k\cdot\boldsymbol{\beta}$.

多个向量之间的比例关系,表现为线性组合的关系. 例如,向量 $\boldsymbol{\alpha}_1=(2,0,1,-1)$,$\boldsymbol{\alpha}_2=(0,0,2,1)$,$\boldsymbol{\alpha}_3=(2,0,5,1)$,可以看出 $\boldsymbol{\alpha}_3=\boldsymbol{\alpha}_1+2\boldsymbol{\alpha}_2$,这时就称 $\boldsymbol{\alpha}_3$ 是 $\boldsymbol{\alpha}_1,\boldsymbol{\alpha}_2$ 的线性组合. 推广到一般情况,有如下定义.

定义 3.5　对于给定的 n 维向量 $\boldsymbol{\alpha}_1,\boldsymbol{\alpha}_2,\cdots,\boldsymbol{\alpha}_m,\boldsymbol{\beta}$,如果存在一组常数 $k_1,k_2,\cdots,k_m$,使得 $\boldsymbol{\beta}=k_1\boldsymbol{\alpha}_1+k_2\boldsymbol{\alpha}_2+\cdots+k_m\boldsymbol{\alpha}_m$ 成立,则称**向量 $\boldsymbol{\beta}$ 是向量组 $\boldsymbol{\alpha}_1,\boldsymbol{\alpha}_2,\cdots,\boldsymbol{\alpha}_m$ 的线性组合**,或称向量 $\boldsymbol{\beta}$ 可由向量组 $\boldsymbol{\alpha}_1,\boldsymbol{\alpha}_2,\cdots,\boldsymbol{\alpha}_m$ 线性表示,其中 $k_1,k_2,\cdots,k_m$ 称

为该组合的系数或该表示的系数. 所有由 $\boldsymbol{\alpha}_1,\boldsymbol{\alpha}_2,\cdots,\boldsymbol{\alpha}_m$ 的线性组合所构成的向量集合用 $L(\boldsymbol{\alpha}_1,\boldsymbol{\alpha}_2,\cdots,\boldsymbol{\alpha}_m)$ 表示,即

$$L(\boldsymbol{\alpha}_1,\boldsymbol{\alpha}_2,\cdots,\boldsymbol{\alpha}_m)=\{\boldsymbol{\gamma}\mid\boldsymbol{\gamma}=x_1\boldsymbol{\alpha}_1+x_2\boldsymbol{\alpha}_2+\cdots+x_m\boldsymbol{\alpha}_m,x_1,x_2,\cdots,x_m\in\mathbf{R}\}.$$

例 3.1.5 零向量是任一向量组的线性组合.

设 $\boldsymbol{\alpha}_1,\boldsymbol{\alpha}_2,\cdots,\boldsymbol{\alpha}_m$ 为任一向量组,显然有 $\mathbf{0}=0\cdot\boldsymbol{\alpha}_1+0\cdot\boldsymbol{\alpha}_2+\cdots+0\cdot\boldsymbol{\alpha}_m$.

例 3.1.6 向量组 $\boldsymbol{\alpha}_1,\boldsymbol{\alpha}_2,\cdots,\boldsymbol{\alpha}_m$ 中任一向量都可以用这个向量组线性表示.

因为

$$\boldsymbol{\alpha}_i=0\cdot\boldsymbol{\alpha}_1+0\cdot\boldsymbol{\alpha}_2+\cdots+0\cdot\boldsymbol{\alpha}_{i-1}+1\cdot\boldsymbol{\alpha}_i+0\cdot\boldsymbol{\alpha}_{i+1}+\cdots+0\cdot\boldsymbol{\alpha}_m,$$

所以 $\boldsymbol{\alpha}_i(i=1,2,\cdots,m)$ 可由 $\boldsymbol{\alpha}_1,\boldsymbol{\alpha}_2,\cdots,\boldsymbol{\alpha}_m$ 线性表示.

例 3.1.7 任意一个 n 维向量 $\boldsymbol{\alpha}$ 都可由 n 维向量组 $\boldsymbol{\varepsilon}_1,\boldsymbol{\varepsilon}_2,\cdots,\boldsymbol{\varepsilon}_n$ 线性表示,其中

$$\boldsymbol{\varepsilon}_1=\begin{bmatrix}1\\0\\\vdots\\0\end{bmatrix},\boldsymbol{\varepsilon}_2=\begin{bmatrix}0\\1\\\vdots\\0\end{bmatrix},\cdots,\boldsymbol{\varepsilon}_n=\begin{bmatrix}0\\0\\\vdots\\1\end{bmatrix}.$$

事实上,若 $\boldsymbol{\alpha}=(k_1,k_2,\cdots,k_n)$,则 $\boldsymbol{\alpha}=k_1\boldsymbol{\varepsilon}_1+k_2\boldsymbol{\varepsilon}_2+\cdots+k_n\boldsymbol{\varepsilon}_n$,所以任意一个 n 维向量 $\boldsymbol{\alpha}$ 都可由向量组 $\boldsymbol{\varepsilon}_1,\boldsymbol{\varepsilon}_2,\cdots,\boldsymbol{\varepsilon}_n$ 线性表示,其中 $\boldsymbol{\varepsilon}_1,\boldsymbol{\varepsilon}_2,\cdots,\boldsymbol{\varepsilon}_n$ 也称为 n **维基本单位向量组**.

对于给定的向量 $\boldsymbol{\beta}$ 和向量组 $\boldsymbol{\alpha}_1,\boldsymbol{\alpha}_2,\cdots,\boldsymbol{\alpha}_m$,如何判断向量 $\boldsymbol{\beta}$ 能否由向量组 $\boldsymbol{\alpha}_1,\boldsymbol{\alpha}_2,\cdots,\boldsymbol{\alpha}_m$ 线性表示呢? 显然该问题取决于能否找到一组常数 $k_1,k_2,\cdots,k_m$,使得 $\boldsymbol{\beta}=k_1\boldsymbol{\alpha}_1+k_2\boldsymbol{\alpha}_2+\cdots+k_m\boldsymbol{\alpha}_m$ 成立,下面举例说明判断的方法.

例 3.1.8 设 $\boldsymbol{\beta}=(1,2),\boldsymbol{\alpha}_1=(1,-3),\boldsymbol{\alpha}_2=(2,-6)$,求证 $\boldsymbol{\beta}$ 不能由向量组 $\boldsymbol{\alpha}_1,\boldsymbol{\alpha}_2$ 线性表示.

证 设 k_1,k_2 为两个常数,$\boldsymbol{\beta}=k_1\boldsymbol{\alpha}_1+k_2\boldsymbol{\alpha}_2$ 成立,比较等式两端的向量对应的分量,得 $\begin{cases}k_1+2k_2=1,\\-3k_1-6k_2=2,\end{cases}$ 显然该线性方程组无解,说明使得 $\boldsymbol{\beta}=k_1\boldsymbol{\alpha}_1+k_2\boldsymbol{\alpha}_2$ 的 k_1,k_2 不存在,所以 $\boldsymbol{\beta}$ 不能由向量组 $\boldsymbol{\alpha}_1,\boldsymbol{\alpha}_2$ 线性表示.

例 3.1.9 证明向量 $\boldsymbol{\beta}=(-1,1,5)^{\mathrm{T}}$ 是向量组 $\boldsymbol{\alpha}_1=(1,2,3)^{\mathrm{T}},\boldsymbol{\alpha}_2=(0,1,4)^{\mathrm{T}}$,$\boldsymbol{\alpha}_3=(2,3,6)^{\mathrm{T}}$ 的线性组合,并具体将 $\boldsymbol{\beta}$ 用向量组 $\boldsymbol{\alpha}_1,\boldsymbol{\alpha}_2,\boldsymbol{\alpha}_3$ 线性表示.

证一 设 $\boldsymbol{A}=(\boldsymbol{\alpha}_1,\boldsymbol{\alpha}_2,\boldsymbol{\alpha}_3)=\begin{bmatrix}1&0&2\\2&1&3\\3&4&6\end{bmatrix},\boldsymbol{X}=\begin{bmatrix}x_1\\x_2\\x_3\end{bmatrix},\boldsymbol{b}=\boldsymbol{\beta}=\begin{bmatrix}-1\\1\\5\end{bmatrix}$,只需考虑 $\boldsymbol{AX}=\boldsymbol{b}$ 有解,其中

$$\overline{\mathbf{A}}=\left[\begin{array}{ccc:c}1&0&2&-1\\2&1&3&1\\3&4&6&5\end{array}\right]\rightarrow\left[\begin{array}{ccc:c}1&0&2&-1\\0&1&-1&3\\0&4&0&8\end{array}\right]\rightarrow\left[\begin{array}{ccc:c}1&0&2&-1\\0&1&-1&3\\0&0&4&-4\end{array}\right]$$

$$\rightarrow\left[\begin{array}{ccc:c}1&0&2&-1\\0&1&-1&3\\0&0&1&-1\end{array}\right]\rightarrow\left[\begin{array}{ccc:c}1&0&0&1\\0&1&0&2\\0&0&1&-1\end{array}\right],$$

即得 $x_1=1,x_2=2,x_3=-1$,所以 $\boldsymbol{\beta}$ 可以用向量组 $\boldsymbol{\alpha}_1,\boldsymbol{\alpha}_2,\boldsymbol{\alpha}_3$ 线性表示,且线性关系为 $\boldsymbol{\beta}=\boldsymbol{\alpha}_1+2\boldsymbol{\alpha}_2-\boldsymbol{\alpha}_3$.

证二 设 x_1,x_2,x_3 为使 $\boldsymbol{\beta}=x_1\boldsymbol{\alpha}_1+x_2\boldsymbol{\alpha}_2+x_3\boldsymbol{\alpha}_3$ 成立的三个常数,则有

$$\begin{cases}x_1+0\cdot x_2+2x_3=-1,\\2x_1+x_2+3x_3=1,\\3x_1+4x_2+6x_3=5,\end{cases}$$

该线性方程组的系数行列式 $D=\begin{vmatrix}1&0&2\\2&1&3\\3&4&6\end{vmatrix}=4\neq0$.

由克拉默法则得线性方程组有唯一解,说明 $\boldsymbol{\beta}$ 能由向量组 $\boldsymbol{\alpha}_1,\boldsymbol{\alpha}_2,\boldsymbol{\alpha}_3$ 线性表示. 由克拉默法则得 $x_1=1,x_2=2,x_3=-1$,即 $\boldsymbol{\beta}=\boldsymbol{\alpha}_1+2\boldsymbol{\alpha}_2-\boldsymbol{\alpha}_3$.

一般地,有如下定理.

定理 3.1 设有向量

$$\boldsymbol{\alpha}_1=\begin{bmatrix}a_{11}\\a_{21}\\\vdots\\a_{m1}\end{bmatrix},\boldsymbol{\alpha}_2=\begin{bmatrix}a_{12}\\a_{22}\\\vdots\\a_{m2}\end{bmatrix},\cdots,\boldsymbol{\alpha}_n=\begin{bmatrix}a_{1n}\\a_{2n}\\\vdots\\a_{mn}\end{bmatrix},\boldsymbol{\beta}=\begin{bmatrix}b_1\\b_2\\\vdots\\b_m\end{bmatrix},$$

则 $\boldsymbol{\beta}$ 可由向量组 $\boldsymbol{\alpha}_1,\boldsymbol{\alpha}_2,\cdots,\boldsymbol{\alpha}_n$ 线性表示的充分必要条件为线性方程组

$$\begin{cases}a_{11}x_1+a_{12}x_2+\cdots+a_{1n}x_n=b_1,\\a_{21}x_1+a_{22}x_2+\cdots+a_{2n}x_n=b_2,\\\qquad\cdots\cdots\\a_{m1}x_1+a_{m2}x_2+\cdots+a_{mn}x_n=b_m\end{cases}$$

有解,即 $\boldsymbol{AX}=\boldsymbol{\beta}$ 有解,其中 $\boldsymbol{A}=(\boldsymbol{\alpha}_1,\boldsymbol{\alpha}_2,\cdots,\boldsymbol{\alpha}_n)$.

证 $\boldsymbol{\beta}$ 可由向量组 $\boldsymbol{\alpha}_1,\boldsymbol{\alpha}_2,\cdots,\boldsymbol{\alpha}_n$ 线性表示$\Leftrightarrow$存在一组常数 $k_1,k_2,\cdots,k_n$,使得 $\boldsymbol{\beta}=k_1\boldsymbol{\alpha}_1+k_2\boldsymbol{\alpha}_2+\cdots+k_n\boldsymbol{\alpha}_n$ 成立,即

$$\begin{bmatrix}b_1\\b_2\\\vdots\\b_m\end{bmatrix}=k_1\begin{bmatrix}a_{11}\\a_{21}\\\vdots\\a_{m1}\end{bmatrix}+k_2\begin{bmatrix}a_{12}\\a_{22}\\\vdots\\a_{m2}\end{bmatrix}+\cdots+k_n\begin{bmatrix}a_{1n}\\a_{2n}\\\vdots\\a_{mn}\end{bmatrix}$$

$\Leftrightarrow$线性方程组$\begin{cases}a_{11}x_1+a_{12}x_2+\cdots+a_{1n}x_n=b_1,\\a_{21}x_1+a_{22}x_2+\cdots+a_{2n}x_n=b_2,\\\qquad\cdots\cdots\\a_{m1}x_1+a_{m2}x_2+\cdots+a_{mn}x_n=b_m\end{cases}$有解,且 $k_1,k_2,\cdots,k_n$ 为以上方程组

的一个解.

定义 3.6 设有两个向量组:

(A) $\boldsymbol{\alpha}_1,\boldsymbol{\alpha}_2,\cdots,\boldsymbol{\alpha}_m$;

(B) $\boldsymbol{\beta}_1,\boldsymbol{\beta}_2,\cdots,\boldsymbol{\beta}_s$.

若向量组(A)中的每个向量均可由向量组(B)线性表示,则称**向量组(A)可由向量组(B)线性表示**.

若向量组(A)和向量组(B)可以互相线性表示,则称**向量组(A)与向量组(B)等价**.

向量组的等价有如下性质:

(1) **反身性** 即每一个向量组都与自身等价;

(2) **对称性** 若向量组(A)与向量组(B)等价,则向量组(B)与向量组(A)也等价;

(3) **传递性** 若向量组(A)与向量组(B)等价,向量组(B)与向量组(C)等价,则向量组(A)与向量组(C)也等价.

例 3.1.10 设向量组

(A) $\boldsymbol{\varepsilon}_1=(1,0,0),\boldsymbol{\varepsilon}_2=(0,1,0),\boldsymbol{\varepsilon}_3=(0,0,1)$;

(B) $\boldsymbol{\alpha}_1=(1,0,0),\boldsymbol{\alpha}_2=(1,1,0),\boldsymbol{\alpha}_3=(1,1,1)$;

(C) $\boldsymbol{\beta}_1=(0,0,0),\boldsymbol{\beta}_2=(1,1,0),\boldsymbol{\beta}_3=(1,0,0)$.

试判断三个向量组是否等价.

解 先考察向量组(A)与(B):显然(B)可以用(A)线性表示,又

$$\boldsymbol{\varepsilon}_1=\boldsymbol{\alpha}_1,\quad \boldsymbol{\varepsilon}_2=\boldsymbol{\alpha}_2-\boldsymbol{\alpha}_1,\quad \boldsymbol{\varepsilon}_3=\boldsymbol{\alpha}_3-\boldsymbol{\alpha}_2,$$

即(A)可以用(B)线性表示,故向量组(A)与向量组(B)等价.

再考察向量组(A)与(C):显然(C)可以用(A)线性表示,但(A)中 $\boldsymbol{\varepsilon}_3$ 不能用(C)中的向量线性表示,故向量组(A)与向量组(C)不等价;由等价的传递性得向量组(B)与向量组(C)也不等价.

3.2 向量组的线性相关性

3.2.1 线性相关与线性无关

例 3.2.1(配方问题) 一个混凝土生产企业可以生产 3 种不同型号的混凝土.具体的配方比例见表 3.1.

表 3.1　配方比例

原料	型号		
	型号 1	型号 2	型号 3
水泥	22	26	18
沙子	32	31	29
煤灰	0	3	8
石头	46	40	45

问能否用其中的两种来配出第 3 种.

分析　把每种型号的混凝土的配方写成一个四维的列向量,即设 $\boldsymbol{\alpha}_1=(22,32,0,46)^{\mathrm{T}}$,$\boldsymbol{\alpha}_2=(26,31,3,40)^{\mathrm{T}}$,$\boldsymbol{\alpha}_3=(18,29,8,45)^{\mathrm{T}}$,能否用其中的两种来配出第 3 种,这个问题就变成了是否存在不全为零的常数 x_1,x_2,x_3,使 $x_1\boldsymbol{\alpha}_1+x_2\boldsymbol{\alpha}_2+x_3\boldsymbol{\alpha}_3=\mathbf{0}$,即齐次方程组 $\boldsymbol{AX}=\mathbf{0}$(其中 $\boldsymbol{A}=(\boldsymbol{\alpha}_1,\boldsymbol{\alpha}_2,\boldsymbol{\alpha}_3)$,$\boldsymbol{X}=(x_1,x_2,x_3)^{\mathrm{T}}$)是否有非零解的问题. 若有非零解就可以配出,若只有零解则无法配出. 用高斯消元法可得该方程组只有零解,故不能用其中的两种配出第 3 种.

下面重述空间向量共线和共面的几何解释.

若 $\boldsymbol{\alpha}$ 与 $\boldsymbol{\beta}$ 共线,则 $\boldsymbol{\alpha}=k\cdot\boldsymbol{\beta}(k\in\mathbf{R})$,这等价于存在一组不全为零的常数 k_1,k_2 使得 $k_1\boldsymbol{\alpha}+k_2\boldsymbol{\beta}=\mathbf{0}$,若 $\boldsymbol{\alpha}$ 与 $\boldsymbol{\beta}$ 不共线,则只有当 k_1,k_2 全为零时才有 $k_1\boldsymbol{\alpha}+k_2\boldsymbol{\beta}=\mathbf{0}$.

若 $\boldsymbol{\alpha},\boldsymbol{\beta},\boldsymbol{\gamma}$ 共面,则至少一个向量可以用另外两个向量线性表示,如图 3.1 所示(两种情况),假设 $\boldsymbol{\alpha}=x_1\boldsymbol{\beta}+x_2\boldsymbol{\gamma}$,这等价于存在不全为零的三个数 k_1,k_2,k_3,使 $k_1\boldsymbol{\alpha}+k_2\boldsymbol{\beta}+k_3\boldsymbol{\gamma}=\mathbf{0}$;若三个向量 $\boldsymbol{\alpha},\boldsymbol{\beta},\boldsymbol{\gamma}$ 不共面(假设如图 3.2 所示),则任一个向量都不能由其余两个向量线性表示,即只有在 k_1,k_2,k_3 全为零时,才有

$$k_1\boldsymbol{\alpha}+k_2\boldsymbol{\beta}+k_3\boldsymbol{\gamma}=\mathbf{0}.$$

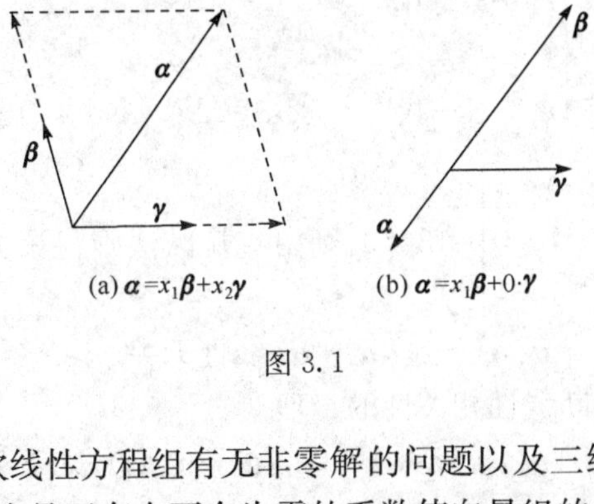

图 3.1

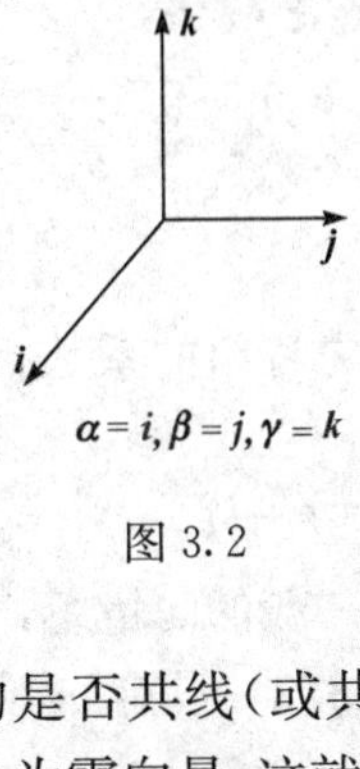

图 3.2

齐次线性方程组有无非零解的问题以及三维向量的是否共线(或共面)的问题,归结为是否存在不全为零的系数使向量组的线性组合为零向量,这就是向量组

的线性相关性.

一般地,n 维向量组的线性相关性有如下定义.

定义 3.7 对于向量组 $\boldsymbol{\alpha}_1,\boldsymbol{\alpha}_2,\cdots,\boldsymbol{\alpha}_m$,若存在一组不全为零的常数 $k_1,k_2,\cdots,k_m$,使得 $k_1\boldsymbol{\alpha}_1+k_2\boldsymbol{\alpha}_2+\cdots+k_m\boldsymbol{\alpha}_m=\mathbf{0}$成立,则称**向量组** $\boldsymbol{\alpha}_1,\boldsymbol{\alpha}_2,\cdots,\boldsymbol{\alpha}_m$ **线性相关**;否则,称向量组 $\boldsymbol{\alpha}_1,\boldsymbol{\alpha}_2,\cdots,\boldsymbol{\alpha}_m$ **线性无关**,即当且仅当 $k_1=k_2=\cdots=k_m=0$ 时,$k_1\boldsymbol{\alpha}_1+k_2\boldsymbol{\alpha}_2+\cdots+k_m\boldsymbol{\alpha}_m=\mathbf{0}$才成立.

由定义得以下结论.

(1) 只含一个向量的向量组线性相关的充分必要条件是该向量为零向量;只含一个向量的向量组线性无关的充分必要条件为该向量为非零向量.

(2) 两个向量线性相(无)关的充分必要条件为两向量的各分量对应(不)成比例.

(3) 若向量组中有一部分向量(称为部分组)线性相关,则整个向量组线性相关;若整个向量组线性无关,则其任何一部分组都线性无关.

证 设向量组 $\boldsymbol{\alpha}_1,\boldsymbol{\alpha}_2,\cdots,\boldsymbol{\alpha}_m$ 中 $\boldsymbol{\alpha}_1,\boldsymbol{\alpha}_2,\cdots,\boldsymbol{\alpha}_r(r<m)$线性相关,则有不全为零的 r 个常数 $k_1,k_2,\cdots,k_r$ 使 $k_1\boldsymbol{\alpha}_1+k_2\boldsymbol{\alpha}_2+\cdots+k_r\boldsymbol{\alpha}_r=\mathbf{0}$,因而存在不全为零的 m 个常数 $k_1,k_2,\cdots,k_r,0,\cdots,0$,使 $k_1\boldsymbol{\alpha}_1+k_2\boldsymbol{\alpha}_2+\cdots+k_r\boldsymbol{\alpha}_r+0\cdot\boldsymbol{\alpha}_{r+1}+\cdots+0\cdot\boldsymbol{\alpha}_m=\mathbf{0}$成立,即整个向量组线性相关.

这一结论的第二部分可用反证法证明.

(4) 含有零向量的向量组线性相关.(证明略)

例 3.2.2 设向量组 $\boldsymbol{\alpha}_1,\boldsymbol{\alpha}_2,\boldsymbol{\alpha}_3$ 线性无关,证明:$\boldsymbol{\alpha}_1+\boldsymbol{\alpha}_2,\boldsymbol{\alpha}_2+\boldsymbol{\alpha}_3,\boldsymbol{\alpha}_3+\boldsymbol{\alpha}_1$ 线性无关.

证 设 $k_1(\boldsymbol{\alpha}_1+\boldsymbol{\alpha}_2)+k_2(\boldsymbol{\alpha}_2+\boldsymbol{\alpha}_3)+k_3(\boldsymbol{\alpha}_3+\boldsymbol{\alpha}_1)=\mathbf{0}$,即

$$(k_1+k_3)\boldsymbol{\alpha}_1+(k_1+k_2)\boldsymbol{\alpha}_2+(k_2+k_3)\boldsymbol{\alpha}_3=\mathbf{0},$$

又向量组 $\boldsymbol{\alpha}_1,\boldsymbol{\alpha}_2,\boldsymbol{\alpha}_3$ 线性无关, 所以有

$$\begin{cases}k_1+k_3=0,\\ k_1+k_2=0,\\ k_2+k_3=0.\end{cases}$$

由于方程组的系数行列式 $\begin{vmatrix}1&0&1\\1&1&0\\0&1&1\end{vmatrix}=2\neq0$,则由克拉默法则得该方程组只有零解,即 $k_1=k_2=k_3=0$. 所以 $\boldsymbol{\alpha}_1+\boldsymbol{\alpha}_2,\boldsymbol{\alpha}_2+\boldsymbol{\alpha}_3,\boldsymbol{\alpha}_3+\boldsymbol{\alpha}_1$ 线性无关.

对于一般的向量组,有以下判断线性相关性的定理.

定理 3.2 设有 m 维向量组 $\boldsymbol{\alpha}_1,\boldsymbol{\alpha}_2,\cdots,\boldsymbol{\alpha}_n$,$\boldsymbol{A}=(\boldsymbol{\alpha}_1,\boldsymbol{\alpha}_2,\cdots,\boldsymbol{\alpha}_n)$,则下列三命题等价:

(1) $\boldsymbol{\alpha}_1,\boldsymbol{\alpha}_2,\cdots,\boldsymbol{\alpha}_n$ 线性相关；

(2) $\boldsymbol{AX}=\boldsymbol{0}$ 有非零解；

(3) $R(\boldsymbol{A})<n$.

该命题的另一种说法为，向量组 $\boldsymbol{\alpha}_1,\boldsymbol{\alpha}_2,\cdots,\boldsymbol{\alpha}_n$ 线性无关的充分必要条件为：$\boldsymbol{AX}=\boldsymbol{0}$只有零解或 $R(\boldsymbol{A})=n$，即以 $\boldsymbol{\alpha}_1,\boldsymbol{\alpha}_2,\cdots,\boldsymbol{\alpha}_n$ 为列向量的矩阵的秩等于向量组中向量的个数.

下面给出定理 3.2 的特殊情况.

当 $n=m$，即向量的个数等于向量的维数时，有以下结论.

推论 1　设有 m 维向量组 $\boldsymbol{\alpha}_1,\boldsymbol{\alpha}_2,\cdots,\boldsymbol{\alpha}_m$，$\boldsymbol{A}=(\boldsymbol{\alpha}_1,\boldsymbol{\alpha}_2,\cdots,\boldsymbol{\alpha}_m)$，则下列三命题等价：

(1) $\boldsymbol{\alpha}_1,\boldsymbol{\alpha}_2,\cdots,\boldsymbol{\alpha}_m$ 线性相关(无关)；

(2) $\boldsymbol{AX}=\boldsymbol{0}$有非零解(只有零解)；

(3) $\det(\boldsymbol{A})=0(\neq 0)$.

当 $n>m$，即向量的个数大于向量的维数时，有以下结论.

推论 2　设有 m 维向量组 $\boldsymbol{\alpha}_1,\boldsymbol{\alpha}_2,\cdots,\boldsymbol{\alpha}_n(n>m)$，则 $\boldsymbol{\alpha}_1,\boldsymbol{\alpha}_2,\cdots,\boldsymbol{\alpha}_n$ 一定线性相关.

由以上的推论得知，任意 $n+r$ 个 n 维向量线性相关($r\geqslant 1$)，任意线性无关的 n 维向量组中最多含有 n 个向量. 例如，$\boldsymbol{\alpha}_1=(1,0)$，$\boldsymbol{\alpha}_2=(0,1)$，$\boldsymbol{\alpha}_3=(2,3)$线性相关 .

例 3.2.3　判断向量组 $\boldsymbol{\alpha}_1=(1,-2,0,3)$，$\boldsymbol{\alpha}_2=(2,5,-1,0)$，$\boldsymbol{\alpha}_3=(3,4,-1,-2)$的线性相关性.

解　经过初等行变换，得

$$\boldsymbol{A}=(\boldsymbol{\alpha}_1^{\mathrm{T}},\boldsymbol{\alpha}_2^{\mathrm{T}},\boldsymbol{\alpha}_3^{\mathrm{T}})=\begin{bmatrix}1&2&3\\-2&5&4\\0&-1&-1\\3&0&-2\end{bmatrix}\to\begin{bmatrix}1&2&3\\0&9&10\\0&-1&-1\\0&-6&-11\end{bmatrix}$$

$$\to\begin{bmatrix}1&2&3\\0&1&1\\0&9&10\\0&-6&-11\end{bmatrix}\to\begin{bmatrix}1&2&3\\0&1&1\\0&0&1\\0&0&-5\end{bmatrix}\to\begin{bmatrix}1&2&3\\0&1&1\\0&0&1\\0&0&0\end{bmatrix}.$$

显然 $R(\boldsymbol{A})=3=n$，从而 $\boldsymbol{\alpha}_1,\boldsymbol{\alpha}_2,\boldsymbol{\alpha}_3$，线性无关.

例 3.2.4　判断向量组 $\boldsymbol{\alpha}_1=(1,-2,0)$，$\boldsymbol{\alpha}_2=(2,5,-1)$，$\boldsymbol{\alpha}_3=(3,-1,-2)$的线性相关性.

解一　$|\boldsymbol{A}|=|(\boldsymbol{\alpha}_1^{\mathrm{T}},\boldsymbol{\alpha}_2^{\mathrm{T}},\boldsymbol{\alpha}_3^{\mathrm{T}})|=\begin{vmatrix}1&2&3\\-2&5&-1\\0&-1&-2\end{vmatrix}=57\neq 0$. 所以 $\boldsymbol{\alpha}_1,\boldsymbol{\alpha}_2,\boldsymbol{\alpha}_3$ 线性

无关.

解二 $\boldsymbol{A}=(\boldsymbol{\alpha}_1^{\mathrm{T}},\boldsymbol{\alpha}_2^{\mathrm{T}},\boldsymbol{\alpha}_3^{\mathrm{T}})=\begin{bmatrix}1&2&3\\-2&5&-1\\0&-1&-2\end{bmatrix}\to\begin{bmatrix}1&2&3\\0&9&5\\0&-1&-2\end{bmatrix}$

$$\to\begin{bmatrix}1&2&3\\0&-1&-2\\0&0&-13\end{bmatrix},$$

则 $R(\boldsymbol{A})=3=n$,故 $\boldsymbol{\alpha}_1,\boldsymbol{\alpha}_2,\boldsymbol{\alpha}_3$ 线性无关.

3.2.2 关于线性组合与线性相关的定理

定理 3.3 向量组 $\boldsymbol{\alpha}_1,\boldsymbol{\alpha}_2,\cdots,\boldsymbol{\alpha}_m$ 线性相关的充分必要条件为向量组中至少有一个向量可以由其余的 $m-1$ 个向量线性表示.

证 必要性. 设向量组 $\boldsymbol{\alpha}_1,\boldsymbol{\alpha}_2,\cdots,\boldsymbol{\alpha}_m$ 线性相关,则必有不全为零的 m 个数 $k_1,k_2,\cdots,k_m$,使 $k_1\boldsymbol{\alpha}_1+k_2\boldsymbol{\alpha}_2+\cdots+k_m\boldsymbol{\alpha}_m=\mathbf{0}$成立.

假设 $k_1\neq0$,则有 $\boldsymbol{\alpha}_1+\frac{k_2}{k_1}\boldsymbol{\alpha}_2+\cdots+\frac{k_m}{k_1}\boldsymbol{\alpha}_m=\mathbf{0}$,即

$$\boldsymbol{\alpha}_1=-\frac{k_2}{k_1}\boldsymbol{\alpha}_2-\cdots-\frac{k_m}{k_1}\boldsymbol{\alpha}_m,$$

所以 $\boldsymbol{\alpha}_1$ 可以用其余的 $m-1$ 个向量线性表示.

充分性. 不妨设 $\boldsymbol{\alpha}_m$ 可以用其余的 $m-1$ 个向量线性表示,即有

$$\boldsymbol{\alpha}_m=\lambda_1\boldsymbol{\alpha}_1+\lambda_2\boldsymbol{\alpha}_2+\cdots+\lambda_{m-1}\boldsymbol{\alpha}_{m-1},$$

所以 $\lambda_1\boldsymbol{\alpha}_1+\lambda_2\boldsymbol{\alpha}_2+\cdots+\lambda_{m-1}\boldsymbol{\alpha}_{m-1}-\boldsymbol{\alpha}_m=\mathbf{0}$.

显然 $\lambda_1,\lambda_2,\cdots,\lambda_{m-1},-1$ 不全为零,所以向量组 $\boldsymbol{\alpha}_1,\boldsymbol{\alpha}_2,\cdots,\boldsymbol{\alpha}_m$ 线性相关.

定理 3.4 若向量组 $\boldsymbol{\alpha}_1,\boldsymbol{\alpha}_2,\cdots,\boldsymbol{\alpha}_m,\boldsymbol{\beta}$ 线性相关,且 $\boldsymbol{\alpha}_1,\boldsymbol{\alpha}_2,\cdots,\boldsymbol{\alpha}_m$ 线性无关,则 $\boldsymbol{\beta}$ 可用 $\boldsymbol{\alpha}_1,\boldsymbol{\alpha}_2,\cdots,\boldsymbol{\alpha}_m$ 线性表示,且表示式唯一.

证 因为向量组 $\boldsymbol{\alpha}_1,\boldsymbol{\alpha}_2,\cdots,\boldsymbol{\alpha}_m,\boldsymbol{\beta}$ 线性相关,所以存在不全为零的 $m+1$ 个数 $k_1,k_2,\cdots,k_{m+1}$,使 $k_1\boldsymbol{\alpha}_1+k_2\boldsymbol{\alpha}_2+\cdots+k_m\boldsymbol{\alpha}_m+k_{m+1}\boldsymbol{\beta}=\mathbf{0}$成立.

又因为 $\boldsymbol{\alpha}_1,\boldsymbol{\alpha}_2,\cdots,\boldsymbol{\alpha}_m$ 线性无关,则 $k_{m+1}\neq0$,否则与 $\boldsymbol{\alpha}_1,\boldsymbol{\alpha}_2,\cdots,\boldsymbol{\alpha}_m$ 线性无关矛盾,从而 $\boldsymbol{\beta}=-\frac{k_1}{k_{m+1}}\boldsymbol{\alpha}_1-\cdots-\frac{k_m}{k_{m+1}}\boldsymbol{\alpha}_m$,即 $\boldsymbol{\beta}$ 可用 $\boldsymbol{\alpha}_1,\boldsymbol{\alpha}_2,\cdots,\boldsymbol{\alpha}_m$ 线性表示. 假设表示不唯一,即有

$$\boldsymbol{\beta}=h_1\boldsymbol{\alpha}_1+h_2\boldsymbol{\alpha}_2+\cdots+h_m\boldsymbol{\alpha}_m,\quad \boldsymbol{\beta}=l_1\boldsymbol{\alpha}_1+l_2\boldsymbol{\alpha}_2+\cdots+l_m\boldsymbol{\alpha}_m,$$

两式相减得

$$(h_1-l_1)\boldsymbol{\alpha}_1+(h_2-l_2)\boldsymbol{\alpha}_2+\cdots+(h_m-l_m)\boldsymbol{\alpha}_m=\mathbf{0}.$$

由于 $\boldsymbol{\alpha}_1,\boldsymbol{\alpha}_2,\cdots,\boldsymbol{\alpha}_m$ 线性无关,所以 $h_1-l_1=h_2-l_2=\cdots=h_m-l_m=0$,即 $h_1=l_1$,

$h_2=l_2,\cdots,h_m=l_m$. 因此 $\boldsymbol{\beta}$ 用 $\boldsymbol{\alpha}_1,\boldsymbol{\alpha}_2,\cdots,\boldsymbol{\alpha}_m$ 线性表示的表示式唯一.

定理 3.5　若向量组(A)：$\boldsymbol{\alpha}_1,\boldsymbol{\alpha}_2,\cdots,\boldsymbol{\alpha}_m$ 线性无关，且可由向量组(B)：$\boldsymbol{\beta}_1,\boldsymbol{\beta}_2,\cdots,\boldsymbol{\beta}_s$ 线性表示，则 $m\leqslant s$.

证　用反证法. 假设 $m>s$，因为向量组(A)可由向量组(B)线性表示，即

$$\boldsymbol{\alpha}_i=\alpha_{1i}\boldsymbol{\beta}_1+\alpha_{2i}\boldsymbol{\beta}_2+\cdots+\alpha_{si}\boldsymbol{\beta}_s,\quad i=1,2,\cdots,m,$$

或写成矩阵形式

$$\begin{bmatrix}\boldsymbol{\alpha}_1\\ \boldsymbol{\alpha}_2\\ \vdots\\ \boldsymbol{\alpha}_m\end{bmatrix}=\begin{bmatrix}\alpha_{11} & \alpha_{21} & \cdots & \alpha_{s1}\\ \alpha_{12} & \alpha_{22} & \cdots & \alpha_{s2}\\ \vdots & \vdots & & \vdots\\ \alpha_{1m} & \alpha_{2m} & \cdots & \alpha_{sm}\end{bmatrix}\begin{bmatrix}\boldsymbol{\beta}_1\\ \boldsymbol{\beta}_2\\ \vdots\\ \boldsymbol{\beta}_s\end{bmatrix}.$$

因为 $m>s$，所以

$$\begin{bmatrix}\alpha_{11} & \alpha_{12} & \cdots & \alpha_{1m}\\ \alpha_{21} & \alpha_{22} & \cdots & \alpha_{2m}\\ \vdots & \vdots & & \vdots\\ \alpha_{s1} & \alpha_{s2} & \cdots & \alpha_{sm}\end{bmatrix}\begin{bmatrix}k_1\\ k_2\\ \vdots\\ k_m\end{bmatrix}=\mathbf{0}$$

有非零解 $(k_1,k_2,\cdots,k_m)^{\mathrm{T}}$，对该式两边取转置得

$$(k_1,k_2,\cdots,k_m)\begin{bmatrix}\alpha_{11} & \alpha_{21} & \cdots & \alpha_{s1}\\ \alpha_{12} & \alpha_{22} & \cdots & \alpha_{s2}\\ \vdots & \vdots & & \vdots\\ \alpha_{1m} & \alpha_{2m} & \cdots & \alpha_{sm}\end{bmatrix}=\mathbf{0},$$

即

$$(k_1,k_2,\cdots,k_m)\begin{bmatrix}\alpha_{11} & \alpha_{21} & \cdots & \alpha_{s1}\\ \alpha_{12} & \alpha_{22} & \cdots & \alpha_{s2}\\ \vdots & \vdots & & \vdots\\ \alpha_{1m} & \alpha_{2m} & \cdots & \alpha_{sm}\end{bmatrix}\begin{bmatrix}\boldsymbol{\beta}_1\\ \boldsymbol{\beta}_2\\ \vdots\\ \boldsymbol{\beta}_s\end{bmatrix}=\mathbf{0}.$$

所以

$$(k_1,k_2,\cdots,k_m)\begin{bmatrix}\boldsymbol{\alpha}_1\\ \boldsymbol{\alpha}_2\\ \vdots\\ \boldsymbol{\alpha}_m\end{bmatrix}=k_1\boldsymbol{\alpha}_1+k_2\boldsymbol{\alpha}_2+\cdots+k_m\boldsymbol{\alpha}_m=\mathbf{0},$$

即存在不全为零的数 $k_1,k_2,\cdots,k_m$，使 $k_1\boldsymbol{\alpha}_1+k_2\boldsymbol{\alpha}_2+\cdots+k_m\boldsymbol{\alpha}_m=\mathbf{0}$. 这与已知矛盾，所以 $m\leqslant s$.

由以上定理可得以下推论.

推论 1　若向量组(A)：$\boldsymbol{\alpha}_1,\boldsymbol{\alpha}_2,\cdots,\boldsymbol{\alpha}_m$ 可由向量组(B)：$\boldsymbol{\beta}_1,\boldsymbol{\beta}_2,\cdots,\boldsymbol{\beta}_s$ 线性表示，

且 $m>s$，则向量组(A)线性相关.

证　若向量组(A)线性无关，则由定理 3.5 得 $m\leqslant s$，与已知矛盾，假设不成立，则向量组(A)线性相关.

推论 2　等价的线性无关向量组所含的向量个数相同.

定理 3.6　如果向量组 $\boldsymbol{\alpha}_1,\boldsymbol{\alpha}_2,\cdots,\boldsymbol{\alpha}_m$ 线性无关，其中

$$\boldsymbol{\alpha}_i=(a_{i1},a_{i2},\cdots,a_{in}),\quad i=1,\cdots,m,$$

那么在每个向量上任意添加 s 个分量得到的 $n+s$ 维向量组 $\boldsymbol{\beta}_1,\boldsymbol{\beta}_2,\cdots,\boldsymbol{\beta}_m$ 也线性无关，其中 $\boldsymbol{\beta}_i=(a_{i1},a_{i2},\cdots,a_{in},b_{i1},\cdots,b_{is})$，$i=1,\cdots,m$.

证　若 $\sum\limits_{i=1}^{m}k_i\boldsymbol{\beta}_i=k_1\boldsymbol{\beta}_1+k_2\boldsymbol{\beta}_2+\cdots+k_m\boldsymbol{\beta}_m=\mathbf{0}$，由于

$$\sum_{i=1}^{m}k_i\boldsymbol{\beta}_i=\left(\sum_{i=1}^{m}k_ia_{i1},\cdots,\sum_{i=1}^{m}k_ia_{in},\sum_{i=1}^{m}k_ib_{i1},\cdots,\sum_{i=1}^{m}k_ia_{is}\right),$$

故得 $\left(\sum\limits_{i=1}^{m}k_ia_{i1},\cdots,\sum\limits_{i=1}^{m}k_ia_{in}\right)=\mathbf{0}$，即 $\sum\limits_{i=1}^{m}k_i\boldsymbol{\alpha}_i=k_1\boldsymbol{\alpha}_1+k_2\boldsymbol{\alpha}_2+\cdots+k_m\boldsymbol{\alpha}_m=\mathbf{0}$.

又 $\boldsymbol{\alpha}_1,\boldsymbol{\alpha}_2,\cdots,\boldsymbol{\alpha}_m$ 线性无关，所以 $k_1,k_2,\cdots,k_m$ 必须全为零，因此 $\boldsymbol{\beta}_1,\boldsymbol{\beta}_2,\cdots,\boldsymbol{\beta}_m$ 线性无关.

推论　如果 $n+s$ 维向量组 $\boldsymbol{\beta}_1,\boldsymbol{\beta}_2,\cdots,\boldsymbol{\beta}_m$ 线性相关，其中

$$\boldsymbol{\beta}_i=(a_{i1},a_{i2},\cdots,a_{in},b_{i1},\cdots,b_{is}),\quad i=1,\cdots,m,$$

那么在每个向量上减少 s 个相应的分量得到的 n 维向量组 $\boldsymbol{\alpha}_1,\boldsymbol{\alpha}_2,\cdots,\boldsymbol{\alpha}_m$ 也线性相关，其中 $\boldsymbol{\alpha}_i=(a_{i1},a_{i2},\cdots,a_{in})$，$i=1,\cdots,m$.

但是注意：如果 $n+s$ 维向量组 $\boldsymbol{\beta}_1,\boldsymbol{\beta}_2,\cdots,\boldsymbol{\beta}_m$ 线性无关，不能推出在每个分量上减少 s 个分量得到的 n 维向量组 $\boldsymbol{\alpha}_1,\boldsymbol{\alpha}_2,\cdots,\boldsymbol{\alpha}_m$ 也线性无关.

例如，$\begin{bmatrix}1\\0\\2\\3\end{bmatrix},\begin{bmatrix}-2\\0\\-4\\7\end{bmatrix}$ 线性无关，但 $\begin{bmatrix}1\\0\\2\end{bmatrix},\begin{bmatrix}-2\\0\\-4\end{bmatrix}$ 却线性相关.

3.3　向量组的秩和最大无关组

3.3.1　向量组的极大无关组

两个线性相关的向量组，在同一类问题中却可能有着不同的结论.

例如，向量组(1)：$\boldsymbol{\alpha}_1=(1,2,3)$，$\boldsymbol{\alpha}_2=(2,3,1)$，$\boldsymbol{\alpha}_3=(3,5,4)$，$\boldsymbol{\alpha}_4=(1,1,-2)$（由于 $\boldsymbol{\alpha}_3-\boldsymbol{\alpha}_2-\boldsymbol{\alpha}_1=\mathbf{0}$，所以向量组(1)是线性相关的），可以验证以 $\boldsymbol{\alpha}_1,\boldsymbol{\alpha}_2,\boldsymbol{\alpha}_3,\boldsymbol{\alpha}_4$ 为行系数的齐次线性方程组为

$$\begin{cases} x_1+2x_2+3x_3=0, \\ 2x_1+3x_2+x_3=0, \\ 3x_1+5x_2+4x_3=0, \\ x_1+x_2-2x_3=0, \end{cases}$$

其中

$$\boldsymbol{A}=\begin{bmatrix} 1 & 2 & 3 \\ 2 & 3 & 1 \\ 3 & 5 & 4 \\ 1 & 1 & -2 \end{bmatrix} \to \begin{bmatrix} 1 & 2 & 3 \\ 0 & 1 & 5 \\ 0 & 0 & 0 \\ 0 & 0 & 0 \end{bmatrix},$$

因此该方程组有非零解.

向量组(2):$\boldsymbol{\beta}_1=(0,1,1)$,$\boldsymbol{\beta}_2=(1,0,1)$,$\boldsymbol{\beta}_3=(1,1,0)$,$\boldsymbol{\beta}_4=(1,1,1)$(因为 $\boldsymbol{\beta}_3+\boldsymbol{\beta}_2+\boldsymbol{\beta}_1-2\boldsymbol{\beta}_4=\boldsymbol{0}$,所以该向量组也线性相关),以 $\boldsymbol{\beta}_1,\boldsymbol{\beta}_2,\boldsymbol{\beta}_3,\boldsymbol{\beta}_4$ 为行系数的齐次线性方程组为

$$\begin{cases} x_2+x_3=0, \\ x_1+x_3=0, \\ x_1+x_2=0, \\ x_1+x_2+x_3=0, \end{cases}$$

其中

$$\boldsymbol{A}=\begin{bmatrix} 0 & 1 & 1 \\ 1 & 1 & 1 \\ 1 & 1 & 0 \\ 1 & 1 & 1 \end{bmatrix} \to \begin{bmatrix} 1 & 0 & 1 \\ 0 & 1 & 1 \\ 0 & 0 & 1 \\ 0 & 0 & 0 \end{bmatrix},$$

可以验证该方程组只有零解. 为什么会出现上面两种不同的结论呢?

线性相关的向量组的部分组不一定是线性相关的. 在向量组(1)中线性无关的部分组最多含两个向量,如 $\boldsymbol{\alpha}_1,\boldsymbol{\alpha}_2$;而向量组(2)中却有含三个向量的线性无关部分组($\boldsymbol{\beta}_1,\boldsymbol{\beta}_2,\boldsymbol{\beta}_3$ 线性无关). 这说明线性相关的向量组所含的最大线性无关的部分组在一定程度上表示了原来的向量组线性相关的"程度". 程度不同造成上述不同的结果. 因此需要找到一个能反映向量组线性相关"程度"大小的数量指标.

为了确切地说明这一问题,需要引入**极大无关组**的概念.

定义 3.8　向量组 $\boldsymbol{\alpha}_1,\boldsymbol{\alpha}_2,\cdots,\boldsymbol{\alpha}_m$ 的一个部分组 $\boldsymbol{\alpha}_{i_1},\boldsymbol{\alpha}_{i_2},\cdots,\boldsymbol{\alpha}_{i_r}$ 称为该组的一个**极大无关组**,如果:

(1) $\boldsymbol{\alpha}_{i_1},\boldsymbol{\alpha}_{i_2},\cdots,\boldsymbol{\alpha}_{i_r}$ 线性无关;

(2) 向量组 $\boldsymbol{\alpha}_1,\boldsymbol{\alpha}_2,\cdots,\boldsymbol{\alpha}_m$ 中任意一个向量都可以表示为 $\boldsymbol{\alpha}_{i_1},\boldsymbol{\alpha}_{i_2},\cdots,\boldsymbol{\alpha}_{i_r}$ 的线性组合.

例 3.3.1　设有向量组

$\boldsymbol{\alpha}_1=(1,0,0)$，　$\boldsymbol{\alpha}_2=(0,1,0)$，　$\boldsymbol{\alpha}_3=(0,0,1)$，　$\boldsymbol{\alpha}_4=(1,0,-1)$，　$\boldsymbol{\alpha}_5=(3,1,0)$，求该向量组的极大无关组.

解　显然 $\boldsymbol{\alpha}_1,\boldsymbol{\alpha}_2,\boldsymbol{\alpha}_3$ 线性无关，$\boldsymbol{\alpha}_4,\boldsymbol{\alpha}_5$ 都可用 $\boldsymbol{\alpha}_1,\boldsymbol{\alpha}_2,\boldsymbol{\alpha}_3$，线性表示，所以 $\boldsymbol{\alpha}_1,\boldsymbol{\alpha}_2,\boldsymbol{\alpha}_3$ 是向量组的一个极大无关组. 另外也不难证明：$\boldsymbol{\alpha}_1,\boldsymbol{\alpha}_2,\boldsymbol{\alpha}_4$ 或 $\boldsymbol{\alpha}_2,\boldsymbol{\alpha}_3,\boldsymbol{\alpha}_5$ 都是该向量组的极大无关组，即一个向量组的极大无关组并不唯一.

向量组的极大无关组一般有下列性质.

性质 3.1　向量组 $\boldsymbol{\alpha}_1,\boldsymbol{\alpha}_2,\cdots,\boldsymbol{\alpha}_m$ 与它的极大无关组 $\boldsymbol{\alpha}_{i_1},\boldsymbol{\alpha}_{i_2},\cdots,\boldsymbol{\alpha}_{i_r}$ 等价.

显然向量组的任意两个极大无关组彼此等价.

由等价的传递性可直接得以下性质.

性质 3.2　向量组的任意两个极大无关组所含的向量个数相同.

3.3.2　向量组的秩

一个向量组的所有极大无关组都含有相同的向量个数，因此极大无关组所含向量的个数反映了向量组本身的相关程度，我们引入以下定义.

定义 3.9　向量组(A)：$\boldsymbol{\alpha}_1,\boldsymbol{\alpha}_2,\cdots,\boldsymbol{\alpha}_m$ 的极大无关组所含向量的个数 r 称为该向量组的秩.

显然秩越大，向量组线性无关的“程度”越强，而线性相关的“程度”越弱. 向量组的秩就可以作为衡量向量组线性相关“程度”的一个数量指标.

由向量组秩的定义可得以下结论：

(1) 只含零向量的向量组秩为零.

(2) n 维基本单位向量组成的向量组 $\boldsymbol{\varepsilon}_1,\boldsymbol{\varepsilon}_2,\cdots,\boldsymbol{\varepsilon}_n$ 是线性无关组，它的极大无关组就是它的本身，从而该向量组的秩 $r=n$.

(3) 向量组线性无关的充分必要条件是向量组的秩等于向量组所含向量的个数；向量组线性相关的充要条件是向量组的秩小于该向量组所含向量的个数.

(4) 向量组 $\boldsymbol{\alpha}_1,\boldsymbol{\alpha}_2,\cdots,\boldsymbol{\alpha}_m$ 的部分组 $\boldsymbol{\alpha}_{i_1},\boldsymbol{\alpha}_{i_2},\cdots,\boldsymbol{\alpha}_{i_r}$ 为极大无关组的充分必要条件是该部分组线性无关，且任意 $r+1$ 个向量(只要存在)都线性相关.

(5) 如果向量组(A)的秩为 r，则(A)中任意 r 个线性无关的部分向量组均是其极大无关组.

定理 3.7　若向量组(A)能由向量组(B)线性表示，则向量组(A)的秩不大于向量组(B)的秩.

证　设向量组(A)的一个极大无关组为(A_0)：$\boldsymbol{\alpha}_1,\boldsymbol{\alpha}_2,\cdots,\boldsymbol{\alpha}_r$，向量组(B)的极大无关组为$(B_0)$：$\boldsymbol{\beta}_1,\boldsymbol{\beta}_2,\cdots,\boldsymbol{\beta}_s$，由已知得向量组$(A_0)$能由向量组(A)线性表示，向量组(A)又由向量组(B)线性表示，向量组(B)又可由向量组(B_0)线性表示，所以向量组(A_0)能由向量组(B_0)线性表示，又向量组(A_0)线性无关，由定理 3.5 得 $r\leqslant s$，即向量组(A)的秩不大于向量组(B)的秩.

定理 3.8　等价的向量组秩相同.

证　设向量组(A)的秩为 r,向量组(B)的秩为 s,因为两个向量组等价,所以两个向量组可以相互线性表示,由定理 3.7 得知 $r\leqslant s$ 和 $s\leqslant r$,所以 $r=s$.

但秩相等的两个向量组不一定等价.

例如,向量组 $\boldsymbol{\alpha}_1=\begin{bmatrix}1\\0\\0\\0\end{bmatrix}$,$\boldsymbol{\alpha}_2=\begin{bmatrix}0\\3\\0\\0\end{bmatrix}$ 与 $\boldsymbol{\beta}_1\begin{bmatrix}0\\0\\1\\0\end{bmatrix}$,$\boldsymbol{\beta}_2=\begin{bmatrix}0\\0\\0\\2\end{bmatrix}$,秩都为 2,但显然彼此不能相互表示,即两个向量组不等价.

例 3.3.2　任意 n 维向量组(A)的秩 $r\leqslant n$.

证　因为(A)的极大无关组所含向量的个数不能超过 n 个,因此 $r\leqslant n$.

例 3.3.3　设

$$\boldsymbol{\alpha}_1=\begin{bmatrix}1\\-1\\2\\4\end{bmatrix},\quad \boldsymbol{\alpha}_2=\begin{bmatrix}0\\3\\1\\2\end{bmatrix},\quad \boldsymbol{\alpha}_3=\begin{bmatrix}1\\0\\0\\0\end{bmatrix},\quad \boldsymbol{\alpha}_4=\begin{bmatrix}1\\1\\0\\0\end{bmatrix},\quad \boldsymbol{\alpha}_5=\begin{bmatrix}12\\1\\1\\0\end{bmatrix},\quad \boldsymbol{\alpha}_6=\begin{bmatrix}1\\1\\1\\1\end{bmatrix}.$$

(1) 证明 $\boldsymbol{\alpha}_1,\boldsymbol{\alpha}_2$ 线性无关;

(2) 把 $\boldsymbol{\alpha}_1,\boldsymbol{\alpha}_2$ 扩充成向量组 $\boldsymbol{\alpha}_1,\boldsymbol{\alpha}_2,\boldsymbol{\alpha}_3,\boldsymbol{\alpha}_4,\boldsymbol{\alpha}_5,\boldsymbol{\alpha}_6$ 的一个极大无关组.

证　(1) 由于 $\boldsymbol{\alpha}_1\neq k\boldsymbol{\alpha}_2$(对任意常数 k),所以 $\boldsymbol{\alpha}_1,\boldsymbol{\alpha}_2$ 线性无关.

(2) 直接按定义验证得 $\boldsymbol{\alpha}_1,\boldsymbol{\alpha}_2,\boldsymbol{\alpha}_3$ 线性无关,$\boldsymbol{\alpha}_1,\boldsymbol{\alpha}_2,\boldsymbol{\alpha}_3,\boldsymbol{\alpha}_5$ 线性无关,而 $\boldsymbol{\alpha}_1,\boldsymbol{\alpha}_2,\boldsymbol{\alpha}_3,\boldsymbol{\alpha}_4,\boldsymbol{\alpha}_5,\boldsymbol{\alpha}_6$ 是四维向量组,且向量组 $\boldsymbol{\alpha}_1,\boldsymbol{\alpha}_2,\boldsymbol{\alpha}_3,\boldsymbol{\alpha}_4,\boldsymbol{\alpha}_5,\boldsymbol{\alpha}_6$ 的秩 $r\leqslant 4$,故 $\boldsymbol{\alpha}_1,\boldsymbol{\alpha}_2,\boldsymbol{\alpha}_3,\boldsymbol{\alpha}_5$ 为 $\boldsymbol{\alpha}_1,\boldsymbol{\alpha}_2$ 扩充得到的一个极大无关组.

以上讨论了向量组的秩,现在接着讨论向量组的秩与矩阵的秩之间的关系.

设 $\boldsymbol{A}$ 是一个 $m\times n$ 矩阵,即 $\boldsymbol{A}=\begin{bmatrix}\alpha_{11}&\alpha_{12}&\cdots&\alpha_{1n}\\\alpha_{21}&\alpha_{22}&\cdots&\alpha_{2n}\\\vdots&\vdots&&\vdots\\\alpha_{m1}&\alpha_{m2}&\cdots&\alpha_{mn}\end{bmatrix}$.

如果把矩阵 $\boldsymbol{A}$ 中每一行看成一个行向量,则矩阵 $\boldsymbol{A}$ 可以认为是 m 个 n 维行向量构成的向量组. 同样地,把矩阵 $\boldsymbol{A}$ 的每一列看成一个列向量,则 $\boldsymbol{A}$ 就是由 n 个 m 维的列向量构成的向量组.

定义 3.10　矩阵 $\boldsymbol{A}$ 的行向量组成的向量组的秩称为矩阵 $\boldsymbol{A}$ 的**行秩**,$\boldsymbol{A}$ 的列向量组成的向量组的秩称为 $\boldsymbol{A}$ 的**列秩**.

例 3.3.4　设矩阵 $\boldsymbol{A}=\begin{bmatrix}1&1&1\\0&1&2\\0&0&0\end{bmatrix}$,求 $\boldsymbol{A}$ 的行秩和列秩.

解 显然 $\boldsymbol{A}$ 的秩为 2，$\boldsymbol{A}$ 的行向量为

$$\boldsymbol{\alpha}_1=(1,1,1),\quad \boldsymbol{\alpha}_2=(0,1,2),\quad \boldsymbol{\alpha}_3=(0,0,0),$$

显然 $\boldsymbol{\alpha}_1,\boldsymbol{\alpha}_2$ 线性无关，为 $\boldsymbol{A}$ 的行向量组的极大无关组，所以 $\boldsymbol{A}$ 的行秩为 2.

$\boldsymbol{A}$ 的列向量组为

$$\boldsymbol{\beta}_1=\begin{bmatrix}1\\0\\0\end{bmatrix},\quad \boldsymbol{\beta}_2=\begin{bmatrix}1\\1\\0\end{bmatrix},\quad \boldsymbol{\beta}_3\begin{bmatrix}1\\2\\0\end{bmatrix}.$$

由于 $\boldsymbol{\beta}_1,\boldsymbol{\beta}_2$ 线性无关，$\boldsymbol{\beta}_3=-\boldsymbol{\beta}_1+2\boldsymbol{\beta}_2$，所以 $\boldsymbol{\beta}_1,\boldsymbol{\beta}_2$ 是 $\boldsymbol{A}$ 的列向量组的一个极大无关组，因此 $\boldsymbol{A}$ 的列秩为 2.

在例 3.3.4 中，矩阵 $\boldsymbol{A}$ 的行秩等于矩阵 $\boldsymbol{A}$ 的列秩，也等于矩阵 $\boldsymbol{A}$ 的秩，实际上该结论对任何矩阵都成立.

定理 3.9 矩阵 $\boldsymbol{A}$ 的秩等于矩阵的行秩，也等于列秩.

定理 3.10 线性方程组 $\boldsymbol{AX}=\boldsymbol{b}$ 有解的充分必要条件是：系数矩阵的秩等于增广矩阵的秩，即 $R(\boldsymbol{A})=R(\bar{\boldsymbol{A}})$.

证 必要性. 设

$$\boldsymbol{\alpha}_i=\begin{bmatrix}\alpha_{1i}\\\alpha_{2i}\\\vdots\\\alpha_{mi}\end{bmatrix}\ (i=1,2,\cdots,n),\quad \boldsymbol{b}=\begin{bmatrix}b_1\\b_2\\\vdots\\b_m\end{bmatrix},\quad \boldsymbol{AX}=\boldsymbol{b},$$

即为

$$(\boldsymbol{\alpha}_1,\boldsymbol{\alpha}_2,\cdots,\boldsymbol{\alpha}_n)\begin{bmatrix}x_1\\x_2\\\vdots\\x_n\end{bmatrix}=\boldsymbol{b}.$$

若方程组有解，则说明向量 $\boldsymbol{b}$ 可用 $\boldsymbol{\alpha}_1,\boldsymbol{\alpha}_2,\cdots,\boldsymbol{\alpha}_n$ 线性表示，从而向量组 $\boldsymbol{\alpha}_1,\boldsymbol{\alpha}_2,\cdots,\boldsymbol{\alpha}_n,\boldsymbol{b}$ 可用 $\boldsymbol{\alpha}_1,\boldsymbol{\alpha}_2,\cdots,\boldsymbol{\alpha}_n$ 线性表示，而显然 $\boldsymbol{\alpha}_1,\boldsymbol{\alpha}_2,\cdots,\boldsymbol{\alpha}_n$ 是可以用 $\boldsymbol{\alpha}_1,\boldsymbol{\alpha}_2,\cdots,\boldsymbol{\alpha}_n,\boldsymbol{b}$ 线性表示的，所以向量组 $\boldsymbol{\alpha}_1,\boldsymbol{\alpha}_2,\cdots,\boldsymbol{\alpha}_n,\boldsymbol{b}$ 与向量组 $\boldsymbol{\alpha}_1,\boldsymbol{\alpha}_2,\cdots,\boldsymbol{\alpha}_n$ 等价，所以有

$$R(\boldsymbol{\alpha}_1,\boldsymbol{\alpha}_2,\cdots,\boldsymbol{\alpha}_n,\boldsymbol{\beta})=R(\boldsymbol{\alpha}_1,\boldsymbol{\alpha}_2,\cdots,\boldsymbol{\alpha}_n).$$

从而 $R(\boldsymbol{A})=R(\bar{\boldsymbol{A}})$.

充分性. 若 $R(\boldsymbol{A})=R(\bar{\boldsymbol{A}})$，则有 $R(\boldsymbol{\alpha}_1,\boldsymbol{\alpha}_2,\cdots,\boldsymbol{\alpha}_n,\boldsymbol{\beta})=R(\boldsymbol{\alpha}_1,\boldsymbol{\alpha}_2,\cdots,\boldsymbol{\alpha}_n)$. 所以 $\boldsymbol{\beta}$ 可以由 $\boldsymbol{\alpha}_1,\boldsymbol{\alpha}_2,\cdots,\boldsymbol{\alpha}_n$ 线性表示，这就表明原方程组有解.

例 3.3.5 设 $\boldsymbol{A}$ 和 $\boldsymbol{B}$ 均为 $m\times n$ 的矩阵，则 $R(\boldsymbol{A}+\boldsymbol{B})\leqslant R(\boldsymbol{A})+R(\boldsymbol{B})$.

证 设 $R(\boldsymbol{A})=s$，$R(\boldsymbol{B})=t$，$\boldsymbol{A}=(\boldsymbol{\alpha}_1,\boldsymbol{\alpha}_2,\cdots,\boldsymbol{\alpha}_n)$，$\boldsymbol{B}=(\boldsymbol{\beta}_1,\boldsymbol{\beta}_2,\cdots,\boldsymbol{\beta}_n)$，则 $\boldsymbol{A}+\boldsymbol{B}=(\boldsymbol{\alpha}_1+\boldsymbol{\beta}_1,\boldsymbol{\alpha}_2+\boldsymbol{\beta}_2,\cdots,\boldsymbol{\alpha}_n+\boldsymbol{\beta}_n)$.

设 $\boldsymbol{A}$ 的列向量组的极大无关组为 $(\boldsymbol{\alpha}_{k_1},\boldsymbol{\alpha}_{k_2},\cdots,\boldsymbol{\alpha}_{k_s})$，$\boldsymbol{B}$ 的列向量组的极大无关

组为$(\boldsymbol{\beta}_{l_1},\boldsymbol{\beta}_{l_2},\cdots,\boldsymbol{\beta}_{l_t})$. 显然 $\boldsymbol{A}+\boldsymbol{B}$ 的列向量 $\boldsymbol{\alpha}_i+\boldsymbol{\beta}_i$ 都可以用向量组$(\boldsymbol{\alpha}_{k_1},\boldsymbol{\alpha}_{k_2},\cdots,\boldsymbol{\alpha}_{k_s},\boldsymbol{\beta}_{l_1},\boldsymbol{\beta}_{l_2},\cdots,\boldsymbol{\beta}_{l_t})$线性表示,因此 $R(\boldsymbol{A}+\boldsymbol{B})=\boldsymbol{A}+\boldsymbol{B}$ 的列秩$\leqslant R(\boldsymbol{\alpha}_{k_1},\boldsymbol{\alpha}_{k_2},\cdots,\boldsymbol{\alpha}_{k_s},\boldsymbol{\beta}_{l_1},\boldsymbol{\beta}_{l_2},\cdots,\boldsymbol{\beta}_{l_t})\leqslant s+t$.

例 3.3.6　设有矩阵 $\boldsymbol{A}_{m\times n}$ 和 $\boldsymbol{B}_{n\times s}$,则 $R(\boldsymbol{AB})\leqslant\min\{R(\boldsymbol{A}),R(\boldsymbol{B})\}$.

证　设

$$\begin{aligned}&\boldsymbol{A}_{m\times n}=(a_{ij})_{m\times n}=(\boldsymbol{\alpha}_1,\boldsymbol{\alpha}_2,\cdots,\boldsymbol{\alpha}_n),\\&\boldsymbol{B}_{n\times s}=(b_{ij})_{n\times s},\\&\boldsymbol{AB}=\boldsymbol{C}=(c_{ij})_{m\times s}=(\boldsymbol{\gamma}_1,\boldsymbol{\gamma}_2,\cdots,\boldsymbol{\gamma}_s),\end{aligned}$$

即$(\boldsymbol{\gamma}_1,\boldsymbol{\gamma}_2,\cdots,\boldsymbol{\gamma}_s)=(\boldsymbol{\alpha}_1,\boldsymbol{\alpha}_2,\cdots,\boldsymbol{\alpha}_n)\boldsymbol{B}$, $\boldsymbol{\gamma}_j=b_{1j}\boldsymbol{\alpha}_1+b_{2j}\boldsymbol{\alpha}_2+\cdots+b_{nj}\boldsymbol{\alpha}_n$,即 $\boldsymbol{AB}$ 的列向量均可由 $\boldsymbol{A}$ 的列向量线性表示,所以 $R(\boldsymbol{AB})\leqslant R(\boldsymbol{A})$.

又 $R(\boldsymbol{B}^{\mathrm{T}}\boldsymbol{A}^{\mathrm{T}})\leqslant R(\boldsymbol{B}^{\mathrm{T}})=R(\boldsymbol{B})$,而 $R(\boldsymbol{B}^{\mathrm{T}}\boldsymbol{A}^{\mathrm{T}})=R[(\boldsymbol{AB})^{\mathrm{T}}]=R(\boldsymbol{AB})$,所以 $R(\boldsymbol{AB})\leqslant R(\boldsymbol{B})$,从而 $R(\boldsymbol{AB})\leqslant\min\{R(\boldsymbol{A}),R(\boldsymbol{B})\}$.(该题的结论可以作为定理使用)

3.3.3　向量组的秩和极大无关组的求法

求向量组的秩的通用方法是以向量组 $\boldsymbol{\alpha}_1,\boldsymbol{\alpha}_2,\cdots,\boldsymbol{\alpha}_m$ 为矩阵的列向量构成矩阵

$$\boldsymbol{A}=(\boldsymbol{\alpha}_1,\boldsymbol{\alpha}_2,\cdots,\boldsymbol{\alpha}_m),$$

用初等行变换将 $\boldsymbol{A}$ 化成行阶梯形矩阵 $\widetilde{\boldsymbol{A}}$,则

$$R(\boldsymbol{\alpha}_1,\boldsymbol{\alpha}_2,\cdots,\boldsymbol{\alpha}_m)=R(\widetilde{\boldsymbol{A}})=\widetilde{\boldsymbol{A}}\text{ 的非零行的行数}.$$

例 3.3.7　求下列向量组的秩:

$$\boldsymbol{\alpha}_1=\begin{bmatrix}1\\2\\2\\3\end{bmatrix},\quad\boldsymbol{\alpha}_2=\begin{bmatrix}1\\-1\\-3\\6\end{bmatrix},\quad\boldsymbol{\alpha}_3=\begin{bmatrix}-2\\-1\\1\\-9\end{bmatrix},\quad\boldsymbol{\alpha}_4=\begin{bmatrix}1\\1\\-1\\7\end{bmatrix},\quad\boldsymbol{\alpha}_5=\begin{bmatrix}4\\2\\2\\9\end{bmatrix}.$$

解　对矩阵 $\boldsymbol{A}=(\boldsymbol{\alpha}_1,\boldsymbol{\alpha}_2,\boldsymbol{\alpha}_3,\boldsymbol{\alpha}_4,\boldsymbol{\alpha}_5)$,进行初等行变换:

$$\boldsymbol{A}=\begin{bmatrix}1&1&-2&1&4\\2&-1&-1&1&2\\2&-3&1&-1&2\\3&6&-9&7&9\end{bmatrix}\rightarrow\begin{bmatrix}1&1&-2&1&4\\0&-3&3&-1&-6\\0&-5&5&-3&-6\\0&3&-3&4&-3\end{bmatrix}$$

$$\rightarrow\begin{bmatrix}1&1&-2&1&4\\0&1&-1&\dfrac{1}{3}&2\\0&0&0&-\dfrac{4}{3}&4\\0&0&0&1&-3\end{bmatrix}\rightarrow\begin{bmatrix}1&1&-2&1&4\\0&1&-1&1&0\\0&0&0&1&-3\\0&0&0&0&0\end{bmatrix},$$

显然 $R(\boldsymbol{A})=3$,即该向量组的秩为 3.

判断一个向量组中向量之间线性关系的具体做法是将向量组作为列向量构成矩阵 $\boldsymbol{A}$,对 $\boldsymbol{A}$ 进行初等行变换,化成行阶梯形矩阵后再化成行最简形矩阵,从行最简形矩阵可以看出其列向量的线性关系,从而得到原来矩阵 $\boldsymbol{A}$ 列向量组的线性关系.

例 3.3.8 求向量组

$$\boldsymbol{\alpha}_1=(2,4,2),\quad \boldsymbol{\alpha}_2=(1,1,0),\quad \boldsymbol{\alpha}_3=(2,3,1),\quad \boldsymbol{\alpha}_4=(3,5,2)$$

的一个极大无关组,并把其余向量用该极大无关组线性表示.

解 对矩阵 $\boldsymbol{A}=(\boldsymbol{\alpha}_1^{\mathrm{T}},\boldsymbol{\alpha}_2^{\mathrm{T}},\boldsymbol{\alpha}_3^{\mathrm{T}},\boldsymbol{\alpha}_4^{\mathrm{T}})$进行初等行变换:

$$\boldsymbol{A}=\begin{bmatrix}2&1&2&3\\4&1&3&5\\2&0&1&2\end{bmatrix}\to\begin{bmatrix}2&1&2&3\\0&-1&-1&-1\\0&-1&-1&-1\end{bmatrix}\to\begin{bmatrix}2&1&2&3\\0&1&1&1\\0&0&0&0\end{bmatrix}$$

$$\to\begin{bmatrix}2&0&1&2\\0&1&1&1\\0&0&0&0\end{bmatrix}\to\begin{bmatrix}1&0&\frac{1}{2}&1\\0&1&1&1\\0&0&0&0\end{bmatrix}.$$

由于 $R(\boldsymbol{A})=2$,则 $R(\boldsymbol{\alpha}_1,\boldsymbol{\alpha}_2,\boldsymbol{\alpha}_3,\boldsymbol{\alpha}_4)=2$. $\boldsymbol{\alpha}_1,\boldsymbol{\alpha}_2$ 为一极大无关组,且

$$\boldsymbol{\alpha}_3=\frac{1}{2}\boldsymbol{\alpha}_1+\boldsymbol{\alpha}_2,\quad \boldsymbol{\alpha}_4=\boldsymbol{\alpha}_1+\boldsymbol{\alpha}_2.$$

3.4 线性方程组解的结构

3.4.1 线性方程组解的判定

本节将利用 n 维向量和矩阵秩的关系讨论线性方程组解的结构.

设线性方程组 $\boldsymbol{AX}=\boldsymbol{b}$ 有解,则 $R(\boldsymbol{A})=R(\overline{\boldsymbol{A}})=r$. 不妨设 $\overline{\boldsymbol{A}}$ 左上角的 r 阶子式不等于零,于是 $\overline{\boldsymbol{A}}$ 经过初等行变换可以化为如下的行最简阶梯形矩阵:

$$\begin{bmatrix}1&0&\cdots&0&c_{1,r+1}&\cdots&c_{1n}&d_1\\&1&\cdots&0&c_{2,r+1}&\cdots&c_{2n}&d_2\\&&\ddots&\vdots&\vdots&&\vdots&\vdots\\&&&1&c_{r,r+1}&\cdots&c_{rn}&d_r\\&&&&&&&0\\&&&&&&&0\\&&&&&&&\vdots\\&&&&&&&0\end{bmatrix}.$$

当 $r=n$ 时,该矩阵对应的方程组有唯一的一组解 $x_1=d_1,x_2=d_2,\cdots,x_r=d_r$,所以原方程组有唯一的解.

当 $r<n$ 时，该矩阵对应的方程组为

$$\begin{cases} x_1=d_1-c_{1,r+1}x_{r+1}-c_{1,r+2}x_{r+2}-\cdots-c_{1n}x_n, \\ x_2=d_2-c_{2,r+1}x_{r+1}-c_{2,r+2}x_{r+2}-\cdots-c_{2n}x_n, \\ \qquad\cdots\cdots \\ x_r=d_r-c_{r,r+1}x_{r+1}-c_{r,r+2}x_{r+2}-\cdots-c_{rn}x_n, \end{cases}$$

当 $x_{r+1},x_{r+2},\cdots,x_n$ 给定任意一组值时，上述方程组都有唯一的一组解，而 $x_{r+1},x_{r+2},\cdots,x_n$ 是方程组的一组自由未知量，从而原方程组有无数个解.

从以上的讨论中可得到如下定理.

定理 3.11　若 $R(\mathbf{A})\neq R(\bar{\mathbf{A}})$，则方程组无解；

若 $R(\mathbf{A})=R(\bar{\mathbf{A}})=n$，则方程组有唯一的解；

若 $R(\mathbf{A})=R(\bar{\mathbf{A}})=r<n$，则方程组有无穷多解.

例 3.4.1　a,b 为何值时，线性方程组

$$\begin{cases} x_1+x_2+x_3+x_4=1, \\ 3x_1+2x_2+x_3+x_4=3, \\ x_2+3x_3+2x_4=0, \\ 5x_1+4x_2+3x_3+bx_4=a \end{cases}$$

(1) 有唯一解；(2) 无解；(3) 有无穷多解.

解　对该线性方程组的增广矩阵 $\bar{\mathbf{A}}$ 施行初等行变换，得

$$\bar{\mathbf{A}}=\begin{bmatrix} 1 & 1 & 1 & 1 & 1 \\ 3 & 2 & 1 & 1 & 3 \\ 0 & 1 & 3 & 2 & 0 \\ 5 & 4 & 3 & b & a \end{bmatrix}\to\begin{bmatrix} 1 & 1 & 1 & 1 & 1 \\ 0 & -1 & -2 & -2 & 0 \\ 0 & 1 & 3 & 2 & 0 \\ 0 & -1 & -2 & b-5 & a-5 \end{bmatrix}$$

$$\to\begin{bmatrix} 1 & 1 & 1 & 1 & 1 \\ 0 & -1 & -2 & -2 & 0 \\ 0 & 0 & 1 & 0 & 0 \\ 0 & 0 & 0 & b-3 & a-5 \end{bmatrix},$$

显然

(1) $b-3\neq0$，即 $b\neq3$ 时，有 $R(\mathbf{A})=R(\bar{\mathbf{A}})=4$，所以此时方程组有唯一的解；

(2) $b-3=0,a-5\neq0$，即 $b=3,a\neq5$ 时，有 $R(\mathbf{A})=3,R(\bar{\mathbf{A}})=4,R(\mathbf{A})\neq R(\bar{\mathbf{A}})$，于是方程组无解；

(3) $b-3=0,a-5=0$，即 $b=3,a=5$ 时，有 $R(\mathbf{A})=R(\bar{\mathbf{A}})=3<4$，于是方程组有无穷多解.

齐次线性方程组 $\mathbf{AX}=\mathbf{0}$ 总是有解的，至少是零解，那么什么时候有非零解呢？

将定理 3.11 用于齐次线性方程组立即可得以下结论.

定理 3.12 齐次线性方程组 $\boldsymbol{AX}=\boldsymbol{0}$,

(1) 当 $R(\boldsymbol{A})=n$ 时,该方程只有零解;

(2) 当 $R(\boldsymbol{A})<n$ 时,该方程组有无数多个解,或者说齐次方程组有非零解的充分必要条件为 $R(\boldsymbol{A})<n$.

特别地,当 $m=n$ 时,齐次线性方程组为 $\begin{cases} a_{11}x_1+a_{12}x_2+\cdots+a_{1n}x_n=0, \\ a_{21}x_1+a_{22}x_2+\cdots+a_{2n}x_n=0, \\ \cdots\cdots \\ a_{n1}x_1+a_{n2}x_2+\cdots+a_{nn}x_n=0. \end{cases}$

该方程组的系数矩阵为方阵,若有非零解,则必须有 $R(\boldsymbol{A})<n$,即系数矩阵不可逆.

推论 $m=n$ 时齐次线性方程组有非零解的充分必要条件为系数行列式 $D=0$.

例 3.4.2 线性方程组 $\begin{cases} x_1+2x_2-3x_3=0, \\ x_1+3x_2+5x_3=0, \\ -x_1-2x_2+4x_3=0, \\ 2x_1+3x_2+2x_3=0, \end{cases}$ 求该方程组的解.

解 对增广矩阵进行初等行变换,得

$$\bar{\boldsymbol{A}}=\begin{bmatrix} 1 & 2 & -3 & 0 \\ 1 & 3 & 5 & 0 \\ -1 & -2 & 4 & 0 \\ 2 & 3 & 2 & 0 \end{bmatrix} \to \begin{bmatrix} 1 & 2 & -3 & 0 \\ 0 & 1 & 8 & 0 \\ 0 & 0 & 1 & 0 \\ 0 & -1 & 8 & 0 \end{bmatrix} \to \begin{bmatrix} 1 & 2 & -3 & 0 \\ 0 & 1 & 8 & 0 \\ 0 & 0 & 1 & 0 \\ 0 & 0 & 0 & 0 \end{bmatrix}.$$

显然 $R(\bar{\boldsymbol{A}})=3=n$,所以方程组只有零解.

例 3.4.3 λ 取何值时,线性方程组 $\begin{cases} (\lambda+3)x_1+x_2+2x_3=0, \\ \lambda x_1+(\lambda-1)x_2+x_3=0, \\ 3(\lambda+1)x_1+\lambda x_2+(\lambda+3)x_3=0 \end{cases}$ 有非零解?并求其一般解.

解 线性方程组的系数行列式

$$D=\begin{vmatrix} \lambda+3 & 1 & 2 \\ \lambda & \lambda-1 & 1 \\ 3(\lambda+1) & \lambda & \lambda+3 \end{vmatrix}=\begin{vmatrix} \lambda & 1 & 2 \\ 0 & \lambda-1 & 1 \\ \lambda & \lambda & \lambda+3 \end{vmatrix}=\begin{vmatrix} \lambda & 1 & 2 \\ 0 & \lambda-1 & 1 \\ 0 & \lambda-1 & \lambda+1 \end{vmatrix}$$

$$=\begin{vmatrix} \lambda & 1 & 2 \\ 0 & \lambda-1 & 1 \\ 0 & 0 & \lambda \end{vmatrix}=\lambda^2(\lambda-1).$$

令 $D=0$,得到 $\lambda=0$ 或 $\lambda=1$ 时,方程组有非零解.

当 $\lambda=0$ 时,有

$$\bar{A}=\begin{bmatrix}3&1&2&0\\0&-1&1&0\\3&0&3&0\end{bmatrix}\to\begin{bmatrix}3&1&2&0\\0&-1&1&0\\0&-1&1&0\end{bmatrix}\to\begin{bmatrix}1&0&1&0\\0&1&-1&0\\0&0&0&0\end{bmatrix},$$

对应方程组为$\begin{cases}x_1=-x_3,\\x_2=x_3,\end{cases}$令 $x_3=k$,则得一般解

$$\begin{cases}x_1=-k,\\x_2=k,\\x_3=k,\end{cases}$$

写成向量形式为 $\boldsymbol{X}=k\begin{bmatrix}-1\\1\\1\end{bmatrix}$.

当 $\lambda=1$ 时,有

$$\bar{A}=\begin{bmatrix}4&1&2&0\\1&0&1&0\\6&1&4&0\end{bmatrix}\to\begin{bmatrix}1&0&1&0\\4&1&2&0\\6&1&4&0\end{bmatrix}\to\begin{bmatrix}1&0&1&0\\0&1&-2&0\\0&1&-2&0\end{bmatrix}\to\begin{bmatrix}1&0&1&0\\0&1&-2&0\\0&0&0&0\end{bmatrix},$$

易求得一般解为$\begin{cases}x_1=-x_3,\\x_2=2x_3,\end{cases}$令 $x_3=k$,则得

$$\begin{cases}x_1=-k,\\x_2=2k,\\x_3=k,\end{cases}$$

写成向量形式为 $\boldsymbol{X}=k\begin{bmatrix}-1\\2\\1\end{bmatrix}$.

3.4.2　齐次线性方程组解的结构

齐次线性方程组的解有如下性质.

性质 3.3　若 $\boldsymbol{X}_1,\boldsymbol{X}_2$ 是方程组 $\boldsymbol{AX}=\boldsymbol{0}$ 的解,则 $\boldsymbol{X}_1+\boldsymbol{X}_2$ 也为该方程组的解.

证　因为 $\boldsymbol{X}_1,\boldsymbol{X}_2$ 是方程组 $\boldsymbol{AX}=\boldsymbol{0}$ 的解,即 $\boldsymbol{AX}_1=\boldsymbol{0},\boldsymbol{AX}_2=\boldsymbol{0}$,所以 $\boldsymbol{A}(\boldsymbol{X}_1+\boldsymbol{X}_2)=\boldsymbol{AX}_1+\boldsymbol{AX}_2=\boldsymbol{0}$,即 $\boldsymbol{X}_1+\boldsymbol{X}_2$ 也为该方程组的解.

性质 3.4　若 $\boldsymbol{X}_1$ 是方程组 $\boldsymbol{AX}=\boldsymbol{0}$ 的解,则 $k\boldsymbol{X}_1$(k 为任意常数)也为该方程组的解.

证　因为 $\boldsymbol{X}_1$ 是方程组 $\boldsymbol{AX}=\boldsymbol{0}$的解,所以 $\boldsymbol{AX}_1=\boldsymbol{0}$,则 $\boldsymbol{A}(k\boldsymbol{X}_1)=k(\boldsymbol{AX}_1)=\boldsymbol{0}$,所以 $k\boldsymbol{X}_1$ 也为该方程组的解.

性质 3.5　若 $\boldsymbol{X}_1,\boldsymbol{X}_2,\cdots,\boldsymbol{X}_s$ 都是方程组 $\boldsymbol{AX}=\boldsymbol{0}$的解,则 $k_1\boldsymbol{X}_1+k_2\boldsymbol{X}_2+\cdots+k_s\boldsymbol{X}_s$ 也为该方程组的解,其中 $k_1,k_2,\cdots,k_s$ 为任意常数.

证　因为 $\boldsymbol{X}_1,\boldsymbol{X}_2,\cdots,\boldsymbol{X}_s$ 都是方程组 $\boldsymbol{AX}=\boldsymbol{0}$ 的解，则

$$\boldsymbol{AX}_1=\boldsymbol{AX}_2=\cdots=\boldsymbol{AX}_s=\boldsymbol{0},$$

故

$$\begin{aligned}\boldsymbol{A}(k_1\boldsymbol{X}_1+k_2\boldsymbol{X}_2+\cdots+k_s\boldsymbol{X}_s)&=k_1(\boldsymbol{AX}_1)+k_2(\boldsymbol{AX}_2)+\cdots+k_s(\boldsymbol{AX}_s)\\&=\boldsymbol{0}+\cdots+\boldsymbol{0}=\boldsymbol{0},\end{aligned}$$

即 $k_1\boldsymbol{X}_1+k_2\boldsymbol{X}_2+\cdots+k_s\boldsymbol{X}_s$ 也为该方程组的解.

由以上性质得知如果一个齐次方程组有非零解，则它必有无穷多个解.

由 3.1 节可知由有序 n 元数组构成的向量空间 $\mathbf{R}^n$ 中有 n 个线性无关的向量，任意 $n+1$ 个向量线性相关，同时可知若 V 是 $\mathbf{R}^n$ 的一个非空子集，V 中的向量经过线性运算所得的新向量仍在 V 中，则 V 也构成一个向量空间，也称为 $\mathbf{R}^n$ 的一个子空间. 对于一般的向量空间，有如下定义.

定义 3.11　设 V 是 $\mathbf{R}^n$ 的一个子空间，若 V 中存在 r 个向量 $\boldsymbol{\alpha}_1,\boldsymbol{\alpha}_2,\cdots,\boldsymbol{\alpha}_r$ 满足

(1) $\boldsymbol{\alpha}_1,\boldsymbol{\alpha}_2,\cdots,\boldsymbol{\alpha}_r$ 线性无关；

(2) V 中任意一个向量都可由 $\boldsymbol{\alpha}_1,\boldsymbol{\alpha}_2,\cdots,\boldsymbol{\alpha}_r$ 线性表示，

则称向量组 $\boldsymbol{\alpha}_1,\boldsymbol{\alpha}_2,\cdots,\boldsymbol{\alpha}_r$ 是向量空间 V 的一个基，r 称为向量空间 V 的**维数**，并称 V 为 r **维向量空间**.

将 $\boldsymbol{AX}=\boldsymbol{0}$ 的解的全体记为 W，即 $W=\{X\in\mathbf{R}^n\mid\boldsymbol{AX}=\boldsymbol{0}\}$. 由性质 3.3 和性质 3.4及定义 3.11 知道 W 也构成 $\mathbf{R}^n$ 的一个子空间，也称为齐次线性方程组 $\boldsymbol{AX}=\boldsymbol{0}$ 的**解空间**，其任意一组基称为齐次线性方程组的一个**基础解系**. 显然有以下定义.

定义 3.12　若齐次线性方程组 $\boldsymbol{AX}=\boldsymbol{0}$ 的有限个解 $\boldsymbol{X}_1,\boldsymbol{X}_2,\cdots,\boldsymbol{X}_s$ 满足

(1) $\boldsymbol{X}_1,\boldsymbol{X}_2,\cdots,\boldsymbol{X}_s$ 线性无关；

(2) 该方程组的任意一个解均可由 $\boldsymbol{X}_1,\boldsymbol{X}_2,\cdots,\boldsymbol{X}_s$ 线性表示，

则 $\boldsymbol{X}_1,\boldsymbol{X}_2,\cdots,\boldsymbol{X}_s$ 构成齐次线性方程组 $\boldsymbol{AX}=\boldsymbol{0}$ 的解空间的一个基础解系.

有非零解的齐次线性方程组一定有基础解系.

定理 3.13　设齐次线性方程组 $\boldsymbol{AX}=\boldsymbol{0}$ 满足：$R(\mathbf{A})<n$，则该方程组一定有基础解系，并且基础解系中所含解向量的个数等于 $n-R(\mathbf{A})$.

证　设 $R(\mathbf{A})=r$，并不妨设左上角的 r 阶子式不等于零，于是 $\bar{\mathbf{A}}$ 经过初等行变换可以化为

$$\begin{bmatrix}1 & 0 & \cdots & 0 & c_{1,r+1} & \cdots & c_{1n} & 0\\ & 1 & \cdots & 0 & c_{2,r+1} & \cdots & c_{2n} & 0\\ & & \ddots & \vdots & \vdots & & \vdots & \vdots\\ & & & 1 & c_{r,r+1} & \cdots & c_{rn} & 0\\ & & & & & & & 0\\ & & & & & & & 0\\ & & & & & & & \vdots\\ & & & & & & & 0\end{bmatrix}\text{（行最简形矩阵），}$$

可得

$$\begin{cases} x_1 = -c_{1,r+1}x_{r+1} - c_{1,r+2}x_{r+2} - \cdots - c_{1n}x_n, \\ x_2 = -c_{2,r+1}x_{r+1} - c_{2,r+2}x_{r+2} - \cdots - c_{2n}x_n, \\ \cdots\cdots \\ x_r = -c_{r,r+1}x_{r+1} - c_{r,r+2}x_{r+2} - \cdots - c_{rn}x_n, \end{cases} \tag{3.1}$$

其中 $x_{r+1},x_{r+2},\cdots,x_n$ 为 $n-r$ 个自由未知量，对这 $n-r$ 个未知量分别取 $n-r$ 个组数：

$$\begin{bmatrix} x_{r+1} \\ x_{r+2} \\ \vdots \\ x_n \end{bmatrix} = \begin{bmatrix} 1 \\ 0 \\ \vdots \\ 0 \end{bmatrix}, \begin{bmatrix} 0 \\ 1 \\ \vdots \\ 0 \end{bmatrix}, \cdots, \begin{bmatrix} 0 \\ 0 \\ \vdots \\ 1 \end{bmatrix},$$

可得原方程组的 $n-r$ 个解向量：

$$\boldsymbol{\xi}_1 = \begin{bmatrix} -c_{1,r+1} \\ -c_{2,r+1} \\ \vdots \\ -c_{r,r+1} \\ 1 \\ 0 \\ \vdots \\ 0 \end{bmatrix}, \boldsymbol{\xi}_2 = \begin{bmatrix} -c_{1,r+2} \\ -c_{2,r+2} \\ \vdots \\ -c_{r,r+2} \\ 0 \\ 1 \\ \vdots \\ 0 \end{bmatrix}, \cdots, \boldsymbol{\xi}_{n-r} = \begin{bmatrix} -c_{1n} \\ -c_{2n} \\ \vdots \\ -c_{rn} \\ 0 \\ 0 \\ \vdots \\ 1 \end{bmatrix}.$$

下面证明 $\boldsymbol{\xi}_1,\boldsymbol{\xi}_2,\cdots,\boldsymbol{\xi}_{n-r}$ 就是原方程组的一个基础解系. 以解向量 $\boldsymbol{\xi}_1,\boldsymbol{\xi}_2,\cdots,\boldsymbol{\xi}_{n-r}$ 为列向量构成矩阵

$$\begin{bmatrix} -c_{1,r+1} & -c_{1,r+2} & \cdots & -c_{1n} \\ -c_{2,r+1} & -c_{2,r+2} & \cdots & -c_{2n} \\ \vdots & \vdots & & \vdots \\ -c_{r,r+1} & -c_{r,r+2} & \cdots & -c_{rn} \\ 1 & 0 & \cdots & 0 \\ 0 & 1 & \cdots & 0 \\ \vdots & \vdots & & \vdots \\ 0 & 0 & \cdots & 1 \end{bmatrix},$$

有 $n-r$ 阶子式

$$\begin{vmatrix} 1 & 0 & 0 & \cdots & 0 \\ 0 & 1 & 0 & \cdots & 0 \\ 0 & 0 & 1 & \cdots & 0 \\ \vdots & \vdots & \vdots & & \vdots \\ 0 & 0 & 0 & \cdots & 1 \end{vmatrix} = 1 \neq 0,$$

所以 $\boldsymbol{\xi}_1,\boldsymbol{\xi}_2,\cdots,\boldsymbol{\xi}_{n-r}$ 线性无关.

设原方程的任意一个解 $\boldsymbol{X}=(k_1,k_2,\cdots,k_n)^{\mathrm{T}}$. 因为原方程组 $\boldsymbol{AX}=\boldsymbol{0}$ 与方程组(3.1)同解,所以有

$$\begin{cases} k_1=-c_{1,r+1}k_{r+1}-c_{1,r+2}k_{r+2}-\cdots-c_{1n}k_n, \\ k_2=-c_{2,r+1}k_{r+1}-c_{2,r+2}k_{r+2}-\cdots-c_{2n}k_n, \\ \qquad\cdots\cdots \\ k_r=-c_{r,r+1}k_{r+1}-c_{r,r+2}k_{r+2}-\cdots-c_{rn}k_n, \end{cases}$$

即

$$\boldsymbol{X}=k_{r+1}\begin{bmatrix} -c_{1,r+1} \\ -c_{2,r+1} \\ \vdots \\ -c_{r,r+1} \\ 1 \\ 0 \\ \vdots \\ 0 \end{bmatrix}+k_{r+2}\begin{bmatrix} -c_{1,r+2} \\ -c_{2,r+2} \\ \vdots \\ -c_{r,r+2} \\ 0 \\ 1 \\ \vdots \\ 0 \end{bmatrix}+\cdots+k_n\begin{bmatrix} -c_{1n} \\ -c_{2n} \\ \vdots \\ -c_{rn} \\ 0 \\ 0 \\ \vdots \\ 1 \end{bmatrix}=k_{r+1}\boldsymbol{\xi}_1+k_{r+2}\boldsymbol{\xi}_2+\cdots+k_n\boldsymbol{\xi}_{n-r}.$$

原方程组的任意一组解都可用 $\boldsymbol{\xi}_1,\boldsymbol{\xi}_2,\cdots,\boldsymbol{\xi}_{n-r}$ 线性表示,这个解也称为齐次线性方程组 $\boldsymbol{AX}=\boldsymbol{0}$ 的**通解**.

由于自由未知量 $x_{r+1},x_{r+2},\cdots,x_n$ 的取值不唯一,所以基础解系也不唯一. 以上定理的证明过程也是基础解系及通解的求解过程.

例 3.4.4 求 $\begin{cases} 2x_1+x_2-2x_3+3x_4=0, \\ 3x_1+2x_2-x_3+2x_4=0, \\ x_1+x_2+x_3-x_4=0 \end{cases}$ 的基础解系,写出其通解.

解 对其增广矩阵进行初等行变换,得

$$\bar{\boldsymbol{A}}=\begin{bmatrix} 2 & 1 & -2 & 3 & 0 \\ 3 & 2 & -1 & 2 & 0 \\ 1 & 1 & 1 & -1 & 0 \end{bmatrix} \to \begin{bmatrix} 1 & 1 & 1 & -1 & 0 \\ 0 & -1 & -4 & 5 & 0 \\ 0 & 0 & 0 & 0 & 0 \end{bmatrix},$$

显然 $R(\bar{\boldsymbol{A}})=2<4$, $n-r=4-2=2$,因此方程组有无穷多个解,基础解系由两个线性无关的解组成. 再将阶梯形矩阵化为行最简阶梯形矩阵:

$$\begin{bmatrix}1&0&-3&4&0\\0&1&4&-5&0\\0&0&0&0&0\end{bmatrix},$$

得同解方程组 $\begin{cases}x_1=3x_3-4x_4,\\x_2=-4x_3+5x_4,\end{cases}$ 令

$$\begin{bmatrix}x_3\\x_4\end{bmatrix}=\begin{bmatrix}1\\0\end{bmatrix}\quad 或\quad \begin{bmatrix}0\\1\end{bmatrix},$$

得方程组的基础解系

$$\boldsymbol{\xi}_1=\begin{bmatrix}3\\-4\\1\\0\end{bmatrix},\quad \boldsymbol{\xi}_2=\begin{bmatrix}-4\\5\\0\\1\end{bmatrix},$$

故原方程组的通解为

$$\boldsymbol{X}=k_1\boldsymbol{\xi}_1+k_2\boldsymbol{\xi}_2,\quad k_i\in\mathbf{R},\quad i=1,2.$$

例 3.4.5 求齐次方程 $\begin{cases}x_1+2x_2-3x_3-x_4=0,\\2x_1+3x_2+x_3+3x_4=0,\\-x_1-2x_2+4x_3-5x_4=0,\\2x_1+3x_2+2x_3-3x_4=0\end{cases}$ 的基础解系.

解 对其增广矩阵进行初等行变换,得

$$\bar{\boldsymbol{A}}=\begin{bmatrix}1&2&-3&-1&0\\2&3&1&3&0\\-1&-2&4&-5&0\\2&3&2&-3&0\end{bmatrix}\to\begin{bmatrix}1&2&-3&-1&0\\0&1&-7&-5&0\\0&0&1&-6&0\\0&0&1&-6&0\end{bmatrix}\to\begin{bmatrix}1&2&-3&-1&0\\0&1&-7&-5&0\\0&0&1&-6&0\\0&0&0&0&0\end{bmatrix},$$

$R(\bar{\boldsymbol{A}})=3<4$,因此方程组有无穷多个解,基础解系中仅含 1 个解向量.接着将阶梯形矩阵化为行最简阶梯形矩阵

$$\begin{bmatrix}1&0&0&75&0\\0&1&0&-47&0\\0&0&1&-6&0\\0&0&0&0&0\end{bmatrix},$$

所以得 $\begin{cases}x_1=-75x_4,\\x_2=47x_4,\\x_3=6x_4,\end{cases}$ 令 $x_4=1$,得方程组的基础解系为

$$\xi=\begin{bmatrix}-75\\47\\6\\1\end{bmatrix}.$$

3.4.3 非齐次线性方程组解的结构

非齐次线性方程组的解与齐次线性方程组的解有着密切的关系. 设有非齐次线性方程组 $\boldsymbol{AX}=\boldsymbol{b}$,把常数项全部换为零,得到齐次线性方程组 $\boldsymbol{AX}=\boldsymbol{0}$,称 $\boldsymbol{AX}=\boldsymbol{0}$ 为 $\boldsymbol{AX}=\boldsymbol{b}$ 的**导出方程组**,简称为**导出组**.

非齐次线性方程组和它的导出组之间有如下的关系.

性质 3.6 设 $\boldsymbol{X}_1,\boldsymbol{X}_2$ 为非齐次线性方程组 $\boldsymbol{A}_{m\times n}\boldsymbol{X}=\boldsymbol{b}$ 的任意两个解,则 $\boldsymbol{X}_1-\boldsymbol{X}_2$ 是其导出组 $\boldsymbol{AX}=\boldsymbol{0}$的一个解.

证 因为 $\boldsymbol{X}_1,\boldsymbol{X}_2$ 为 $\boldsymbol{A}_{m\times n}\boldsymbol{X}=\boldsymbol{b}$ 的任意两个解,则 $\boldsymbol{A}_{m\times n}\boldsymbol{X}_1=\boldsymbol{b},\boldsymbol{A}_{m\times n}\boldsymbol{X}_2=\boldsymbol{b}$,所以 $\boldsymbol{A}_{m\times n}(\boldsymbol{X}_1-\boldsymbol{X}_2)=\boldsymbol{b}-\boldsymbol{b}=\boldsymbol{0}$,则 $\boldsymbol{X}_1-\boldsymbol{X}_2$ 是导出组 $\boldsymbol{AX}=\boldsymbol{0}$的一个解.

性质 3.7 设 $\boldsymbol{X}_0$ 是非齐次线性方程组 $\boldsymbol{AX}=\boldsymbol{b}$ 的任意解,$\bar{\boldsymbol{X}}$ 是其导出组 $\boldsymbol{AX}=\boldsymbol{0}$的任意一个解,则 $\boldsymbol{X}_0+\bar{\boldsymbol{X}}$ 是 $\boldsymbol{AX}=\boldsymbol{b}$ 的解.

证 因为 $\boldsymbol{X}_0$ 是 $\boldsymbol{AX}=\boldsymbol{b}$ 的一个解向量,所以 $\boldsymbol{AX}_0=\boldsymbol{b}$. 又 $\bar{\boldsymbol{X}}$ 是其导出组的解,即 $\boldsymbol{A}\bar{\boldsymbol{X}}=\boldsymbol{0}$,因此 $\boldsymbol{A}(\boldsymbol{X}_0+\bar{\boldsymbol{X}})=\boldsymbol{AX}_0+\boldsymbol{A}\bar{\boldsymbol{X}}=\boldsymbol{b}+\boldsymbol{0}=\boldsymbol{b}$,即 $\boldsymbol{X}_0+\bar{\boldsymbol{X}}$ 是 $\boldsymbol{AX}=\boldsymbol{b}$ 的解.

与齐次线性方程组不同的是,非齐次线性方程组解向量的线性组合一般不再是非齐次线性方程组的解向量. 也就是说,若 $\boldsymbol{X}_1,\boldsymbol{X}_2,\cdots,\boldsymbol{X}_s$ 是非齐次线性方程组 $\boldsymbol{AX}=\boldsymbol{b}$ 的解向量,那么 $k_1\boldsymbol{X}_1+k_2\boldsymbol{X}_2+\cdots+k_s\boldsymbol{X}_s$ 一般不再是 $\boldsymbol{AX}=\boldsymbol{b}$ 的解向量,除非 $k_1+k_2+\cdots+k_s=1$.

与齐次线性方程组相同的是非齐次线性方程组仅在有无穷多个解时,才需要研究解集合的结构.

定理 3.14 设非齐次线性方程组 $\boldsymbol{AX}=\boldsymbol{b}$ 有无穷多个解,则其一般解为

$$\boldsymbol{\eta}_0+k_1\boldsymbol{\xi}_1+k_2\boldsymbol{\xi}_2+\cdots+k_s\boldsymbol{\xi}_s,$$

其中 $\boldsymbol{\eta}_0$ 是 $\boldsymbol{AX}=\boldsymbol{b}$ 的一个特解,$\boldsymbol{\xi}_1,\boldsymbol{\xi}_2,\cdots,\boldsymbol{\xi}_s$ 是导出组 $\boldsymbol{AX}=\boldsymbol{0}$的一个基础解系,$k_1,k_2,\cdots,k_s$ 是任意常数.

证 显然 $\boldsymbol{\eta}_0+k_1\boldsymbol{\xi}_1+k_2\boldsymbol{\xi}_2+\cdots+k_s\boldsymbol{\xi}_s$ 是 $\boldsymbol{AX}=\boldsymbol{b}$ 的解. 反之,任取 $\boldsymbol{AX}=\boldsymbol{b}$ 的一个解 $\boldsymbol{X}$,则 $\boldsymbol{X}-\boldsymbol{\eta}_0$ 是导出方程组 $\boldsymbol{AX}=\boldsymbol{0}$的解. 于是 $\boldsymbol{X}-\boldsymbol{\eta}_0=k_1\boldsymbol{\xi}_1+k_2\boldsymbol{\xi}_2+\cdots+k_s\boldsymbol{\xi}_s$,即

$$\boldsymbol{X}=\boldsymbol{\eta}_0+k_1\boldsymbol{\xi}_1+k_2\boldsymbol{\xi}_2+\cdots+k_s\boldsymbol{\xi}_s,$$

所以 $\boldsymbol{\eta}_0+k_1\boldsymbol{\xi}_1+k_2\boldsymbol{\xi}_2+\cdots+k_s\boldsymbol{\xi}_s$ 是 $\boldsymbol{AX}=\boldsymbol{b}$ 的一般解(通解).

例 3.4.6 求非齐次线性方程组 $\begin{cases}x_1-x_2+x_3-x_4=1,\\x_1-x_2-x_3+x_4=0,\\2x_1-2x_2-4x_3+4x_4=-1\end{cases}$ 的通解.

解　$\overline{A}=\begin{bmatrix}1&-1&1&-1&1\\1&-1&-1&1&0\\2&-2&-4&4&-1\end{bmatrix}\to\begin{bmatrix}1&-1&1&-1&1\\0&0&1&-1&\frac{1}{2}\\0&0&0&0&0\end{bmatrix}$.

因为 $R(\boldsymbol{A})=R(\overline{\boldsymbol{A}})=2<4$，所以方程组有无穷多个解，再将矩阵化成最简形

$$\begin{bmatrix}1&-1&0&0&\frac{1}{2}\\0&0&1&-1&\frac{1}{2}\\0&0&0&0&0\end{bmatrix},$$

则得到同解方程组为$\begin{cases}x_1=\frac{1}{2}+x_2,\\x_3=\frac{1}{2}+x_4,\end{cases}$令$\begin{bmatrix}x_2\\x_4\end{bmatrix}=\begin{bmatrix}0\\0\end{bmatrix}$，得原方程组的特解

$$\boldsymbol{\eta}_0=\begin{bmatrix}\frac{1}{2}\\0\\\frac{1}{2}\\0\end{bmatrix}.$$

令$\begin{bmatrix}x_2\\x_4\end{bmatrix}=\begin{bmatrix}1\\0\end{bmatrix}$或$\begin{bmatrix}0\\1\end{bmatrix}$，得导出组的基础解系：

$$\boldsymbol{\xi}_1=\begin{bmatrix}1\\1\\0\\0\end{bmatrix},\quad\boldsymbol{\xi}_2=\begin{bmatrix}0\\0\\1\\1\end{bmatrix}.$$

故原方程组的通解为

$$\boldsymbol{X}=k_1\boldsymbol{\xi}_1+k_2\boldsymbol{\xi}_2,\quad k_i\in\mathbf{R},\quad i=1,2.$$

例 3.4.7　设四元非齐次线性方程组 $\boldsymbol{AX}=\boldsymbol{b}$，且 $R(\boldsymbol{A})=3$，$\boldsymbol{\alpha}_1$，$\boldsymbol{\alpha}_2$，$\boldsymbol{\alpha}_3$ 是 $\boldsymbol{AX}=\boldsymbol{b}$ 的三个解向量，其中 $\boldsymbol{\alpha}_1=\begin{bmatrix}2\\0\\0\\5\end{bmatrix}$，$\boldsymbol{\alpha}_2+\boldsymbol{\alpha}_3=\begin{bmatrix}2\\0\\0\\6\end{bmatrix}$，求 $\boldsymbol{AX}=\boldsymbol{b}$ 的通解.

解　因为 $R(\boldsymbol{A})=3$，所以 $\boldsymbol{AX}=\boldsymbol{b}$ 的导出方程 $\boldsymbol{AX}=\boldsymbol{0}$的基础解系所含向量的个数为 $n-r=1$.

由线性方程组解的性质可知

$$\boldsymbol{\xi}_1=\boldsymbol{\alpha}_1-\frac{\boldsymbol{\alpha}_2+\boldsymbol{\alpha}_3}{2}=\begin{bmatrix}2\\0\\0\\5\end{bmatrix}-\begin{bmatrix}1\\0\\0\\3\end{bmatrix}=\begin{bmatrix}1\\0\\0\\2\end{bmatrix}$$

是 $\boldsymbol{AX}=\mathbf{0}$ 的一个基础解系，故 $\boldsymbol{AX}=\boldsymbol{b}$ 的通解为 $\boldsymbol{X}=\boldsymbol{\alpha}_1+k\boldsymbol{\xi}_1=\begin{bmatrix}2\\0\\0\\5\end{bmatrix}+k\begin{bmatrix}1\\0\\0\\2\end{bmatrix}$，$k$ 为任意常数.

3.5 线性方程组模型应用举例

线性方程组是最简单也是最重要的一类代数方程组. 自然现象通常都是线性的，或者当变量取值在合理范围内时近似于线性，因此大量的科学技术问题最终往往归结为解线性方程组的问题. 此外，线性模型比复杂的非线性模型更易于用计算机进行计算. 下面给出线性方程组在日常生活中的应用实例.

3.5.1 药方配制问题

下面通过中成药药方配制问题，介绍向量组的线性相关性、最大线性无关组向量的线性表示以及向量空间等线性代数的知识.

例 3.5.1 某中药厂用 9 种中草药 A 至 I，根据不同的比例配制成了 7 种特效药，各用量成分见表 3.2.

表 3.2 中药配制成分表 （单位：克）

中药配方	1号	2号	3号	4号	5号	6号	7号
A	10	2	14	12	20	38	10
B	12	0	12	25	35	60	55
C	5	3	11	0	5	14	0
D	7	9	25	5	15	47	35
E	0	1	2	25	5	33	6
F	25	5	35	5	35	55	50
G	9	4	17	25	2	39	25
H	6	5	16	10	10	35	10
I	8	2	12	0	2	6	20

试解答：(1)某医院要购买这 7 种特效药，但药厂的第 3 号药和第 6 号药已经卖完，请问能否用其他特效药配制出这两种脱销的药品；(2)现在该医院想用这 7

种草药配制三种新的特效药，表 3.3 给出了三种新的特效药的成分，请问能否配制，如何配制？

表 3.3　特效药的成分表　（单位:克）

中药配方	1 号新药	2 号新药	3 号新药
A	40	162	88
B	62	141	67
C	14	27	8
D	44	102	51
E	53	60	7
F	50	155	80
G	71	118	38
H	41	68	21
I	14	52	30

解　(1) 把每种特效药看成一个 9 维列向量：$\boldsymbol{u}_1,\boldsymbol{u}_2,\cdots,\boldsymbol{u}_7$，分析这 7 个列向量构成的向量组的线性相关性. 若向量组线性无关，则无法配制脱销的特效药；若向量组线性相关，且能将 $\boldsymbol{u}_3,\boldsymbol{u}_6$ 用其余向量线性表示，则可以配制 3 号和 6 号药.

设 $\boldsymbol{U}=(\boldsymbol{u}_1,\boldsymbol{u}_2,\boldsymbol{u}_3,\boldsymbol{u}_4,\boldsymbol{u}_5,\boldsymbol{u}_6,\boldsymbol{u}_7)$，经过初等行变换化为行最简阶梯形

$$\boldsymbol{U}_0=\begin{bmatrix}1&0&1&0&0&0&0\\0&1&2&0&0&3&0\\0&0&0&1&0&1&0\\0&0&0&0&1&1&0\\0&0&0&0&0&0&1\\0&0&0&0&0&0&0\\0&0&0&0&0&0&0\\0&0&0&0&0&0&0\\0&0&0&0&0&0&0\end{bmatrix}.$$

显然 $\boldsymbol{u}_1,\boldsymbol{u}_2,\boldsymbol{u}_4,\boldsymbol{u}_5,\boldsymbol{u}_7$ 线性无关，且 $\boldsymbol{u}_3=\boldsymbol{u}_1+2\boldsymbol{u}_2,\boldsymbol{u}_6=3\boldsymbol{u}_2+\boldsymbol{u}_4+\boldsymbol{u}_5$，即可以配制 3 号和 6 号药.

(2) 三种新药用 $\boldsymbol{v}_1,\boldsymbol{v}_2,\boldsymbol{v}_3$ 表示，问题化为 $\boldsymbol{v}_1,\boldsymbol{v}_2,\boldsymbol{v}_3$ 能否由 $\boldsymbol{u}_1,\boldsymbol{u}_2,\cdots,\boldsymbol{u}_7$ 线性表示，若能表示，则可配制；否则，不能配制.

令 $\boldsymbol{U}=(\boldsymbol{u}_1,\boldsymbol{u}_2,\boldsymbol{u}_3,\boldsymbol{u}_4,\boldsymbol{u}_5,\boldsymbol{u}_6,\boldsymbol{u}_7,\boldsymbol{v}_1,\boldsymbol{v}_2,\boldsymbol{v}_3)$，用同样的方法得

$$
\boldsymbol{U}_0=\begin{bmatrix}1&0&1&0&0&0&0&1&3&0\\0&1&2&0&0&3&0&3&4&0\\0&0&0&1&0&1&0&2&2&0\\0&0&0&0&1&1&0&0&0&0\\0&0&0&0&0&0&1&0&1&0\\0&0&0&0&0&0&0&0&0&1\\0&0&0&0&0&0&0&0&0&0\\0&0&0&0&0&0&0&0&0&0\\0&0&0&0&0&0&0&0&0&0\end{bmatrix}.
$$

显然 $\boldsymbol{u}_1,\boldsymbol{u}_2,\boldsymbol{u}_4,\boldsymbol{u}_5,\boldsymbol{u}_7,\boldsymbol{v}_3$ 线性无关,由于 $\boldsymbol{v}_3$ 在最大无关组,不能被线性表示,所以无法配制,$\boldsymbol{v}_1,\boldsymbol{v}_2$ 可以配制.

3.5.2　交通流量问题

汽车在道路上连续行驶形成的车流,称为交通流.某段时间内在不受横向交叉影响的路段上,交通流呈连续流状态.

假设:(1) 全部流入网络的流量等于全部流出网络的流量;

(2) 全部流入一个节点的流量等于全部流出此节点的流量.

通过以下例题来说明如何建立数学模型确定交通网络未知部分的具体流量.

例 3.5.2　图 3.3 给出了某城市部分单行街道的交通流量(每小时过车数).请确定交通网络未知部分的具体流量.

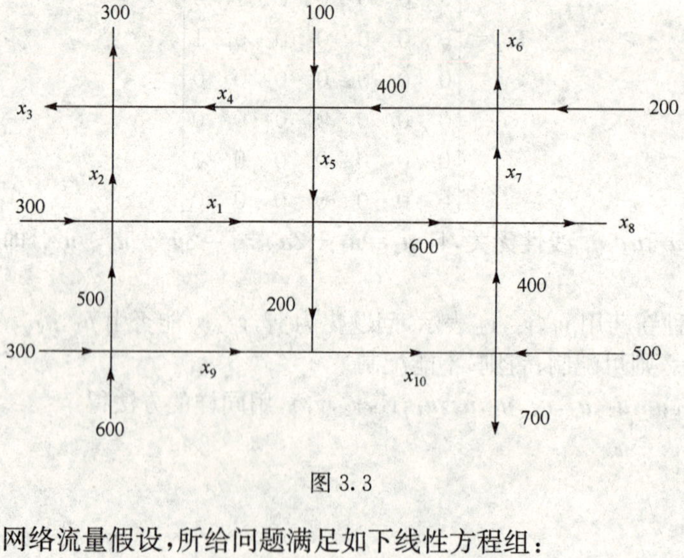

图 3.3

解　由网络流量假设,所给问题满足如下线性方程组:

$$\begin{cases} x_2 - x_3 + x_4 = 300, \\ x_4 + x_5 = 500, \\ x_7 - x_6 = 200, \\ x_1 + x_2 = 800, \\ x_1 + x_5 = 800, \\ x_7 + x_8 = 1000, \\ x_9 = 400, \\ x_{10} - x_9 = 200, \\ x_{10} = 600, \\ x_8 + x_3 + x_6 = 1000. \end{cases}$$

该线性方程组的增广矩阵化为行最简阶梯形矩阵

$$\boldsymbol{B} = \begin{bmatrix} 1 & 0 & 0 & 0 & 1 & 0 & 0 & 0 & 0 & 0 & 800 \\ 0 & 1 & 0 & 0 & -1 & 0 & 0 & 0 & 0 & 0 & 0 \\ 0 & 0 & 1 & 0 & 0 & 0 & 0 & 0 & 0 & 0 & 200 \\ 0 & 0 & 0 & 1 & 1 & 0 & 0 & 0 & 0 & 0 & 500 \\ 0 & 0 & 0 & 0 & 0 & 1 & 0 & 1 & 0 & 0 & 800 \\ 0 & 0 & 0 & 0 & 0 & 0 & 1 & 1 & 0 & 0 & 1000 \\ 0 & 0 & 0 & 0 & 0 & 0 & 0 & 0 & 1 & 0 & 400 \\ 0 & 0 & 0 & 0 & 0 & 0 & 0 & 0 & 0 & 1 & 600 \\ 0 & 0 & 0 & 0 & 0 & 0 & 0 & 0 & 0 & 0 & 0 \\ 0 & 0 & 0 & 0 & 0 & 0 & 0 & 0 & 0 & 0 & 0 \end{bmatrix},$$

其对应的非齐次方程组为

$$\begin{cases} x_1 + x_5 = 800, \\ x_2 - x_5 = 0, \\ x_3 = 200, \\ x_4 + x_5 = 500, \\ x_6 + x_8 = 800, \\ x_7 + x_8 = 1000, \\ x_9 = 400, \\ x_{10} = 600. \end{cases}$$

取(x_5, x_8)为自由取值未知量，分别赋两组值为(1,0)，(0,1)，得齐次方程组基础解系中两个解向量

$$\boldsymbol{\xi}_1 = (-1,1,0,-1,1,0,0,0,0,0)^{\mathrm{T}}, \quad \boldsymbol{\xi}_2 = (0,0,0,0,0,-1,-1,1,0,0)^{\mathrm{T}},$$

赋值给自由未知量(x_5, x_8)为(0,0)得非齐次方程组的特解

$$\boldsymbol{\eta}_0=(800,0,200,500,0,800,1000,0,400,600)^{\mathrm{T}}.$$

于是方程组的通解 $\boldsymbol{X}=\boldsymbol{\eta}_0+k_1\boldsymbol{\xi}_1+k_2\boldsymbol{\xi}_2$，其中 k_1,k_2 为任意常数，$\boldsymbol{X}$ 的每一个分量即为交通网络未知部分的具体流量，它有无穷多解. 是不是真的有无穷多个解呢？答案是否定的，因为车流量是非负整数，所以以上变量还需满足

$$\begin{cases}x_1=-k_1+800\geqslant0,\\x_2=k_1\geqslant0,\\x_3=200\geqslant0,\\x_4=-k_1+500\geqslant0,\\x_5=k_1\geqslant0,\\x_6=-k_2+800\geqslant0,\\x_7=-k_2+1000\geqslant0,\\x_8=k_2\geqslant0,\\x_9=400\geqslant0,\\x_{10}=600\geqslant0,\end{cases}$$

即 $0\leqslant k_1\leqslant500,0\leqslant k_2\leqslant800$.

3.5.3　电网模型

在工程技术中所遇到的电路是由电器元件按照一定方式互相连接而构成的网络. 在电路中，含有元件的导线称为支路，而三条或三条以上的支路的会合点称为节点. 电路网络分析，粗略地说，就是求出电路网络各条支路上的电流和电压. 对于这类问题的计算，通常采用基尔霍夫(Kirchhoff)定律，即在任一节点处，支路电流的代数和在任一瞬时恒为零(通常把流入节点的电流取为负的，流出节点的电流取为正的)来解决.

例 3.5.3　确定图 3.4 电网中的回路电流.

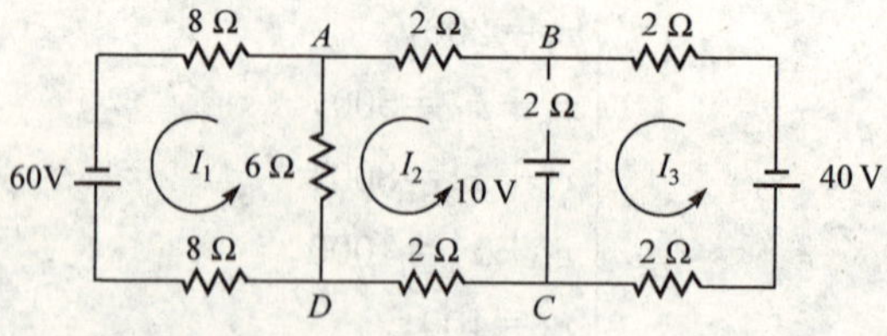

图 3.4

解　在回路 1 中，电流 I_1 流过三个电阻，且电压降 IR 为 $8I_1+8I_1+6I_1=22I_1$ V；在回路 2 中的电流也流经回路 1 的一部分，即从 D 到 A 的分支，对应的电压降 IR 为 $6I_2$ V. 然而，回路 1 中电流在 DA 段的方向与回路 2 中选定的方向相反，因此，回路 1 中所有电压降 IR 的代数和为 $22I_1-6I_2$. 由于回路 1 中的电压为

60V,由基尔霍夫电压定律,可得回路 1 的方程为

$$22I_1-6I_2=60.$$

同理,可得回路 2 的方程为

$$-6I_1+12I_2-2I_3=10,$$

其中,$-6I_1$ 是回路 1 中流经 DA 分支的电流(因为电流与回路 2 中的电流方向相反,所以电压为负);$12I_2$ 是回路 2 中所有的电阻乘上回路电流的和;$-2I_3$ 是回路 3 中流经 CB 分支上 2Ω 电阻的电流,方向与回路 2 中该段的电流方向相反. 回路 3 的方程为

$$-2I_2+6I_3=-50.$$

注意,在 CB 分支上 10V 的电池被当作回路 2 和回路 3 中的一部分,但是由于回路 3 中电流方向,电池在回路 3 中为 -10V. 出于同样的道理,40V 的电池也应取负值.

综合上述讨论,上述电网的回路电流满足下列线性方程组

$$\begin{cases}22I_1-6I_2=60,\\-6I_1+12I_2-2I_3=10,\\-2I_2+6I_3=-50,\end{cases}$$

写成矩阵形式为

$$\begin{bmatrix}22&-6&0\\-6&12&-2\\0&-2&6\end{bmatrix}\begin{bmatrix}I_1\\I_2\\I_3\end{bmatrix}=\begin{bmatrix}60\\10\\-50\end{bmatrix}.$$

对增广矩阵进行行变换,得

$$\begin{bmatrix}1&0&0&3\\0&1&0&1\\0&0&1&-8\end{bmatrix},$$

从而解得 $I_1=3$A, $I_2=1$A, $I_3=-8$A. I_3 取负值说明回路 3 中的实际电流与图中显示的电流方向相反.

3.5.4　企业投入产生分析模型

例 3.5.4　某地区有三个重要产业:一个煤矿,一个发电厂和一条地方铁路. 开采一元钱的煤,煤矿要支付 0.65 元的电费及 0.55 元的运输费. 生产一元钱的电力,发电厂要支付 0.25 元的煤费、0.05 元的电费及 0.10 元的运输费. 创收一元钱的运输费,铁路要支付 0.25 元的煤费及 0.05 元的电费. 在某一周内,煤矿接到外地金额为 50000 元的订货,发电厂接到外地金额为 25000 元的订货,外界对地方铁路没有需求. 问三个企业在这一周内总产值多少才能满足自身及外界的需求?

解　设 x_1 为煤矿本周内的总产值,x_2 为电厂本周的总产值,x_3 为铁路本周内

的总产值,则

$$\begin{cases} x_1-(0.65x_2+0.55x_3)=50000, \\ x_2-(0.25x_1+0.05x_2+0.10x_3)=25000, \\ x_3-(0.25x_1+0.05x_2)=0, \end{cases}$$

即

$$\begin{bmatrix} x_1 \\ x_2 \\ x_3 \end{bmatrix}-\begin{bmatrix} 0 & 0.65 & 0.55 \\ 0.25 & 0.05 & 0.10 \\ 0.25 & 0.05 & 0 \end{bmatrix}\begin{bmatrix} x_1 \\ x_2 \\ x_3 \end{bmatrix}=\begin{bmatrix} 50000 \\ 25000 \\ 0 \end{bmatrix}, \tag{3.2}$$

所以有

$$\boldsymbol{X}=\begin{bmatrix} x_1 \\ x_2 \\ x_3 \end{bmatrix}, \quad \boldsymbol{A}=\begin{bmatrix} 0 & 0.65 & 0.55 \\ 0.25 & 0.05 & 0.10 \\ 0.25 & 0.05 & 0 \end{bmatrix}, \quad \boldsymbol{Y}=\begin{bmatrix} 50000 \\ 25000 \\ 0 \end{bmatrix}.$$

矩阵 $\boldsymbol{A}$ 称为直接消耗矩阵,$\boldsymbol{X}$ 称为产出向量,$\boldsymbol{Y}$ 称为需求向量,则方程组(3.2)为

$$\boldsymbol{X}-\boldsymbol{A}\boldsymbol{X}=\boldsymbol{Y}, \text{即}(\boldsymbol{E}-\boldsymbol{A})\boldsymbol{X}=\boldsymbol{Y}, \tag{3.3}$$

$(\boldsymbol{E}-\boldsymbol{A})$称为里昂惕夫(Leontief)矩阵,里昂惕夫矩阵为非奇异矩阵.

投入产出分析表　设

$$\boldsymbol{B}=(\boldsymbol{E}-\boldsymbol{A})^{-1}-\boldsymbol{E}, \quad \boldsymbol{C}=\boldsymbol{A}\begin{bmatrix} x_1 & 0 & 0 \\ 0 & x_2 & 0 \\ 0 & 0 & x_3 \end{bmatrix},$$

矩阵 $\boldsymbol{B}$ 称为完全消耗矩阵,它与矩阵 $\boldsymbol{A}$ 一起在各个部门之间的投入产生中起平衡作用. 矩阵 $\boldsymbol{C}$ 可以称为投入产出矩阵,它的元素表示煤矿、电厂、铁路之间的投入产出关系.

$$\boldsymbol{D}=(1,1,1)\cdot\boldsymbol{C}.$$

向量 $\boldsymbol{D}$ 称为总投入向量,它的元素是矩阵 $\boldsymbol{C}$ 的对应列元素之和,分别表示煤矿、电厂、铁路得到的总投入. 由矩阵 $\boldsymbol{C}$,向量 $\boldsymbol{Y}$,$\boldsymbol{X}$ 和 $\boldsymbol{D}$,可得如下投入产出分析表 3.4.

表 3.4　投入产出分析表　　(单位:元)

	煤矿	电厂	铁路	外界需求	总产出
煤矿	c_{11}	c_{12}	c_{13}	y_1	x_1
电厂	c_{21}	c_{22}	c_{23}	y_2	x_2
铁路	c_{31}	c_{32}	c_{33}	y_3	x_3
总投入	d_1	d_2	d_3		

计算求解　按式(3.3)解方程组可得产出向量 $\boldsymbol{X}$,于是可计算矩阵 $\boldsymbol{C}$ 和向量

D,计算结果见表 3.5.

表 3.5　投入产出计算结果　(单位:元)

	煤矿	电厂	铁路	外界需求	总产出
煤矿	0	36505.96	15581.51	50000	102087.48
电厂	25521.87	2808.15	2833.00	25000	56163.02
铁路	25521.87	2808.15	0	0	28330.02
总投入	51043.74	42122.27	18414.52		

习题 3

1. 判断下列各题中的向量 $\boldsymbol{\beta}$ 能否表示为其余向量的线性组合,若能,写出一种表示法.

(1) $\boldsymbol{\beta}=(-1,0,2,0),\boldsymbol{\alpha}_1=(1,1,1,1),\boldsymbol{\alpha}_2=(0,1,1,1),\boldsymbol{\alpha}_3=(0,0,1,1),\boldsymbol{\alpha}_4=(0,0,0,1)$;

(2) $\boldsymbol{\beta}=(3,5,-6),\boldsymbol{\alpha}_1=(1,0,1),\boldsymbol{\alpha}_2=(1,1,1),\boldsymbol{\alpha}_3=(0,-1,-1)$;

(3) $\boldsymbol{\beta}=(8,3,-7,10),\boldsymbol{\alpha}_1=(-2,7,1,3),\boldsymbol{\alpha}_2=(3,-5,0,-2),\boldsymbol{\alpha}_3=(-5,6,3,-1)$;

(4) $\boldsymbol{\beta}=(0,-1,0,-1,0),\boldsymbol{\alpha}_1=(1,1,1,1,1),\boldsymbol{\alpha}_2=(1,2,1,3,1),\boldsymbol{\alpha}_3=(1,1,0,1,0),\boldsymbol{\alpha}_4=(2,2,0,0,0)$.

2. 向量组 $\boldsymbol{\alpha}_1=(2,8,0,4)^{\mathrm{T}},\boldsymbol{\alpha}_2=(2,7,1,3)^{\mathrm{T}}\boldsymbol{\alpha}_3=(0,-1,1,a)^{\mathrm{T}},\boldsymbol{\beta}=(3,10,b,4)^{\mathrm{T}}$,问:

当 a 和 b 取何值时 $\boldsymbol{\beta}$ 不能用 $\boldsymbol{\alpha}_1,\boldsymbol{\alpha}_2,\boldsymbol{\alpha}_3$ 线性表示?

3. 设 $\boldsymbol{\beta}_1=\boldsymbol{\alpha}_1-\boldsymbol{\alpha}_2+\boldsymbol{\alpha}_3,\boldsymbol{\beta}_2=\boldsymbol{\alpha}_1+\boldsymbol{\alpha}_2-\boldsymbol{\alpha}_3,\boldsymbol{\beta}_3=-\boldsymbol{\alpha}_1+\boldsymbol{\alpha}_2+\boldsymbol{\alpha}_3$. 证明:向量组(A):$\boldsymbol{\beta}_1,\boldsymbol{\beta}_2,\boldsymbol{\beta}_3$ 与(B):$\boldsymbol{\alpha}_1,\boldsymbol{\alpha}_2,\boldsymbol{\alpha}_3$ 等价.

4. 判断下列向量组是线性无关还是线性相关,若线性相关,试找出该向量组的具体线性关系.

(1) $\boldsymbol{\alpha}_1=(1,3,-4,2),\boldsymbol{\alpha}_2=(0,1,2,5),\boldsymbol{\alpha}_3=(2,-1,3,0)$;

(2) $\boldsymbol{\alpha}_1=(-4,8,-1,2),\boldsymbol{\alpha}_2=(9,27,1,3),\boldsymbol{\alpha}_3=(16,64,1,4),\boldsymbol{\alpha}_4=(-1,1,-1,1)$;

(3) $\boldsymbol{\alpha}_1=(1,0,-1),\boldsymbol{\alpha}_2=(3,-5,2),\boldsymbol{\alpha}_3=(-1,1,0)$;

(4) $\boldsymbol{\beta}=(1,1,3,1),\boldsymbol{\alpha}_1=(3,-1,2,4),\boldsymbol{\alpha}_3=(4,4,14,-2)$.

5. 试证明:

(1) 一个向量 $\boldsymbol{\alpha}$ 线性相关的充要条件为 $\boldsymbol{\alpha}=\mathbf{0}$;

(2) 一个向量 $\boldsymbol{\alpha}$ 线性无相关的充要条件为 $\boldsymbol{\alpha}\neq\mathbf{0}$;

(3) 两个向量 $\boldsymbol{\alpha},\boldsymbol{\beta}$ 线性相关的充要条件为 $\boldsymbol{\alpha}=k\boldsymbol{\beta}$ 或 $\boldsymbol{\beta}=k\boldsymbol{\alpha}$.

6. 设有 $\boldsymbol{\alpha}_1=(1,-2,4),\boldsymbol{\alpha}_2=(0,1,2),\boldsymbol{\alpha}_3=(2,-3,a)$,问:

(1) a 取何值时 $\boldsymbol{\alpha}_1,\boldsymbol{\alpha}_2,\boldsymbol{\alpha}_3$ 线性相关?

(2) a 取何值时 $\boldsymbol{\alpha}_1,\boldsymbol{\alpha}_2,\boldsymbol{\alpha}_3$ 线性无关?

7. 已知 $\boldsymbol{\alpha}_1,\boldsymbol{\alpha}_2,\boldsymbol{\alpha}_3$ 线性无关,若 $\boldsymbol{\alpha}_1+2\boldsymbol{\alpha}_2,2\boldsymbol{\alpha}_2+a\boldsymbol{\alpha}_3,3\boldsymbol{\alpha}_3+2\boldsymbol{\alpha}_1$ 线性相关,求 a 的值.

8. 设 $\boldsymbol{\beta}_1=2\boldsymbol{\alpha}_1+3\boldsymbol{\alpha}_2,\boldsymbol{\beta}_2=\boldsymbol{\alpha}_2+4\boldsymbol{\alpha}_3,\boldsymbol{\beta}_3=\boldsymbol{\alpha}_1+5\boldsymbol{\alpha}_3$,其中 $\boldsymbol{\alpha}_1,\boldsymbol{\alpha}_2,\boldsymbol{\alpha}_3$ 线性无关,求证 $\boldsymbol{\beta}_1,\boldsymbol{\beta}_2,\boldsymbol{\beta}_3$ 也线性无关.

9. 已知 $\boldsymbol{\beta}_1=\boldsymbol{\alpha}_1+\boldsymbol{\alpha}_2,\boldsymbol{\beta}_2=\boldsymbol{\alpha}_1-\boldsymbol{\alpha}_2,\boldsymbol{\beta}_3=3\boldsymbol{\alpha}_1-2\boldsymbol{\alpha}_2$,证明 $\boldsymbol{\beta}_1,\boldsymbol{\beta}_2,\boldsymbol{\beta}_3$ 线性相关.

10. 设 $\boldsymbol{\alpha}$ 是向量组 $\boldsymbol{\alpha}_1,\boldsymbol{\alpha}_2,\boldsymbol{\alpha}_3,\cdots,\boldsymbol{\alpha}_m$ 的线性组合，但不是 $\boldsymbol{\alpha}_1,\boldsymbol{\alpha}_2,\boldsymbol{\alpha}_3,\cdots,\boldsymbol{\alpha}_{m-1}$ 的线性组合. 证明 $\boldsymbol{\alpha}_m$ 是 $\boldsymbol{\alpha}_1,\boldsymbol{\alpha}_2,\boldsymbol{\alpha}_3,\cdots,\boldsymbol{\alpha}_{m-1},\boldsymbol{\alpha}$ 的线性组合.

11. 证明：如果向量组 $\boldsymbol{\beta}_1,\boldsymbol{\beta}_2,\cdots,\boldsymbol{\beta}_m$ 线性相关，其中

$$\boldsymbol{\beta}_i=(a_{i1},a_{i2},\cdots,a_{in},b_{i1},\cdots,b_{is}),\quad i=1,\cdots,m,$$

那么在每个向量上减少 s 个相应的分量得到的 n 维向量组 $\boldsymbol{\alpha}_1,\boldsymbol{\alpha}_2,\cdots,\boldsymbol{\alpha}_m$ 也线性相关，其中 $\boldsymbol{\alpha}_i=(a_{i1},a_{i2},\cdots,a_{in}),i=1,\cdots,m$.

12. 求下列向量组的秩和极大无关组，并把其余的向量用极大无关组线性表示.

(1) $\boldsymbol{\alpha}_1=(1,2,-3),\boldsymbol{\alpha}_2=(-2,1,1),\boldsymbol{\alpha}_3=(1,-3,2),\boldsymbol{\alpha}_4=(3,-4,14),\boldsymbol{\alpha}_5=(2,-1,4)$；

(2) $\boldsymbol{\alpha}_1=(1,1,2,3),\boldsymbol{\alpha}_2=(1,-1,1,1),\boldsymbol{\alpha}_3=(1,3,3,5),\boldsymbol{\alpha}_4=(4,-2,5,6),\boldsymbol{\alpha}_5=(3,1,5,7)$；

(3) $\boldsymbol{\alpha}_1=(1,3,1,4),\boldsymbol{\alpha}_2=(2,12,-2,12),\boldsymbol{\alpha}_3=(2,-3,8,2)$.

13. 求下列矩阵的列向量组的极大无关组，并把其余的列向量用极大无关组线性表示.

(1) $\begin{bmatrix}1&1&2&2&1\\0&2&1&5&-1\\2&0&3&-1&3\\1&1&0&4&-1\end{bmatrix}$；　　(2) $\begin{bmatrix}1&1&0&0\\1&2&1&2\\0&-1&-1&-2\\1&2&1&2\end{bmatrix}$.

14. 证明：$\boldsymbol{\beta}_1=(1,-1,0),\boldsymbol{\beta}_2=(2,1,3),\boldsymbol{\beta}_3=(3,1,2)$ 为 $\mathbf{R}^3$ 的一个极大无关组，并将 $\boldsymbol{\alpha}_1=(5,0,7),\boldsymbol{\alpha}_2=(-9,-8,-13)$ 用极大无关组线性表示.

15. 已知向量组(A)：$\boldsymbol{\alpha}_1,\boldsymbol{\alpha}_2,\cdots,\boldsymbol{\alpha}_n$ 的秩为 r，证明：向量组(A)中任意 r 个线性无关的向量组都是它的一个极大无关组.

16. 验证 $\boldsymbol{\beta}_1=2\boldsymbol{\alpha}_1-\boldsymbol{\alpha}_2-9\boldsymbol{\alpha}_3,\boldsymbol{\beta}_2=\boldsymbol{\alpha}_1+\boldsymbol{\alpha}_2,\boldsymbol{\beta}_3=\boldsymbol{\alpha}_1-3\boldsymbol{\alpha}_3$ 线性相关.

17. 设 $\boldsymbol{\alpha}_1,\boldsymbol{\alpha}_2,\boldsymbol{\alpha}_3$ 是三维向量组的极大无关组，且 $\boldsymbol{\beta}_1=\boldsymbol{\alpha}_1+\boldsymbol{\alpha}_2+\boldsymbol{\alpha}_3,\boldsymbol{\beta}_2=\boldsymbol{\alpha}_1+\boldsymbol{\alpha}_2+2\boldsymbol{\alpha}_3,\boldsymbol{\beta}_3=\boldsymbol{\alpha}_1+2\boldsymbol{\alpha}_2+3\boldsymbol{\alpha}_3$，证明：$\boldsymbol{\beta}_1,\boldsymbol{\beta}_2,\boldsymbol{\beta}_3$ 也是三维向量组的极大无关组 .

18. 求下列齐次线性方程组的基础解系和全部解.

(1) $\begin{cases}2x_1-x_2+8x_3+7x_4=0,\\x_1+3x_2-x_3+2x_4=0,\\4x_1+5x_2+6x_3+11x_4=0;\end{cases}$　　(2) $\begin{cases}3x_1+7x_2+8x_3=0,\\x_1+2x_2+5x_3=0,\\x_1+3x_2-2x_3=0,\\x_1+4x_2-9x_3=0;\end{cases}$

(3) $\begin{cases}2x_1-4x_2+6x_3+2x_4+x_5=0,\\3x_1-6x_2+9x_3+3x_4+x_5=0,\\4x_1-8x_2+12x_3+4x_4+x_5=0;\end{cases}$　　(4) $\begin{cases}3x_1+5x_2+6x_3-4x_4=0,\\x_1+2x_2+4x_3-3x_4=0,\\4x_1+5x_2-2x_3+3x_4=0,\\3x_1+8x_2+24x_3-19x_4=0.\end{cases}$

19. 求下列非齐次线性方程组的一个解和对应的齐次方程组的基础解系.

(1) $\begin{cases}x_1+x_2-x_3=4,\\2x_1+3x_2-5x_3=7,\\3x_1+x_2+2x_3=13;\end{cases}$　　(2) $\begin{cases}x_1+8x_2-7x_3=12,\\x_1+9x_2-5x_3=16,\\x_1+10x_2-3x_3=20,\\x_1+11x_2-x_3=24;\end{cases}$

(3) $\begin{cases}2x_1+x_2-x_3+x_4=1,\\4x_1+2x_2-2x_3+x_4=2,\\2x_1+x_2-x_3-x_4=1;\end{cases}$　　(4) $\begin{cases}2x_1-3x_2+5x_3+7x_4=1,\\4x_1-6x_2+11x_3+16x_4=2,\\2x_1-3x_2+6x_3+9x_4=1.\end{cases}$

20. 设 4 元齐次线性方程组(Ⅰ)为$\begin{cases}x_1+x_2=0,\\x_2-x_4=0,\end{cases}$又已知某齐次线性方程组(Ⅱ)的通解为 $k_1(0,1,1,0)^{\mathrm{T}}+k_2(-1,2,2,1)^{\mathrm{T}}$.

(1) 求线性方程组(Ⅰ)的基础解系.

(2) 线性方程组(Ⅰ)与(Ⅱ)是否有非零公共解？若有，则求出所有的非零公共解．若没有，说明理由.

21. 设 a_1,a_2,a_3 是互不相同的常数，求证方程组$\begin{cases}x_1+a_1x_2=a_1^2,\\x_1+a_2x_2=a_2^2,\\x_1+a_3x_2=a_3^2\end{cases}$无解.

22. λ 取何值时，齐次线性方程组$\begin{cases}(\lambda-2)x_1-3x_2-2x_3=0,\\-x_1+(\lambda-8)x_2-2x_3=0,\\2x_1+14x_2+(\lambda+3)x_3=0\end{cases}$有非零解？并求出通解.

23. a,b 为何值时，方程组$\begin{cases}x_1+2x_2+3x_3-x_4=b,\\-x_1+x_2+4x_4=3-b,\\2x_1+3x_2+5x_3+ax_4=1\end{cases}$有解？有解时求出解.

24. 求一个齐次线性方程组，使它的基础解系为

$$\boldsymbol{X}_1=\begin{bmatrix}0\\1\\3\\2\end{bmatrix},\quad \boldsymbol{X}_2=\begin{bmatrix}3\\2\\0\\1\end{bmatrix}.$$

25. 设 $\boldsymbol{A}$ 为 $m\times3$ 矩阵，$R(\boldsymbol{A})=1$，若非齐次线性方程组 $\boldsymbol{AX}=\boldsymbol{b}$ 的三个解 $\boldsymbol{X}_1,\boldsymbol{X}_2,\boldsymbol{X}_3$ 满足

$$\boldsymbol{X}_1+\boldsymbol{X}_2=\begin{bmatrix}1\\2\\3\end{bmatrix},\quad \boldsymbol{X}_2+\boldsymbol{X}_3=\begin{bmatrix}0\\-1\\1\end{bmatrix},\quad \boldsymbol{X}_3+\boldsymbol{X}_1=\begin{bmatrix}1\\0\\-1\end{bmatrix},$$

求 $\boldsymbol{AX}=\boldsymbol{b}$ 的通解.

26. 已知 4 阶方阵 $\boldsymbol{A}=(\boldsymbol{\alpha}_1,\boldsymbol{\alpha}_2,\boldsymbol{\alpha}_3,\boldsymbol{\alpha}_4)$，$\boldsymbol{\alpha}_1,\boldsymbol{\alpha}_2,\boldsymbol{\alpha}_3,\boldsymbol{\alpha}_4$ 均为 4 维列向量，其中 $\boldsymbol{\alpha}_2,\boldsymbol{\alpha}_3,\boldsymbol{\alpha}_4$ 线性无关，$\boldsymbol{\alpha}_1=2\boldsymbol{\alpha}_2-\boldsymbol{\alpha}_3$，如果 $\boldsymbol{\beta}=\boldsymbol{\alpha}_1+\boldsymbol{\alpha}_2+\boldsymbol{\alpha}_3+\boldsymbol{\alpha}_4$，求线性方程组 $\boldsymbol{AX}=\boldsymbol{\beta}$ 的通解.

27. 两个产地 A_1 和 A_2 生产同一种产品，产量分别为 10 吨、8 吨. 现将产品运往 B_1,B_2,B_3 三个销地，B_1,B_2,B_3 的需求量分别为 5 吨、6 吨、7 吨. 由 A_1 运往 B_1,B_2,B_3 的单位运价为：16，15，25；由 A_2 运往 B_1,B_2,B_3 的单位运价为：19，24，12；若产品的总产量与销地的总需求量相等，问如何安排可使总运费最小.

28.（化学方程式的配平）丙烷完全燃烧时，丙烷(C_3H_8)和氧气(O_2)结合，生成二氧化碳(CO_2)和水(H_2O)，其化学方程式为：$(x_1)C_3H_8+(x_2)O_2\rightarrow(x_3)CO_2+(x_4)H_2O$，请配平方程式.

第 4 章　相似矩阵与二次型

矩阵的特征值与特征向量、相似矩阵与二次型的理论与方法是矩阵理论的重要组成部分,在工程技术、数量经济分析、经济管理等领域中有极其广泛的应用.本章首先介绍向量的内积和正交向量组,然后引入方阵的特征值与特征向量的概念,再给出相似矩阵的概念以及矩阵相似对角化的方法,最后介绍二次型的相关概念和方法,并应用这些理论和方法解决一些实际问题.

4.1　向量的内积和正交向量组

4.1.1　向量的内积

定义4.1　设有 n 维向量 $\boldsymbol{\alpha}=(a_1,a_2,\cdots,a_n)^{\mathrm{T}}$,$\boldsymbol{\beta}=(b_1,b_2,\cdots,b_n)^{\mathrm{T}}$,则实数

$$a_1b_1+a_2b_2+\cdots+a_nb_n$$

称为 $\boldsymbol{\alpha}$ 与 $\boldsymbol{\beta}$ 的内积,记为$(\boldsymbol{\alpha},\boldsymbol{\beta})$.

若 $\boldsymbol{\alpha}$ 与 $\boldsymbol{\beta}$ 都是列向量的形式,则$(\boldsymbol{\alpha},\boldsymbol{\beta})$可表示为 $\boldsymbol{\alpha}^{\mathrm{T}}\boldsymbol{\beta}$.

向量的内积具有下列性质(其中 $\boldsymbol{\alpha},\boldsymbol{\beta},\boldsymbol{\gamma}$ 为 n 维向量,k 为实数):

(1) **非负性**　$(\boldsymbol{\alpha},\boldsymbol{\alpha})\geqslant 0$,当且仅当 $\boldsymbol{\alpha}=\mathbf{0}$ 时等号成立;

(2) **对称性**　$(\boldsymbol{\alpha},\boldsymbol{\beta})=(\boldsymbol{\beta},\boldsymbol{\alpha})$;

(3) **线性性**　$(\boldsymbol{\alpha}+\boldsymbol{\beta},\boldsymbol{\gamma})=(\boldsymbol{\alpha},\boldsymbol{\gamma})+(\boldsymbol{\beta},\boldsymbol{\gamma})$,$(k\boldsymbol{\alpha},\boldsymbol{\beta})=k(\boldsymbol{\alpha},\boldsymbol{\beta})$.

定义 4.2　设 n 维向量 $\boldsymbol{\alpha}=(a_1,a_2,\cdots,a_n)^{\mathrm{T}}$,则称

$$\sqrt{(\boldsymbol{\alpha},\boldsymbol{\alpha})}=\sqrt{a_1^2+a_2^2+\cdots+a_n^2}$$

为向量 $\boldsymbol{\alpha}$ 的模(或长度),记为$|\boldsymbol{\alpha}|$.

当$|\boldsymbol{\alpha}|=1$ 时,称 $\boldsymbol{\alpha}$ 为**单位向量**.

定义 4.3　如果向量 $\boldsymbol{\alpha}$ 与 $\boldsymbol{\beta}$ 的内积为零,即

$$(\boldsymbol{\alpha},\boldsymbol{\beta})=0,$$

则称 $\boldsymbol{\alpha}$ 与 $\boldsymbol{\beta}$ 正交.

显然,若 $\boldsymbol{\alpha}=\mathbf{0}$,则 $\boldsymbol{\alpha}$ 与任何向量都正交.

定义 4.4　如果向量组 $\boldsymbol{\alpha}_1,\boldsymbol{\alpha}_2,\cdots,\boldsymbol{\alpha}_n$ 中任意两个向量都正交且不含零向量,则称 $\boldsymbol{\alpha}_1,\boldsymbol{\alpha}_2,\cdots,\boldsymbol{\alpha}_n$ 为正交向量组.

例如,向量组 $\boldsymbol{\alpha}_1=\begin{bmatrix}1\\1\\1\end{bmatrix}$,$\boldsymbol{\alpha}_2=\begin{bmatrix}-1\\2\\-1\end{bmatrix}$,$\boldsymbol{\alpha}_3=\begin{bmatrix}-1\\0\\1\end{bmatrix}$,显然有$(\boldsymbol{\alpha}_1,\boldsymbol{\alpha}_2)=(\boldsymbol{\alpha}_1,\boldsymbol{\alpha}_3)=$

$(\boldsymbol{\alpha}_2,\boldsymbol{\alpha}_3)=0$,故向量组 $\boldsymbol{\alpha}_1,\boldsymbol{\alpha}_2,\boldsymbol{\alpha}_3$ 为正交向量组.

若正交向量组中的每一个向量都是单位向量,则称此向量组为规范正交向量组或标准正交向量组.

例如,$\boldsymbol{e}_1=\begin{bmatrix}1\\0\\0\end{bmatrix}$,$\boldsymbol{e}_2=\begin{bmatrix}0\\1\\0\end{bmatrix}$,$\boldsymbol{e}_3=\begin{bmatrix}0\\0\\1\end{bmatrix}$就是一个标准正交向量组.

定理 4.1　正交向量组是线性无关的.

证　设 $\boldsymbol{\alpha}_1,\boldsymbol{\alpha}_2,\cdots,\boldsymbol{\alpha}_m$ 是正交向量组,且

$$k_1\boldsymbol{\alpha}_1+k_2\boldsymbol{\alpha}_2+\cdots+k_m\boldsymbol{\alpha}_m=\boldsymbol{0},$$

以 $\boldsymbol{\alpha}_1^{\mathrm{T}}$ 左乘上式两端,得

$$k_1\boldsymbol{\alpha}_1^{\mathrm{T}}\boldsymbol{\alpha}_1=0.$$

因 $\boldsymbol{\alpha}_1\neq\boldsymbol{0}$,故 $\boldsymbol{\alpha}_1^{\mathrm{T}}\boldsymbol{\alpha}_1=|\boldsymbol{\alpha}_1|^2=1\neq0$,从而有 $k_1=0$. 类似可证 $k_2=k_3=\cdots=k_m=0$. 所以,$\boldsymbol{\alpha}_1,\boldsymbol{\alpha}_2,\cdots,\boldsymbol{\alpha}_m$ 线性无关.

注　线性无关向量组未必是正交向量组.

例 4.1.1　已知两个三维向量 $\boldsymbol{\alpha}_1=(1,1,1)^{\mathrm{T}}$,$\boldsymbol{\alpha}_2=(1,-2,1)^{\mathrm{T}}$,$\boldsymbol{\alpha}_1$ 与 $\boldsymbol{\alpha}_2$ 正交,试求一个非零向量 $\boldsymbol{\alpha}_3$,使 $\boldsymbol{\alpha}_1,\boldsymbol{\alpha}_2,\boldsymbol{\alpha}_3$ 两两正交.

解　显然$(\boldsymbol{\alpha}_1,\boldsymbol{\alpha}_2)=0$,设 $\boldsymbol{\alpha}_3=(x_1,x_2,x_3)^{\mathrm{T}}$,则应有

$$\begin{cases}(\boldsymbol{\alpha}_1,\boldsymbol{\alpha}_3)=x_1+x_2+x_3=0,\\(\boldsymbol{\alpha}_2,\boldsymbol{\alpha}_3)=x_1-2x_2+x_3=0,\end{cases}$$

得基础解系为 $\boldsymbol{\alpha}_3=(-1,0,1)^{\mathrm{T}}$,取 $\boldsymbol{\alpha}_3=(-1,0,1)^{\mathrm{T}}$ 即可.

4.1.2　施密特正交化方法

施密特正交化方法是将一组线性无关的向量 $\boldsymbol{\alpha}_1,\boldsymbol{\alpha}_2,\cdots,\boldsymbol{\alpha}_m$ 作如下的线性变换,化为一组与之等价的正交向量组 $\boldsymbol{\beta}_1,\boldsymbol{\beta}_2,\cdots,\boldsymbol{\beta}_m$ 的方法,即

$$\boldsymbol{\beta}_1=\boldsymbol{\alpha}_1;$$

$$\boldsymbol{\beta}_2=\boldsymbol{\alpha}_2-\frac{(\boldsymbol{\alpha}_2,\boldsymbol{\beta}_1)}{(\boldsymbol{\beta}_1,\boldsymbol{\beta}_1)}\boldsymbol{\beta}_1;$$

……

$$\boldsymbol{\beta}_m=\boldsymbol{\alpha}_m-\frac{(\boldsymbol{\alpha}_m,\boldsymbol{\beta}_1)}{(\boldsymbol{\beta}_1,\boldsymbol{\beta}_1)}\boldsymbol{\beta}_1-\frac{(\boldsymbol{\alpha}_m,\boldsymbol{\beta}_2)}{(\boldsymbol{\beta}_2,\boldsymbol{\beta}_2)}\boldsymbol{\beta}_2-\cdots-\frac{(\boldsymbol{\alpha}_m,\boldsymbol{\beta}_{m-1})}{(\boldsymbol{\beta}_{m-1},\boldsymbol{\beta}_{m-1})}\boldsymbol{\beta}_{m-1}.$$

容易验证,$\boldsymbol{\beta}_1,\boldsymbol{\beta}_2,\cdots,\boldsymbol{\beta}_m$ 两两正交,且 $\boldsymbol{\beta}_1,\boldsymbol{\beta}_2,\cdots,\boldsymbol{\beta}_m$ 与 $\boldsymbol{\alpha}_1,\boldsymbol{\alpha}_2,\cdots,\boldsymbol{\alpha}_m$ 等价. 施密特正交化过程再加下列单位化过程,就是规范正交化过程.

单位化,即 $e_1=\dfrac{\boldsymbol{\beta}_1}{|\boldsymbol{\beta}_1|},e_2=\dfrac{\boldsymbol{\beta}_2}{|\boldsymbol{\beta}_2|},\cdots,e_m=\dfrac{\boldsymbol{\beta}_m}{|\boldsymbol{\beta}_m|}$.

例 4.1.2　设 $\boldsymbol{\alpha}_1=(1,1,1)^{\mathrm{T}}$,求 $\boldsymbol{\alpha}_2,\boldsymbol{\alpha}_3$,使 $\boldsymbol{\alpha}_1,\boldsymbol{\alpha}_2,\boldsymbol{\alpha}_3$ 为正交向量组.

解 由$(\boldsymbol{\alpha}_1,\boldsymbol{\alpha}_2)=0,(\boldsymbol{\alpha}_1,\boldsymbol{\alpha}_3)=0$可知,$\boldsymbol{\alpha}_2,\boldsymbol{\alpha}_3$应满足方程

$$x_1+x_2+x_3=0,$$

其基础解系为

$$\boldsymbol{\xi}_1=(1,0,-1)^{\mathrm{T}},\quad \boldsymbol{\xi}_2=(0,1,-1)^{\mathrm{T}}.$$

将$\boldsymbol{\xi}_1,\boldsymbol{\xi}_2$正交化:

$$\boldsymbol{\alpha}_2=\boldsymbol{\xi}_1=(1,0,-1)^{\mathrm{T}};$$

$$\boldsymbol{\alpha}_3=\boldsymbol{\xi}_2-\frac{(\boldsymbol{\xi}_2,\boldsymbol{\alpha}_2)}{(\boldsymbol{\alpha}_2,\boldsymbol{\alpha}_2)}\boldsymbol{\alpha}_2=(0,1,-1)^{\mathrm{T}}-\frac{1}{2}(1,0,-1)^{\mathrm{T}}=\frac{1}{2}(-1,2,-1)^{\mathrm{T}},$$

所以,$\boldsymbol{\alpha}_1,\boldsymbol{\alpha}_2,\boldsymbol{\alpha}_3$为所求的正交向量组.

例 4.1.3 设$\boldsymbol{\alpha}_1=(1,2,-1)^{\mathrm{T}},\boldsymbol{\alpha}_2=(-1,3,1)^{\mathrm{T}},\boldsymbol{\alpha}_3=(4,-1,0)^{\mathrm{T}}$,试用施密特正交化过程把这组向量规范正交化.

解 取

$$\boldsymbol{\beta}_1=\boldsymbol{\alpha}_1;$$

$$\boldsymbol{\beta}_2=\boldsymbol{\alpha}_2-\frac{(\boldsymbol{\alpha}_2,\boldsymbol{\beta}_1)}{(\boldsymbol{\beta}_1,\boldsymbol{\beta}_1)}\boldsymbol{\beta}_1=\begin{bmatrix}-1\\3\\1\end{bmatrix}-\frac{4}{6}\begin{bmatrix}1\\2\\-1\end{bmatrix}=\frac{5}{3}\begin{bmatrix}-1\\1\\1\end{bmatrix};$$

$$\boldsymbol{\beta}_3=\boldsymbol{\alpha}_3-\frac{(\boldsymbol{\alpha}_3,\boldsymbol{\beta}_1)}{(\boldsymbol{\beta}_1,\boldsymbol{\beta}_1)}\boldsymbol{\beta}_1-\frac{(\boldsymbol{\alpha}_3,\boldsymbol{\beta}_2)}{(\boldsymbol{\beta}_2,\boldsymbol{\beta}_2)}\boldsymbol{\beta}_2=\begin{bmatrix}4\\-1\\0\end{bmatrix}-\frac{1}{3}\begin{bmatrix}1\\2\\-1\end{bmatrix}+\frac{5}{3}\begin{bmatrix}-1\\1\\1\end{bmatrix}=2\begin{bmatrix}1\\0\\1\end{bmatrix}.$$

再把$\boldsymbol{\beta}_1,\boldsymbol{\beta}_2,\boldsymbol{\beta}_3$单位化,取

$$\boldsymbol{e}_1=\frac{\boldsymbol{\beta}_1}{|\boldsymbol{\beta}_1|}=\frac{1}{\sqrt{6}}\begin{bmatrix}1\\2\\-1\end{bmatrix},\quad \boldsymbol{e}_2=\frac{\boldsymbol{\beta}_2}{|\boldsymbol{\beta}_2|}=\frac{1}{\sqrt{3}}\begin{bmatrix}-1\\1\\1\end{bmatrix},\quad \boldsymbol{e}_3=\frac{\boldsymbol{\beta}_3}{|\boldsymbol{\beta}_3|}=\frac{1}{\sqrt{2}}\begin{bmatrix}1\\0\\1\end{bmatrix},$$

$\boldsymbol{e}_1,\boldsymbol{e}_2,\boldsymbol{e}_3$即所求.

4.1.3 正交矩阵

定义 4.5 如果n阶矩阵$\boldsymbol{A}$满足$\boldsymbol{A}\boldsymbol{A}^{\mathrm{T}}=\boldsymbol{A}^{\mathrm{T}}\boldsymbol{A}=\boldsymbol{E}$(即$\boldsymbol{A}^{-1}=\boldsymbol{A}^{\mathrm{T}}$),那么称$\boldsymbol{A}$为正交矩阵,简称正交阵.

若用向量表示,即

$$\begin{bmatrix}\boldsymbol{\alpha}_1^{\mathrm{T}}\\\boldsymbol{\alpha}_2^{\mathrm{T}}\\\vdots\\\boldsymbol{\alpha}_n^{\mathrm{T}}\end{bmatrix}(\boldsymbol{\alpha}_1,\boldsymbol{\alpha}_2,\cdots,\boldsymbol{\alpha}_n)=\boldsymbol{E},$$

因此

$$\boldsymbol{\alpha}_i^{\mathrm{T}}\boldsymbol{\alpha}_i=1,\quad \boldsymbol{\alpha}_i^{\mathrm{T}}\boldsymbol{\alpha}_j=0\quad (i\neq j,i,j=1,2,\cdots,n).$$

这说明 n 阶矩阵 $\boldsymbol{A}$ 为正交矩阵的充分必要条件是 $\boldsymbol{A}$ 的列向量都是单位向量，且两两正交.

正交矩阵必为方阵且具有下列性质：

(1) $\boldsymbol{A}^{-1}=\boldsymbol{A}^{\mathrm{T}}$.

(2) $|\boldsymbol{A}|=\pm 1$.

证　设 $\boldsymbol{A}$ 为正交矩阵，则

$$\boldsymbol{A}\boldsymbol{A}^{\mathrm{T}}=\boldsymbol{E},$$

两边同时取行列式得

$$|\boldsymbol{A}\boldsymbol{A}^{\mathrm{T}}|=|\boldsymbol{A}||\boldsymbol{A}^{\mathrm{T}}|=|\boldsymbol{A}|^2=|\boldsymbol{E}|=1,$$

故 $|\boldsymbol{A}|=\pm 1$.

(3) 正交矩阵的乘积也是正交矩阵.

证　设 $\boldsymbol{A},\boldsymbol{B}$ 都为 n 阶正交矩阵，则

$$\boldsymbol{A}\boldsymbol{A}^{\mathrm{T}}=\boldsymbol{A}^{\mathrm{T}}\boldsymbol{A}=\boldsymbol{E},\quad \boldsymbol{B}\boldsymbol{B}^{\mathrm{T}}=\boldsymbol{B}^{\mathrm{T}}\boldsymbol{B}=\boldsymbol{E}.$$

由

$$(\boldsymbol{AB})(\boldsymbol{AB})^{\mathrm{T}}=\boldsymbol{A}(\boldsymbol{B}\boldsymbol{B}^{\mathrm{T}})\boldsymbol{A}^{\mathrm{T}}=\boldsymbol{A}\boldsymbol{A}^{\mathrm{T}}=\boldsymbol{E},$$
$$(\boldsymbol{AB})^{\mathrm{T}}(\boldsymbol{AB})=\boldsymbol{B}^{\mathrm{T}}(\boldsymbol{A}^{\mathrm{T}}\boldsymbol{A})\boldsymbol{B}=\boldsymbol{B}\boldsymbol{B}^{\mathrm{T}}=\boldsymbol{E},$$

得

$$(\boldsymbol{AB})(\boldsymbol{AB})^{\mathrm{T}}=(\boldsymbol{AB})^{\mathrm{T}}\boldsymbol{AB}=\boldsymbol{E},$$

故 $\boldsymbol{AB}$ 也是正交矩阵.

(4) n 阶矩阵 $\boldsymbol{A}$ 为正交矩阵的充分必要条件是 $\boldsymbol{A}$ 的行(列)向量组是标准正交向量组.

例 4.1.4　判断下列矩阵是否为正交矩阵.

$$\boldsymbol{A}=\begin{bmatrix}-\frac{1}{\sqrt{3}} & -\frac{1}{\sqrt{2}} & \frac{1}{\sqrt{6}}\\ -\frac{1}{\sqrt{3}} & \frac{1}{\sqrt{2}} & \frac{1}{\sqrt{6}}\\ \frac{1}{\sqrt{3}} & 0 & \frac{2}{\sqrt{6}}\end{bmatrix},\quad \boldsymbol{B}=\begin{bmatrix}2 & 0 & 0\\ 0 & \frac{1}{\sqrt{2}} & \frac{1}{\sqrt{2}}\\ 0 & \frac{1}{\sqrt{2}} & \frac{1}{\sqrt{2}}\end{bmatrix}.$$

解　由于 $\boldsymbol{A}\boldsymbol{A}^{\mathrm{T}}=\boldsymbol{A}^{\mathrm{T}}\boldsymbol{A}=\boldsymbol{E}$，所以 $\boldsymbol{A}$ 为正交矩阵；$\boldsymbol{B}$ 的各行向量虽然两两正交，但是 $\boldsymbol{\alpha}_1=(2,0,0)^{\mathrm{T}}$ 不是单位向量，故 $\boldsymbol{B}$ 不是正交矩阵.

4.2　矩阵的特征值与特征向量

4.2.1　特征值与特征向量的概念与性质

定义4.6　设 $\boldsymbol{A}$ 为 n 阶方阵，如果数 λ 和 n 维非零列向量 $\boldsymbol{\alpha}$，使关系式

$$\boldsymbol{A\alpha}=\lambda\boldsymbol{\alpha}$$

成立,那么,称数λ为方阵$\boldsymbol{A}$的特征值,称非零向量$\boldsymbol{\alpha}$为$\boldsymbol{A}$的对应于特征值λ的特征向量.

为了讨论特征值与特征向量的计算方法,把上式改写成

$$(\boldsymbol{A}-\lambda\boldsymbol{E})\boldsymbol{\alpha}=\boldsymbol{0},$$

于是,$\boldsymbol{\alpha}$是齐次线性方程组$(\boldsymbol{A}-\lambda\boldsymbol{E})\boldsymbol{X}=\boldsymbol{0}$的非零解,它有非零解的充分必要条件是系数行列式

$$|\boldsymbol{A}-\lambda\boldsymbol{E}|=0.$$

由此可求$\boldsymbol{A}$的特征值和特征向量.

特征多项式:

$$f(\lambda)=|\boldsymbol{A}-\lambda\boldsymbol{E}|=\begin{vmatrix} a_{11}-\lambda & a_{12} & \cdots & a_{1n} \\ a_{21} & a_{22}-\lambda & \cdots & a_{2n} \\ \vdots & \vdots & & \vdots \\ a_{n1} & a_{n2} & \cdots & a_{nn}-\lambda \end{vmatrix}.$$

特征方程:

$$|\boldsymbol{A}-\lambda\boldsymbol{E}|=0.$$

满足特征方程的λ都是矩阵$\boldsymbol{A}$的特征值.

$\boldsymbol{A}$的迹:$\mathrm{tr}(\boldsymbol{A})=a_{11}+a_{22}+\cdots+a_{nn}$.

设$\lambda_1,\lambda_2,\cdots,\lambda_n$是$n$阶方阵$\boldsymbol{A}$的特征值,由高次方程的韦达定理,不难证明以下结论.

性质 4.1 $\lambda_1+\lambda_2+\cdots+\lambda_n=a_{11}+a_{22}+\cdots+a_{nn}$.

性质 4.2 $\lambda_1\lambda_2\cdots\lambda_n=|\boldsymbol{A}|$.

例 4.2.1 证明方阵$\boldsymbol{A}$可逆的充分必要条件是:零不是$\boldsymbol{A}$的特征值.

证 设$\lambda_1,\lambda_2,\cdots,\lambda_n$是$\boldsymbol{A}$的特征值.

必要性. 因为$\boldsymbol{A}$可逆,所以$|\boldsymbol{A}|\neq0$,由性质 4.2 可知

$$\lambda_1,\lambda_2,\cdots,\lambda_n\neq0,$$

故$\lambda_1,\lambda_2,\cdots,\lambda_n$不为零,从而零不是$\boldsymbol{A}$的特征值.

充分性. 由于$\lambda_1,\lambda_2,\cdots,\lambda_n$均不为零,从而$\lambda_1,\lambda_2,\cdots,\lambda_n\neq0$,由性质 4.2 可知

$$|\boldsymbol{A}|=\lambda_1\lambda_2\cdots\lambda_n\neq0,$$

故$\boldsymbol{A}$可逆.

同理可证:$\boldsymbol{A}$不可逆的充分必要条件是$\boldsymbol{A}$有零特征值.

4.2.2 特征值与特征向量的求法

矩阵$\boldsymbol{A}$的特征值和特征向量可按如下步骤求出:

(1) 计算$\boldsymbol{A}$的特征多项式$f(\lambda)=|\boldsymbol{A}-\lambda\boldsymbol{E}|$;

(2) 求 $f(\lambda)=0$ 的全部特征根，即是 $\boldsymbol{A}$ 的全部特征值；

(3) 对每个特征值 λ_i，求出齐次方程

$$(\boldsymbol{A}-\lambda_i\boldsymbol{E})\boldsymbol{X}=\boldsymbol{0}$$

的一个基础解系 $\boldsymbol{\xi}_1,\boldsymbol{\xi}_2,\cdots,\boldsymbol{\xi}_s$，则

$$k_1\boldsymbol{\xi}_1+k_2\boldsymbol{\xi}_2+\cdots+k_s\boldsymbol{\xi}_s$$

(其中，$k_1,k_2,\cdots,k_s$ 是不全为零的任意常数)是 $\boldsymbol{A}$ 的属于 λ_i 的全部特征向量.

例 4.2.2　求矩阵 $\boldsymbol{A}=\begin{bmatrix}3 & -1\\ -1 & 3\end{bmatrix}$ 的特征值与特征向量.

解　矩阵 $\boldsymbol{A}$ 的特征方程

$$|\boldsymbol{A}-\lambda\boldsymbol{E}|=\begin{vmatrix}3-\lambda & -1\\ -1 & 3-\lambda\end{vmatrix}=0,$$

整理得

$$(4-\lambda)(2-\lambda)=0,$$

所以 $\lambda_1=2,\lambda_2=4$ 为矩阵 $\boldsymbol{A}$ 的两个不同的特征值.

以 $\lambda_1=2$ 代入齐次线性方程组 $(\boldsymbol{A}-\lambda\boldsymbol{E})\boldsymbol{X}=\boldsymbol{0}$，对应的特征向量应满足

$$\begin{bmatrix}3-2 & -1\\ -1 & 3-2\end{bmatrix}\begin{bmatrix}x_1\\ x_2\end{bmatrix}=\begin{bmatrix}0\\ 0\end{bmatrix},$$

即

$$\begin{bmatrix}1 & -1\\ -1 & 1\end{bmatrix}\begin{bmatrix}x_1\\ x_2\end{bmatrix}=\begin{bmatrix}0\\ 0\end{bmatrix},$$

解得基础解系：

$$\boldsymbol{\xi}_1=\begin{bmatrix}1\\ 1\end{bmatrix}.$$

当 $\lambda_2=4$ 时，由

$$\begin{bmatrix}3-4 & -1\\ -1 & 3-4\end{bmatrix}\begin{bmatrix}x_1\\ x_2\end{bmatrix}=\begin{bmatrix}0\\ 0\end{bmatrix},$$

即

$$\begin{bmatrix}-1 & -1\\ -1 & -1\end{bmatrix}\begin{bmatrix}x_1\\ x_2\end{bmatrix}=\begin{bmatrix}0\\ 0\end{bmatrix},$$

解得基础解系：

$$\boldsymbol{\xi}_2=\begin{bmatrix}-1\\ 0\end{bmatrix}.$$

显然，$k\boldsymbol{\xi}_1,k\boldsymbol{\xi}_2(k\neq0)$ 分别是对应于特征值 λ_1,λ_2 的全部特征向量.

例 4.2.3　求矩阵 $\boldsymbol{A}=\begin{bmatrix}-1 & 1 & 0\\ -4 & 3 & 0\\ 1 & 0 & 2\end{bmatrix}$ 的特征值与特征向量.

解 $\boldsymbol{A}$ 的特征多项式为

$$|\boldsymbol{A}-\lambda\boldsymbol{E}|=\begin{vmatrix}-1-\lambda & 1 & 0\\ -4 & 3-\lambda & 0\\ 1 & 0 & 2-\lambda\end{vmatrix}=(2-\lambda)(1-\lambda)^2,$$

所以,$\boldsymbol{A}$ 的特征值为 $\lambda_1=2,\lambda_2=\lambda_3=1$(二重).

当 $\lambda_1=2$ 时,解齐次线性方程组 $(\boldsymbol{A}-2\boldsymbol{E})\boldsymbol{X}=\boldsymbol{0}$,由

$$\boldsymbol{A}-2\boldsymbol{E}=\begin{bmatrix}-3 & 1 & 0\\ -4 & 1 & 0\\ 1 & 0 & 0\end{bmatrix}\sim\begin{bmatrix}1 & 0 & 0\\ 0 & 1 & 0\\ 0 & 0 & 0\end{bmatrix}$$

解得基础解系:

$$\boldsymbol{\xi}_1=\begin{bmatrix}0\\ 0\\ 1\end{bmatrix},$$

所以 $k\boldsymbol{\xi}_1(k\neq0)$ 是对应于 $\lambda_1=2$ 的全部特征向量.

当 $\lambda_2=\lambda_3=1$ 时,解齐次线性方程组 $(\boldsymbol{A}-\boldsymbol{E})\boldsymbol{X}=\boldsymbol{0}$,由

$$\boldsymbol{A}-\boldsymbol{E}=\begin{bmatrix}-2 & 1 & 0\\ -4 & 2 & 0\\ 1 & 0 & 1\end{bmatrix}\sim\begin{bmatrix}1 & 0 & 0\\ 0 & 1 & 2\\ 0 & 0 & 0\end{bmatrix}$$

解得基础解系:

$$\boldsymbol{\xi}_2=\begin{bmatrix}-1\\ -2\\ 1\end{bmatrix},$$

所以 $k\boldsymbol{\xi}_2(k\neq0)$ 是对应于 $\lambda_2=\lambda_3=1$ 的全部特征向量.

例 4.2.4 求矩阵 $\boldsymbol{A}=\begin{bmatrix}-2 & 1 & 1\\ 0 & 2 & 0\\ -4 & 1 & 3\end{bmatrix}$ 的特征值与特征向量.

解 $\boldsymbol{A}$ 的特征多项式为

$$|\boldsymbol{A}-\lambda\boldsymbol{E}|=\begin{vmatrix}-2-\lambda & 1 & 1\\ 0 & 2-\lambda & 0\\ -4 & 1 & 3-\lambda\end{vmatrix}=(2-\lambda)\begin{vmatrix}-2-\lambda & 1\\ -4 & 3-\lambda\end{vmatrix}$$

$$=(2-\lambda)(\lambda^2-\lambda-2)=-(\lambda+1)(\lambda-2)^2,$$

所以,$\boldsymbol{A}$ 的特征值为 $\lambda_1=-1,\lambda_2=\lambda_3=2$(二重).

当 $\lambda_1=-1$ 时,解齐次线性方程组 $(\boldsymbol{A}+\boldsymbol{E})\boldsymbol{X}=\boldsymbol{0}$,由

$$\boldsymbol{A}+\boldsymbol{E}=\begin{bmatrix}-1 & 1 & 1\\ 0 & 3 & 0\\ -4 & 1 & 4\end{bmatrix}\sim\begin{bmatrix}1 & 0 & -1\\ 0 & 1 & 0\\ 0 & 0 & 0\end{bmatrix}$$

解得基础解系：

$$\boldsymbol{\xi}_1=\begin{bmatrix}1\\0\\1\end{bmatrix},$$

所以 $k_1\boldsymbol{\xi}_1(k\neq0)$是对应于 $\lambda_1=-1$ 的全部特征向量.

当 $\lambda_2=\lambda_3=2$ 时,解齐次线性方程组$(\boldsymbol{A}-2\boldsymbol{E})\boldsymbol{X}=\boldsymbol{0}$,由

$$\boldsymbol{A}-2\boldsymbol{E}=\begin{bmatrix}-4&1&1\\0&0&0\\-4&1&1\end{bmatrix}\sim\begin{bmatrix}-4&1&1\\0&0&0\\0&0&0\end{bmatrix}$$

解得基础解系：

$$\boldsymbol{\xi}_2=\begin{bmatrix}0\\1\\-1\end{bmatrix},\quad \boldsymbol{\xi}_3=\begin{bmatrix}1\\0\\4\end{bmatrix},$$

所以 $k_2\boldsymbol{\xi}_2+k_3\boldsymbol{\xi}_3$($k_2,k_3$ 不同时为零)是对应于 $\lambda_2=\lambda_3=2$ 的全部特征向量.

例 4.2.5　设 λ 是方阵 $\boldsymbol{A}$ 的特征值,证明：λ^2 是 $\boldsymbol{A}^2$ 的特征值.

证　因为 λ 是方阵 $\boldsymbol{A}$ 的特征值,设向量 $\boldsymbol{\alpha}\neq\boldsymbol{0}$,使 $\boldsymbol{A\alpha}=\lambda\boldsymbol{\alpha}$,于是

$$\boldsymbol{A}^2\boldsymbol{\alpha}=\boldsymbol{A}(\boldsymbol{A\alpha})=\boldsymbol{A}(\lambda\boldsymbol{\alpha})=\lambda(\boldsymbol{A\alpha})=\lambda(\lambda\boldsymbol{\alpha})=\lambda^2\boldsymbol{\alpha}.$$

所以 λ^2 是 $\boldsymbol{A}^2$ 的特征值.

例 4.2.6　若 λ 是可逆矩阵 $\boldsymbol{A}$ 的特征值,$\boldsymbol{\alpha}$ 是 $\boldsymbol{A}$ 的关于 λ 所对应的特征向量,则

(1) $\dfrac{1}{\lambda}$是$\boldsymbol{A}^{-1}$的特征值;

(2) $\dfrac{|\boldsymbol{A}|}{\lambda}$是$\boldsymbol{A}^*$的特征值,$\boldsymbol{\alpha}$ 仍是它们的特征向量.

证　(1) 由已知,$\boldsymbol{A\alpha}=\lambda\boldsymbol{\alpha}$,两边左乘 $\boldsymbol{A}^{-1}$得

$$\boldsymbol{\alpha}=\lambda\boldsymbol{A}^{-1}\boldsymbol{\alpha},$$

从而

$$\boldsymbol{A}^{-1}\boldsymbol{\alpha}=\frac{1}{\lambda}\boldsymbol{\alpha},$$

由定义知,$\dfrac{1}{\lambda}$是$\boldsymbol{A}^{-1}$的特征值.

(2) 因 $\boldsymbol{A\alpha}=\lambda\boldsymbol{\alpha}$,两边左乘 $\boldsymbol{A}^*$,得

$$\boldsymbol{A}^*\boldsymbol{A\alpha}=\lambda\boldsymbol{A}^*\boldsymbol{\alpha},$$

即$|\boldsymbol{A}|\boldsymbol{\alpha}=\lambda\boldsymbol{A}^*\boldsymbol{\alpha}$,从而

$$\boldsymbol{A}^*\boldsymbol{\alpha}=\frac{|\boldsymbol{A}|}{\lambda}\boldsymbol{\alpha},$$

故$\dfrac{|\boldsymbol{A}|}{\lambda}$是$\boldsymbol{A}^*$的特征值. $\boldsymbol{\alpha}$是$\boldsymbol{A}^*$关于$\dfrac{|\boldsymbol{A}|}{\lambda}$所对应的特征向量.

由以上各例类推,不难证明,若λ是矩阵$\boldsymbol{A}$的特征值,则λ^k是$\boldsymbol{A}^k$的特征值,$\varphi(\lambda)$是$\varphi(\boldsymbol{A})$的特征值,其中

$$\varphi(\lambda)=a_0+a_1\lambda+\cdots+a_m\lambda^m,\quad \varphi(\boldsymbol{A})=a_0\boldsymbol{E}+a_1\boldsymbol{A}+\cdots+a_m\boldsymbol{A}^m.$$

例 4.2.7　设有四阶方阵$\boldsymbol{A}$满足$|\boldsymbol{A}+3\boldsymbol{E}|=0$,且$\boldsymbol{A}\boldsymbol{A}^{\mathrm{T}}=2\boldsymbol{E}$,$|\boldsymbol{A}|<0$,求$\boldsymbol{A}^*$的一个特征值.

解　由$|\boldsymbol{A}+3\boldsymbol{E}|=0$,即$|\boldsymbol{A}-(-3\boldsymbol{E})|=0$,可知$\lambda=-3$是$\boldsymbol{A}$的一个特征值. 又$|\boldsymbol{A}\boldsymbol{A}^{\mathrm{T}}|=|2\boldsymbol{E}|=2^4$,得$|\boldsymbol{A}|^2=16$. 从而$|\boldsymbol{A}|=\pm4$,而$|\boldsymbol{A}|<0$,所以$|\boldsymbol{A}|=-4$. 故$\boldsymbol{A}^*$的一个特征值为

$$\frac{|\boldsymbol{A}|}{\lambda}=\frac{-4}{-3}=\frac{4}{3}.$$

例 4.2.8（预测商品销售的趋势）　有三种品牌的洗衣粉,上月购买甲种牌号洗衣粉的消费者本月有30%转向购买乙种牌号,有30%转向购买丙种牌号;上月购买乙种牌号洗衣粉的消费者本月有30%转向购买甲种牌号,有20%转向购买丙种牌号;上月购买丙种牌号洗衣粉的消费者本月有20%转向购买甲种牌号,有20%转向购买乙种牌号. 我们可以用表4.1具体说明这个变化过程.

表 4.1

本月	上月		
	甲	乙	丙
甲	0.4	0.3	0.2
乙	0.3	0.5	0.2
丙	0.3	0.2	0.6

假定上月三种品牌洗衣粉的销售数量相等,并且每个月这三种品牌的洗衣粉销售的变化过程也相同,试求这三种品牌洗衣粉今后的销售趋势.

解　由于上月三种品牌洗衣粉的销售数量相等,相应的比例矩阵是$\boldsymbol{A}=\begin{bmatrix}1\\1\\1\end{bmatrix}$,再写出三种品牌洗衣粉销售的转移矩阵

$$\boldsymbol{B}=\begin{bmatrix}0.4&0.3&0.2\\0.3&0.5&0.2\\0.3&0.2&0.6\end{bmatrix},$$

以$\boldsymbol{\alpha}_i$代表这三种品牌的洗衣粉在第i个月的销售数量的比例矩阵,则

$$\boldsymbol{\alpha}_1=\boldsymbol{BA}=\begin{bmatrix}0.4&0.3&0.2\\0.3&0.5&0.2\\0.3&0.2&0.6\end{bmatrix}\begin{bmatrix}1\\1\\1\end{bmatrix}=\begin{bmatrix}0.9\\1\\1.1\end{bmatrix};$$

$$\boldsymbol{\alpha}_2=\boldsymbol{B\alpha}_1=\begin{bmatrix}0.88\\0.99\\1.13\end{bmatrix};$$

$$\boldsymbol{\alpha}_3=\boldsymbol{B\alpha}_2=\boldsymbol{B}^3\boldsymbol{A}=\begin{bmatrix}0.875\\0.985\\1.14\end{bmatrix};$$

$$\cdots\cdots$$

$$\boldsymbol{\alpha}_n=\boldsymbol{B\alpha}_{n-1}=\boldsymbol{B}^n\boldsymbol{A}.$$

转移矩阵 $\boldsymbol{B}$ 的特征方程

$$|\boldsymbol{B}-\lambda\boldsymbol{E}|=\begin{bmatrix}0.4-\lambda&0.3&0.2\\0.3&0.5-\lambda&0.2\\0.3&0.2&0.6-\lambda\end{bmatrix}=(\lambda-1)(\lambda^2-0.5\lambda+0.05)=0,$$

$\boldsymbol{B}$ 有特征值 1,所以这三种品牌的洗衣粉销售的长期趋势会形成一个固定的比例矩阵 $\boldsymbol{\alpha}_n=\begin{bmatrix}a\\b\\c\end{bmatrix}$,即在 n 充分大时,有 $\boldsymbol{\alpha}_n=\boldsymbol{\alpha}_{n-1}$,于是

$$\begin{bmatrix}0.4&0.3&0.2\\0.3&0.5&0.2\\0.3&0.2&0.6\end{bmatrix}\begin{bmatrix}a\\b\\c\end{bmatrix}=\begin{bmatrix}a\\b\\c\end{bmatrix},$$

即 $\begin{bmatrix}a\\b\\c\end{bmatrix}$ 是转移矩阵属于特征值 1 的特征向量,进一步求出矩阵 $\boldsymbol{B}$ 的属于特征值 1 的全部特征向量为 $k\begin{bmatrix}16\\18\\21\end{bmatrix}$,$k\neq0$. 且 $a+b+c=3$,可得

$$\boldsymbol{\alpha}_n=\begin{bmatrix}\frac{48}{55}\\\frac{54}{55}\\\frac{63}{55}\end{bmatrix}.$$

这个结果说明三种品牌的洗衣粉今后占领的市场销售份额是$\frac{16}{55}$,$\frac{18}{55}$,$\frac{21}{55}$,即

29.1%,32.7%,38.2%.

定理 4.2 设$\lambda_1,\lambda_2,\cdots,\lambda_m$是$\boldsymbol{A}$的$m$个特征值,$\boldsymbol{\alpha}_1,\boldsymbol{\alpha}_2,\cdots,\boldsymbol{\alpha}_m$依次是与之对应的特征向量,若$\lambda_1,\lambda_2,\cdots,\lambda_m$各不相同,则$\boldsymbol{\alpha}_1,\boldsymbol{\alpha}_2,\cdots,\boldsymbol{\alpha}_m$线性无关.

4.3 相似矩阵与矩阵的对角化

前面已经学习了矩阵之间的等价关系,在此基础上本节将进一步研究矩阵之间的相似关系,进而讨论矩阵在相似关系下的性质和给出方阵相似于对角矩阵的条件.

4.3.1 相似矩阵的概念

定义 4.7 设$\boldsymbol{A},\boldsymbol{B}$都是$n$阶方阵,若存在可逆矩阵$\boldsymbol{P}$,使

$$\boldsymbol{P}^{-1}\boldsymbol{A}\boldsymbol{P}=\boldsymbol{B},$$

则称$\boldsymbol{B}$是$\boldsymbol{A}$的相似矩阵,或说矩阵$\boldsymbol{A}$与$\boldsymbol{B}$相似,记作$\boldsymbol{A}\sim\boldsymbol{B}$. 对$\boldsymbol{A}$进行运算$\boldsymbol{P}^{-1}\boldsymbol{A}\boldsymbol{P}$称为对$\boldsymbol{A}$进行**相似变换**,可逆矩阵$\boldsymbol{P}$称为把$\boldsymbol{A}$变成$\boldsymbol{B}$的相似变换矩阵.

相似是矩阵之间的一种关系,这种关系具有以下性质.

(1) **反身性** 对任意方阵$\boldsymbol{A}$,都有$\boldsymbol{A}\sim\boldsymbol{A}$.

(2) **对称性** 若$\boldsymbol{A}\sim\boldsymbol{B}$,则$\boldsymbol{B}\sim\boldsymbol{A}$.

(3) **传递性** 若$\boldsymbol{A}\sim\boldsymbol{B},\boldsymbol{B}\sim\boldsymbol{C}$,则$\boldsymbol{A}\sim\boldsymbol{C}$.

证 前两条显然成立,只证明第三条,由定义可知,存在可逆矩阵$\boldsymbol{P}_1$和$\boldsymbol{P}_2$,使

$$\boldsymbol{B}=\boldsymbol{P}_1^{-1}\boldsymbol{A}\boldsymbol{P}_1,\quad \boldsymbol{C}=\boldsymbol{P}_2^{-1}\boldsymbol{B}\boldsymbol{P}_2,$$

所以

$$\boldsymbol{C}=\boldsymbol{P}_2^{-1}(\boldsymbol{P}_1^{-1}\boldsymbol{A}\boldsymbol{P}_1)\boldsymbol{P}_2=\boldsymbol{P}_2^{-1}\boldsymbol{P}_1^{-1}\boldsymbol{A}\boldsymbol{P}_1\boldsymbol{P}_2=(\boldsymbol{P}_1\boldsymbol{P}_2)^{-1}\boldsymbol{A}(\boldsymbol{P}_1\boldsymbol{P}_2),$$

因此$\boldsymbol{A}\sim\boldsymbol{C}$.

4.3.2 矩阵的相似对角化

定理 4.3 若n阶矩阵$\boldsymbol{A}$与$\boldsymbol{B}$相似,则$\boldsymbol{A}$与$\boldsymbol{B}$的特征多项式相同,从而$\boldsymbol{A}$与$\boldsymbol{B}$的特征值相同.

证 因为$\boldsymbol{A}$与$\boldsymbol{B}$相似,即有可逆矩阵$\boldsymbol{P}$,使$\boldsymbol{P}^{-1}\boldsymbol{A}\boldsymbol{P}=\boldsymbol{B}$,故

$$\begin{aligned}|\boldsymbol{B}-\lambda\boldsymbol{E}|&=|\boldsymbol{P}^{-1}\boldsymbol{A}\boldsymbol{P}-\boldsymbol{P}^{-1}(\lambda\boldsymbol{E})\boldsymbol{P}|=|\boldsymbol{P}^{-1}(\boldsymbol{A}-\lambda\boldsymbol{E})\boldsymbol{P}|\\&=|\boldsymbol{P}^{-1}||\boldsymbol{A}-\lambda\boldsymbol{E}||\boldsymbol{P}|=|\boldsymbol{A}-\lambda\boldsymbol{E}|.\end{aligned}$$

所以,矩阵$\boldsymbol{A}$与$\boldsymbol{B}$有相同的特征多项式,从而有相同的特征值.

思考 相似矩阵有没有相同的行列式?

推论　若 n 阶矩阵 $\boldsymbol{A}$ 与对角矩阵 $\boldsymbol{\Lambda}=\begin{bmatrix}\lambda_1 & & & \\ & \lambda_2 & & \\ & & \ddots & \\ & & & \lambda_n\end{bmatrix}$ 相似，则 $\lambda_1,\lambda_2,\cdots,\lambda_n$ 是 $\boldsymbol{A}$ 的 n 个特征值.

定理 4.4　n 阶矩阵 $\boldsymbol{A}$ 与对角矩阵相似（$\boldsymbol{A}$ 能对角化）的充要条件是 $\boldsymbol{A}$ 有 n 个线性无关的特征向量.

证　充分性. 设 $\boldsymbol{A}$ 有 n 个线性无关的特征向量 $\boldsymbol{\alpha}_1,\boldsymbol{\alpha}_2,\cdots,\boldsymbol{\alpha}_n$，

$$\boldsymbol{A\alpha}_i=\lambda_i\boldsymbol{\alpha}_i \quad (i=1,2,\cdots,n).$$

令

$$\boldsymbol{P}=(\boldsymbol{\alpha}_1,\boldsymbol{\alpha}_2,\cdots,\boldsymbol{\alpha}_n),\quad \boldsymbol{\Lambda}=\begin{bmatrix}\lambda_1 & & & \\ & \lambda_2 & & \\ & & \ddots & \\ & & & \lambda_n\end{bmatrix},$$

则 $\boldsymbol{AP}=\boldsymbol{P\Lambda},\boldsymbol{P}^{-1}\boldsymbol{AP}=\boldsymbol{\Lambda}$. 所以

$$\boldsymbol{A}\sim\boldsymbol{\Lambda}.$$

必要性. 设

$$\boldsymbol{P}^{-1}\boldsymbol{AP}=\boldsymbol{\Lambda}=\begin{bmatrix}\lambda_1 & & & \\ & \lambda_2 & & \\ & & \ddots & \\ & & & \lambda_n\end{bmatrix},$$

则

$$\boldsymbol{AP}=\boldsymbol{P\Lambda}.$$

设 $\boldsymbol{P}=(\boldsymbol{\alpha}_1,\boldsymbol{\alpha}_2,\cdots,\boldsymbol{\alpha}_n)$，则

$$(\boldsymbol{A\alpha}_1,\boldsymbol{A\alpha}_2,\cdots,\boldsymbol{A\alpha}_n)=(\lambda\boldsymbol{\alpha}_1,\lambda\boldsymbol{\alpha}_2,\cdots,\lambda\boldsymbol{\alpha}_n),$$

即

$$\boldsymbol{A\alpha}_i=\lambda_i\boldsymbol{\alpha}_i \quad (i=1,2,\cdots,n).$$

所以，$\boldsymbol{\alpha}_1,\boldsymbol{\alpha}_2,\cdots,\boldsymbol{\alpha}_n$ 是 $\boldsymbol{A}$ 的 n 个线性无关的特征向量.

推论　如果 n 阶方阵 $\boldsymbol{A}$ 有 n 个不同的特征值，则 $\boldsymbol{A}$ 能与对角阵 $\boldsymbol{\Lambda}$ 相似.

例 4.3.1　求一个可逆矩阵 $\boldsymbol{P}$，把 $\boldsymbol{A}=\begin{bmatrix}-2 & 1 & 1\\ 0 & 2 & 0\\ -4 & 1 & 3\end{bmatrix}$ 化成对角阵.

解　同例 4.2.4，求出 $\boldsymbol{A}$ 的特征值为 $\lambda_1=-1,\lambda_2=\lambda_3=2$；对应的特征向量分别为

$$\boldsymbol{\alpha}_1=\begin{bmatrix}1\\0\\1\end{bmatrix},\quad \boldsymbol{\alpha}_2=\begin{bmatrix}0\\1\\-1\end{bmatrix},\quad \boldsymbol{\alpha}_3=\begin{bmatrix}1\\0\\4\end{bmatrix}.$$

把 $\boldsymbol{\alpha}_1,\boldsymbol{\alpha}_2,\boldsymbol{\alpha}_3$ 拼成矩阵 $\boldsymbol{P}$,得

$$\boldsymbol{P}=\begin{bmatrix}1&0&1\\0&1&0\\1&-1&4\end{bmatrix},$$

则 $\boldsymbol{P}^{-1}\boldsymbol{AP}=\begin{bmatrix}-1&0&0\\0&2&0\\0&0&2\end{bmatrix}$.

例 4.3.2 设矩阵 $\boldsymbol{A}$ 与 $\boldsymbol{B}$ 相似,其中

$$\boldsymbol{A}=\begin{bmatrix}-2&0&0\\2&x&2\\3&1&1\end{bmatrix},\quad \boldsymbol{B}=\begin{bmatrix}-1&0&0\\0&2&0\\0&0&y\end{bmatrix}.$$

(1) 求 x 和 y 的值;(2) 求可逆矩阵 $\boldsymbol{P}$,使 $\boldsymbol{P}^{-1}\boldsymbol{AP}=\boldsymbol{B}$;(3) 求 $\boldsymbol{A}^{100}$.

解 (1) 因为 $\boldsymbol{A}\sim\boldsymbol{B}$,所以 $\boldsymbol{B}$ 的主对角线元素是 $\boldsymbol{A}$ 的特征值,因此,有

$$\begin{cases}-2+x+1=-1+2+y,\\|\boldsymbol{A}-\lambda\boldsymbol{E}|=|\boldsymbol{A}+\boldsymbol{E}|=0,\end{cases}$$

整理得

$$\begin{cases}x-y=2,\\x=0,\end{cases}$$

解得

$$\begin{cases}x=0,\\y=-2.\end{cases}$$

(2) 由于 $\boldsymbol{A}\sim\boldsymbol{B}$,所以 $\boldsymbol{A}$ 的特征值为

$$\lambda_1=-1,\quad \lambda_2=2,\quad \lambda_3=-2.$$

由 $(\boldsymbol{A}-\lambda\boldsymbol{E})\boldsymbol{X}=\boldsymbol{0}$,求 $\boldsymbol{A}$ 的特征向量.

当 $\lambda_1=-1$ 时,解方程 $(\boldsymbol{A}+\boldsymbol{E})\boldsymbol{X}=\boldsymbol{0}$,由

$$\boldsymbol{A}+\boldsymbol{E}=\begin{bmatrix}-1&0&0\\2&1&2\\3&1&2\end{bmatrix}\sim\begin{bmatrix}1&0&0\\0&1&2\\0&0&0\end{bmatrix}$$

得基础解系 $\boldsymbol{\xi}_1=\begin{bmatrix}0\\2\\-1\end{bmatrix}$.

当 $\lambda_2=2$ 时,解方程 $(\boldsymbol{A}-2\boldsymbol{E})\boldsymbol{X}=\boldsymbol{0}$,由

$$A-2E=\begin{bmatrix}-4 & 0 & 0\\ 2 & -2 & 2\\ 3 & 1 & -1\end{bmatrix}\sim\begin{bmatrix}1 & 0 & 0\\ 0 & 1 & -1\\ 0 & 0 & 0\end{bmatrix}$$

得基础解系 $\boldsymbol{\xi}_2=\begin{bmatrix}0\\1\\1\end{bmatrix}$.

当 $\lambda_3=-2$ 时，解方程 $(\boldsymbol{A}+2\boldsymbol{E})\boldsymbol{X}=\boldsymbol{0}$，由

$$A+2E=\begin{bmatrix}0 & 0 & 0\\ 2 & 2 & 2\\ 3 & 1 & 3\end{bmatrix}\sim\begin{bmatrix}1 & 0 & 1\\ 0 & 1 & 0\\ 0 & 0 & 0\end{bmatrix}$$

得基础解系 $\boldsymbol{\xi}_3=\begin{bmatrix}-1\\0\\1\end{bmatrix}$.

令可逆矩阵 $\boldsymbol{P}=(\boldsymbol{\xi}_1,\boldsymbol{\xi}_2,\boldsymbol{\xi}_3)=\begin{bmatrix}0 & 0 & -1\\ 2 & 1 & 0\\ -1 & 1 & 1\end{bmatrix}$，$\boldsymbol{P}$ 即为所求.

(3) 由于 $\boldsymbol{A}=\boldsymbol{PBP}^{-1}$，于是

$$A^{100}=PB^{100}P^{-1},$$

其中

$$P^{-1}=\frac{1}{3}\begin{bmatrix}-1 & 1 & -1\\ 2 & 1 & 2\\ -3 & 0 & 0\end{bmatrix},$$

所以

$$\begin{aligned}A^{100}&=\frac{1}{3}\begin{bmatrix}0 & 0 & -1\\ 2 & 1 & 0\\ -1 & 1 & 1\end{bmatrix}\begin{bmatrix}(-1)^{100} & 0 & 0\\ 0 & 2^{100} & 0\\ 0 & 0 & (-2)^{100}\end{bmatrix}\begin{bmatrix}-1 & 1 & -1\\ 2 & 1 & 2\\ -3 & 0 & 0\end{bmatrix}\\ &=\frac{1}{3}\begin{bmatrix}3\cdot 2^{100} & 0 & 0\\ 2^{101}-2 & 2^{100}+2 & 2^{101}-2\\ 1-2^{100} & 2^{100}-1 & 2^{101}+1\end{bmatrix}.\end{aligned}$$

例 4.3.3　设矩阵

$$A=\begin{bmatrix}3 & 2 & -2\\ -k & -1 & k\\ 4 & 2 & -3\end{bmatrix},$$

问当 k 为何值时，存在可逆矩阵 $\boldsymbol{P}$，使得 $\boldsymbol{P}^{-1}\boldsymbol{AP}=\boldsymbol{\Lambda}$，并求出 $\boldsymbol{P}$ 和相应的对角阵.

解　由

$$|A-\lambda E|=\begin{vmatrix}3-\lambda & 2 & -2\\ -k & -1-\lambda & k\\ 4 & 2 & -3-\lambda\end{vmatrix}$$

$$=\begin{vmatrix}\lambda-1 & -2 & 2\\ 0 & \lambda+1 & -k\\ 0 & 0 & \lambda+1\end{vmatrix}=(\lambda+1)^2(\lambda-1)=0$$

得 A 的特征值为 $\lambda_1=\lambda_2=-1,\lambda_3=1$.

当 $\lambda_1=\lambda_2=-1$ 时,有

$$A+E=\begin{bmatrix}4 & 2 & -2\\ -k & 0 & k\\ 4 & 0 & -2\end{bmatrix}\sim\begin{bmatrix}4 & 2 & -2\\ -k & 0 & k\\ 0 & 0 & 0\end{bmatrix}.$$

当 $k=0$ 时,上式变为

$$\begin{bmatrix}-4 & -2 & 2\\ 0 & 0 & 0\\ 0 & 0 & 0\end{bmatrix}\sim\begin{bmatrix}1 & \frac{1}{2} & -\frac{1}{2}\\ 0 & 0 & 0\\ 0 & 0 & 0\end{bmatrix},$$

对应基础解系可取为

$$\boldsymbol{\xi}_1=\begin{bmatrix}-1\\ 2\\ 0\end{bmatrix},\quad \boldsymbol{\xi}_2=\begin{bmatrix}1\\ 0\\ 2\end{bmatrix}.$$

当 $\lambda_3=1$ 时,有

$$A-E=\begin{bmatrix}2 & 2 & -2\\ -k & -2 & k\\ 4 & 2 & -4\end{bmatrix}\sim\begin{bmatrix}1 & 1 & -1\\ -k & -2 & k\\ 0 & -2 & 0\end{bmatrix}\sim\begin{bmatrix}1 & 0 & -1\\ 0 & 1 & 0\\ 0 & 0 & 0\end{bmatrix},$$

对应基础解系可取为 $\boldsymbol{\xi}_3=\begin{bmatrix}1\\ 0\\ 1\end{bmatrix}$.

因此,当 $k=0$ 时,令

$$P=(\boldsymbol{\xi}_1,\boldsymbol{\xi}_2,\boldsymbol{\xi}_3)=\begin{bmatrix}-1 & 1 & 1\\ 2 & 0 & 0\\ 0 & 2 & 1\end{bmatrix},$$

则

$$P^{-1}AP=\begin{bmatrix}-1 & 0 & 0\\ 0 & -1 & 0\\ 0 & 0 & 1\end{bmatrix}.$$

从上面的讨论和例题可知，当 $\boldsymbol{A}$ 没有重特征值时，则 $\boldsymbol{A}$ 必可对角化，而当 $\boldsymbol{A}$ 有重特征值时，就不一定有 n 个线性无关的特征向量，从而不一定能对角化.

一个方阵具体在什么条件下才能对角化？这是一个复杂的问题，我们对此不作一般性的讨论，而仅讨论当 $\boldsymbol{A}$ 为实对称矩阵的情形.

4.3.3　实对称矩阵化为对角矩阵

一般 n 阶相似对角化的结论对于实对称矩阵当然成立，而实对称矩阵的相似对角化又有其自身的特性，实对称矩阵的一个重要特性就是它的特征值都是实数.

定理 4.5　实对称矩阵的特征值为实数.

定理 4.6　设 λ_1,λ_2 是实对称矩阵 $\boldsymbol{A}$ 的两个特征值，$\boldsymbol{\alpha}_1,\boldsymbol{\alpha}_2$ 是对应的特征向量，若 $\lambda_1\neq\lambda_2$，则 $\boldsymbol{\alpha}_1$ 与 $\boldsymbol{\alpha}_2$ 正交.

证　因为 $\boldsymbol{A}\boldsymbol{\alpha}_1=\lambda_1\boldsymbol{\alpha}_1,\boldsymbol{A}\boldsymbol{\alpha}_2=\lambda_2\boldsymbol{\alpha}_2$，且 $\lambda_1\neq\lambda_2$，所以

$$\lambda_1\boldsymbol{\alpha}_2^{\mathrm{T}}\boldsymbol{\alpha}_1=\boldsymbol{\alpha}_2^{\mathrm{T}}\lambda_1\boldsymbol{\alpha}_1=\boldsymbol{\alpha}_2^{\mathrm{T}}\boldsymbol{A}\boldsymbol{\alpha}_1=\boldsymbol{\alpha}_2^{\mathrm{T}}\boldsymbol{A}^{\mathrm{T}}\boldsymbol{\alpha}_1=(\boldsymbol{A}\boldsymbol{\alpha}_2)^{\mathrm{T}}\boldsymbol{\alpha}_1=(\lambda_2\boldsymbol{\alpha}_2)^{\mathrm{T}}\boldsymbol{\alpha}_1=\lambda_2\boldsymbol{\alpha}_2^{\mathrm{T}}\boldsymbol{\alpha}_1.$$

从而

$$(\lambda_1-\lambda_2)\boldsymbol{\alpha}_2^{\mathrm{T}}\boldsymbol{\alpha}_1=0,$$

但 $\lambda_1\neq\lambda_2$，故 $\boldsymbol{\alpha}_2^{\mathrm{T}}\boldsymbol{\alpha}_1=0$，即 $\boldsymbol{\alpha}_1$ 与 $\boldsymbol{\alpha}_2$ 正交.

定理 4.7　设 $\boldsymbol{A}$ 为 n 阶实对称矩阵，λ 是 $\boldsymbol{A}$ 的特征方程的 r 重根，则 $R(\boldsymbol{A}-\lambda\boldsymbol{E})=n-r$，从而对应特征值 λ 恰有 r 个线性无关的特征向量.

定理 4.8　设 $\boldsymbol{A}$ 为 n 阶实对称矩阵，则必有正交矩阵 $\boldsymbol{P}$，使 $\boldsymbol{P}^{-1}\boldsymbol{A}\boldsymbol{P}=\boldsymbol{\Lambda}$，其中 $\boldsymbol{\Lambda}$ 是以 $\boldsymbol{A}$ 的 n 个特征值为对角元素的对角矩阵.

例 4.3.4　设

$$\boldsymbol{A}=\begin{bmatrix}4&0&0\\0&3&1\\0&1&3\end{bmatrix},$$

求一个正交矩阵 $\boldsymbol{P}$，使 $\boldsymbol{P}^{-1}\boldsymbol{A}\boldsymbol{P}=\boldsymbol{\Lambda}$ 为对角矩阵.

解　由 $|\boldsymbol{A}-\lambda\boldsymbol{E}|=0$，求 $\boldsymbol{A}$ 的全部特征值.

$$|\boldsymbol{A}-\lambda\boldsymbol{E}|=\begin{vmatrix}4-\lambda&0&0\\0&3-\lambda&1\\0&1&3-\lambda\end{vmatrix}$$
$$=(4-\lambda)(\lambda^2-6\lambda+8)=(2-\lambda)(4-\lambda)^2=0,$$

得 $\boldsymbol{A}$ 的特征值为 $\lambda_1=2,\lambda_2=\lambda_3=4$.

由 $(\boldsymbol{A}-\lambda\boldsymbol{E})\boldsymbol{X}=\boldsymbol{0}$，求 $\boldsymbol{A}$ 的特征向量.

当 $\lambda_1=2$ 时，由

$$\begin{bmatrix}2&0&0\\0&1&1\\0&1&1\end{bmatrix}\begin{bmatrix}x_1\\x_2\\x_3\end{bmatrix}=\begin{bmatrix}0\\0\\0\end{bmatrix}$$

解得基础解系：

$$\boldsymbol{\xi}_1=\begin{bmatrix}0\\1\\-1\end{bmatrix},$$

单位化得

$$\boldsymbol{e}_1=\frac{1}{\sqrt{2}}\begin{bmatrix}0\\1\\-1\end{bmatrix};$$

当 $\lambda_2=\lambda_3=4$ 时，由

$$\begin{bmatrix}0&0&0\\0&-1&1\\0&1&-1\end{bmatrix}\begin{bmatrix}x_1\\x_2\\x_3\end{bmatrix}=\begin{bmatrix}0\\0\\0\end{bmatrix}$$

解得

$$\begin{bmatrix}x_1\\x_2\\x_3\end{bmatrix}=k_1\begin{bmatrix}1\\0\\0\end{bmatrix}+k_2\begin{bmatrix}0\\1\\1\end{bmatrix},$$

基础解系中两个向量恰好正交，单位化得两个正交的单位特征向量：

$$\boldsymbol{e}_2=\begin{bmatrix}1\\0\\0\end{bmatrix},\quad \boldsymbol{e}_3=\frac{1}{\sqrt{2}}\begin{bmatrix}0\\1\\1\end{bmatrix};$$

将求得的 $\boldsymbol{e}_1,\boldsymbol{e}_2,\boldsymbol{e}_3$ 拼成一个正交矩阵 $\boldsymbol{P}$，即

$$\boldsymbol{P}=(\boldsymbol{e}_1,\boldsymbol{e}_2,\boldsymbol{e}_3)=\begin{bmatrix}0&1&0\\\frac{1}{\sqrt{2}}&0&\frac{1}{\sqrt{2}}\\-\frac{1}{\sqrt{2}}&0&\frac{1}{\sqrt{2}}\end{bmatrix},$$

可以验证，确有

$$\boldsymbol{P}^{-1}\boldsymbol{AP}=\boldsymbol{P}^{\mathrm{T}}\boldsymbol{AP}=\begin{bmatrix}2&0&0\\0&4&0\\0&0&4\end{bmatrix},$$

在此例中对应于 $\lambda=4$，若求得方程 $(\boldsymbol{A}-\lambda\boldsymbol{E})\boldsymbol{X}=\boldsymbol{0}$ 的基础解系：

$$\boldsymbol{\alpha}_1=\begin{bmatrix}1\\1\\1\end{bmatrix},\quad \boldsymbol{\alpha}_2=\begin{bmatrix}-1\\1\\1\end{bmatrix},$$

则需把它施密特标准正交化:令

$$\boldsymbol{\beta}_1=\boldsymbol{\alpha}_1,$$

$$\boldsymbol{e}_1=\frac{\boldsymbol{\beta}_1}{|\boldsymbol{\beta}_1|}=\frac{1}{\sqrt{3}}\begin{bmatrix}1\\1\\1\end{bmatrix},$$

$$\boldsymbol{\beta}_2=\boldsymbol{\alpha}_2-(\boldsymbol{\alpha}_2,\boldsymbol{\beta}_1)\frac{\boldsymbol{\beta}_1}{|\boldsymbol{\beta}_1|^2}=\begin{bmatrix}-1\\1\\1\end{bmatrix}-\frac{1}{3}\begin{bmatrix}1\\1\\1\end{bmatrix}=\begin{bmatrix}-\frac{4}{3}\\\frac{2}{3}\\\frac{2}{3}\end{bmatrix}=\frac{2}{3}\begin{bmatrix}-2\\1\\1\end{bmatrix},$$

$$\boldsymbol{e}_2=\frac{\boldsymbol{\beta}_2}{|\boldsymbol{\beta}_2|}=\frac{1}{\sqrt{6}}\begin{bmatrix}-2\\1\\1\end{bmatrix},$$

于是得正交矩阵

$$\boldsymbol{P}=\begin{bmatrix}0&\frac{1}{\sqrt{3}}&-\frac{2}{\sqrt{6}}\\\frac{1}{\sqrt{2}}&\frac{1}{\sqrt{3}}&\frac{1}{\sqrt{6}}\\-\frac{1}{\sqrt{2}}&\frac{1}{\sqrt{3}}&\frac{1}{\sqrt{6}}\end{bmatrix},$$

可以验证仍有 $\boldsymbol{P}^{\mathrm{T}}\boldsymbol{A}\boldsymbol{P}=\boldsymbol{\Lambda}$.

由此可见,把一个方阵化成对角矩阵所用的正交变换矩阵 $\boldsymbol{P}$ 不是唯一的.

例 4.3.5　求 a,b 的值与正交矩阵 $\boldsymbol{C}$,使 $\boldsymbol{C}^{-1}\boldsymbol{A}\boldsymbol{C}=\boldsymbol{\Lambda}$,其中

$$\boldsymbol{A}=\begin{bmatrix}1&b&1\\b&a&1\\1&1&1\end{bmatrix},\quad \boldsymbol{\Lambda}=\begin{bmatrix}0&0&0\\0&1&0\\0&0&4\end{bmatrix}.$$

解　因为 $\boldsymbol{A}\sim\boldsymbol{\Lambda}$,故 0,1,4 是 $\boldsymbol{A}$ 的 3 个特征值. 由特征值的性质有

$$a+2=5,\quad |\boldsymbol{A}|=0,$$

求得

$$a=3,\quad b=1.$$

所以

$$\boldsymbol{A}=\begin{bmatrix}1&1&1\\1&3&1\\1&1&1\end{bmatrix},$$

由$(\boldsymbol{A}-\lambda\boldsymbol{E})\boldsymbol{X}=\boldsymbol{0}$,求$\boldsymbol{A}$的属于 0,1,4 的特征向量分别为

$$\boldsymbol{\alpha}_1=\begin{bmatrix}1\\0\\-1\end{bmatrix},\quad \boldsymbol{\alpha}_2=\begin{bmatrix}1\\-1\\1\end{bmatrix},\quad \boldsymbol{\alpha}_3=\begin{bmatrix}1\\2\\1\end{bmatrix}.$$

将$\boldsymbol{\alpha}_1,\boldsymbol{\alpha}_2,\boldsymbol{\alpha}_3$单位化得

$$\boldsymbol{e}_1=\frac{\boldsymbol{\alpha}_1}{|\boldsymbol{\alpha}_1|}=\frac{1}{\sqrt{2}}\begin{bmatrix}1\\0\\-1\end{bmatrix},$$

$$\boldsymbol{e}_2=\frac{\boldsymbol{\alpha}_2}{|\boldsymbol{\alpha}_2|}=\frac{1}{\sqrt{3}}\begin{bmatrix}1\\-1\\1\end{bmatrix},$$

$$\boldsymbol{e}_3=\frac{\boldsymbol{\alpha}_3}{|\boldsymbol{\alpha}_3|}=\frac{1}{\sqrt{6}}\begin{bmatrix}1\\2\\1\end{bmatrix}.$$

令$\boldsymbol{P}=(\boldsymbol{e}_1,\boldsymbol{e}_2,\boldsymbol{e}_3)$,则$\boldsymbol{P}$为正交矩阵,且

$$\boldsymbol{P}^{-1}\boldsymbol{A}\boldsymbol{P}=\begin{bmatrix}0&0&0\\0&1&0\\0&0&4\end{bmatrix}.$$

4.4 二次型及其标准形

二次型是线性代数的重要内容之一,它起源于几何学中二次曲线方程和二次曲面方程化为标准形问题的研究,其理论与方法在数学与物理中都有广泛的应用.本节介绍二次型及其标准形概念以及化二次型为标准形的正交变换法.

在解析几何中,为了便于研究二次曲线

$$ax^2+bxy+cy^2=1$$

的几何性质,可以选择适当的坐标变换:

$$\begin{cases}x=x'\cos\theta-y'\sin\theta,\\ y=x'\sin\theta+y'\cos\theta,\end{cases}$$

把方程化为标准形

$$mx'^2+ny'^2=1.$$

从代数学的观点看,化标准形的过程就是通过变量的线性变换化简一个二次齐次多项式,使它只有平方项.这样的问题,在许多理论问题或是实际问题中经常会遇到.

现在把这类问题一般化,讨论n个变量的二次齐次多项式的化简问题.

4.4.1　二次型及其矩阵表示

定义 4.8　含有 n 个变量 $x_1,x_2,\cdots,x_n$ 的二次齐次函数

$$f(x_1,x_2,\cdots,x_n)=a_{11}x_1^2+2a_{12}x_1x_2+\cdots+2a_{1n}x_1x_n+a_{22}x_2^2+\cdots+2a_{2n}x_2x_n+a_{nn}x_n^2$$

称为 n **元二次型**,简称为**二次型**(简记为 f).

若令

$$a_{ij}=a_{ji}\quad(i,j=1,2,\cdots,n),$$

则

$$2a_{ij}x_ix_j=a_{ij}x_ix_j+a_{ji}x_jx_i.$$

上述二次型可记为

$$\begin{aligned}f(x_1,x_2,\cdots,x_n)&=\sum_{i=1}^{n}\sum_{j=1}^{n}a_{ij}x_ix_j\\&=x_1(a_{11}x_1+a_{12}x_2+\cdots+a_{1n}x_n)\\&\quad+x_2(a_{21}x_1+a_{22}x_2+\cdots+a_{2n}x_n)\\&\quad+\cdots\\&\quad+x_n(a_{n1}x_1+a_{n2}x_2+\cdots+a_{nn}x_n)\\&=(x_1,x_2,\cdots,x_n)\begin{bmatrix}a_{11}x_1+a_{12}x_2+\cdots+a_{1n}x_n\\a_{21}x_1+a_{22}x_2+\cdots+a_{2n}x_n\\\cdots\cdots\\a_{n1}x_1+a_{n2}x_2+\cdots+a_{nn}x_n\end{bmatrix}\\&=(x_1,x_2,\cdots,x_n)\begin{bmatrix}a_{11}&a_{12}&\cdots&a_{1n}\\a_{21}&a_{22}&\cdots&a_{2n}\\\vdots&\vdots&&\vdots\\a_{n1}&a_{n2}&\cdots&a_{nn}\end{bmatrix}\begin{bmatrix}x_1\\x_2\\\vdots\\x_n\end{bmatrix},\end{aligned}$$

其中

$$\boldsymbol{A}=\begin{bmatrix}a_{11}&a_{12}&\cdots&a_{1n}\\a_{21}&a_{22}&\cdots&a_{2n}\\\vdots&\vdots&&\vdots\\a_{n1}&a_{n2}&\cdots&a_{nn}\end{bmatrix},\quad\boldsymbol{X}=\begin{bmatrix}x_1\\x_2\\\vdots\\x_n\end{bmatrix}.$$

因此,二次型 f 可用矩阵表示为下述简化形式:

$$f=\boldsymbol{X}^{\mathrm{T}}\boldsymbol{A}\boldsymbol{X}.$$

在这个表示中,称 $\boldsymbol{A}=(a_{ij})$ 为**二次型 f 的矩阵**,显然 $\boldsymbol{A}=\boldsymbol{A}^{\mathrm{T}}$;若 a_{ij} 为复数,则称 f 为**复二次型**;若 a_{ij} 为实数,则称 f 为**实二次型**(本章只讨论实二次型的情况);称 $R(\boldsymbol{A})$ 为**二次型 f 的秩**.

例 4.4.1　把下面的二次型写成矩阵形式.

(1) $f(x_1,x_2)=x_1^2+4x_1x_2+3x_2^2$；

(2) $f(x_1,x_2,x_3,x_4)=2x_1x_2-2x_1x_4-2x_2x_3+2x_3x_4$.

解 (1) $f(x_1,x_2)=(x_1,x_2)\begin{bmatrix}1&2\\2&3\end{bmatrix}\begin{bmatrix}x_1\\x_2\end{bmatrix}$；

(2) $f(x_1,x_2,x_3,x_4)=(x_1,x_2,x_3,x_4)\begin{bmatrix}0&1&0&-1\\1&0&-1&0\\0&-1&0&1\\-1&0&1&0\end{bmatrix}\begin{bmatrix}x_1\\x_2\\x_3\\x_4\end{bmatrix}$.

定义 4.9 称只含有平方项的二次型

$$\begin{aligned}f&=\lambda_1y_1^2+\lambda_2y_2^2+\cdots+\lambda_ny_n^2\\&=(y_1,y_2,\cdots,y_n)\begin{bmatrix}\lambda_1&&&\\&\lambda_2&&\\&&\ddots&\\&&&\lambda_n\end{bmatrix}\begin{bmatrix}y_1\\y_2\\\vdots\\y_n\end{bmatrix}\\&=\boldsymbol{Y}^{\mathrm{T}}\boldsymbol{\Lambda}\boldsymbol{Y}\end{aligned}$$

为二次型的**标准形**.

所谓一般二次型的化简问题就是寻找一个可逆的线性变换：

$$\begin{cases}x_1=c_{11}y_1+c_{12}y_2+\cdots+c_{1n}y_n,\\x_2=c_{21}y_1+c_{22}y_2+\cdots+c_{2n}y_n,\\\qquad\cdots\cdots\\x_n=c_{n1}y_1+c_{n2}y_2+\cdots+c_{nn}y_n,\end{cases}$$

即 $\boldsymbol{X}=\boldsymbol{C}\boldsymbol{Y}$，把 $f=\boldsymbol{X}^{\mathrm{T}}\boldsymbol{A}\boldsymbol{X}$ 化成标准形，于是

$$f=\boldsymbol{X}^{\mathrm{T}}\boldsymbol{A}\boldsymbol{X}=(\boldsymbol{C}\boldsymbol{Y})^{\mathrm{T}}\boldsymbol{A}(\boldsymbol{C}\boldsymbol{Y})=\boldsymbol{Y}^{\mathrm{T}}(\boldsymbol{C}^{\mathrm{T}}\boldsymbol{A}\boldsymbol{C})\boldsymbol{Y}.$$

定理 4.9 任给可逆矩阵 $\boldsymbol{C}$，令 $\boldsymbol{B}=\boldsymbol{C}^{\mathrm{T}}\boldsymbol{A}\boldsymbol{C}$，若 $\boldsymbol{A}$ 为对称矩阵，则 $\boldsymbol{B}$ 也为对称矩阵，且 $R(\boldsymbol{B})=R(\boldsymbol{A})$.

证 $\boldsymbol{A}$ 为对称矩阵，即有 $\boldsymbol{A}^{\mathrm{T}}=\boldsymbol{A}$，于是

$$\boldsymbol{B}^{\mathrm{T}}=(\boldsymbol{C}^{\mathrm{T}}\boldsymbol{A}\boldsymbol{C})^{\mathrm{T}}=\boldsymbol{C}^{\mathrm{T}}\boldsymbol{A}^{\mathrm{T}}(\boldsymbol{C}^{\mathrm{T}})^{\mathrm{T}}=\boldsymbol{C}^{\mathrm{T}}\boldsymbol{A}\boldsymbol{C}=\boldsymbol{B}.$$

故 $\boldsymbol{B}$ 为对称矩阵.

再证

$$R(\boldsymbol{B})=R(\boldsymbol{A}).$$

因 $\boldsymbol{B}=\boldsymbol{C}^{\mathrm{T}}\boldsymbol{A}\boldsymbol{C}$，故 $R(\boldsymbol{B})\leqslant R(\boldsymbol{A}\boldsymbol{C})\leqslant R(\boldsymbol{A})$.

又因 $\boldsymbol{A}=(\boldsymbol{C}^{\mathrm{T}})^{-1}\boldsymbol{B}\boldsymbol{C}^{-1}$，故 $R(\boldsymbol{A})\leqslant R(\boldsymbol{B}\boldsymbol{C}^{-1})\leqslant R(\boldsymbol{B})$. 于是

$$R(\boldsymbol{B})=R(\boldsymbol{A}).$$

该定理说明：经可逆变换 $\boldsymbol{X}=\boldsymbol{C}\boldsymbol{Y}$ 把 f 化成 $\boldsymbol{Y}^{\mathrm{T}}\boldsymbol{C}^{\mathrm{T}}\boldsymbol{A}\boldsymbol{C}\boldsymbol{Y}$，$\boldsymbol{C}^{\mathrm{T}}\boldsymbol{A}\boldsymbol{C}$ 仍为对称矩阵，且

二次型的秩不变. 要使二次型 f 经过可逆变换 $\boldsymbol{X}=\boldsymbol{CY}$ 化成标准形,即

$$
\begin{aligned}
f &= \boldsymbol{X}^{\mathrm{T}}\boldsymbol{AX} \\
&= (\boldsymbol{CY})^{\mathrm{T}}\boldsymbol{ACY}=\boldsymbol{Y}^{\mathrm{T}}\boldsymbol{C}^{\mathrm{T}}\boldsymbol{ACY} \\
&= \lambda_1 y_1^2+\lambda_2 y_2^2+\cdots+\lambda_n y_n^2 \\
&= (y_1, y_2, \cdots, y_n)\begin{bmatrix}\lambda_1 & & & \\ & \lambda_2 & & \\ & & \ddots & \\ & & & \lambda_n\end{bmatrix}\begin{bmatrix}y_1\\ y_2\\ \vdots\\ y_n\end{bmatrix} \\
&= \boldsymbol{Y}^{\mathrm{T}}\boldsymbol{\Lambda Y},
\end{aligned}
$$

也就是要使 $\boldsymbol{C}^{\mathrm{T}}\boldsymbol{AC}$ 成为对角阵,即 $\boldsymbol{C}^{\mathrm{T}}\boldsymbol{AC}=\boldsymbol{\Lambda}$. 因此,主要的问题就是:对于对称矩阵 $\boldsymbol{A}$,寻求可逆矩阵 $\boldsymbol{C}$,使 $\boldsymbol{C}^{\mathrm{T}}\boldsymbol{AC}=\boldsymbol{\Lambda}$. 由定理可知,任给实对称矩阵,总有正交矩阵 $\boldsymbol{P}$,使 $\boldsymbol{P}^{\mathrm{T}}\boldsymbol{AP}=\boldsymbol{\Lambda}$,把此结论用于二次型,即有以下定理.

定理 4.10 任意二次型 $f(x_1, x_2, \cdots, x_n)=\sum\limits_{i=1}^{n}\sum\limits_{j=1}^{n}a_{ij}x_ix_j\,(a_{ij}=a_{ji})$,总有正交变换 $\boldsymbol{X}=\boldsymbol{PY}$,使 f 化为标准形 $f=\lambda_1 y_1^2+\lambda_2 y_2^2+\cdots+\lambda_n y_n^2$,其中 $\lambda_1, \lambda_2, \cdots, \lambda_n$ 是 f 的矩阵 $\boldsymbol{A}$ 的 n 个特征值.

4.4.2 用正交变换化二次型为标准形

经过上面的讨论,可以总结出用正交变换化二次型为标准形的一般步骤:

(1) 将二次型 $f=\sum\limits_{i=1}^{n}\sum\limits_{j=1}^{n}a_{ij}x_ix_j$ 写成矩阵形式 $f=\boldsymbol{X}^{\mathrm{T}}\boldsymbol{AX}$.

(2) 由 $|\boldsymbol{A}-\lambda\boldsymbol{E}|=0$,求出 $\boldsymbol{A}$ 的全部特征值.

(3) 由 $(\boldsymbol{A}-\lambda\boldsymbol{E})\boldsymbol{X}=0$,求出 $\boldsymbol{A}$ 的特征向量.

对于求出的不同特征值所对应的特征向量已正交,只需单位化;对于 k 重特征值 λ_k 所对应的 k 个线性无关的特征向量,用施密特标准正交化方法把它们化成 k 个两两正交的单位向量.

(4) 把求出的 n 个两两正交的单位向量拼成正交矩阵 $\boldsymbol{P}$,作正交变换 $\boldsymbol{X}=\boldsymbol{PY}$.

(5) 用 $\boldsymbol{X}=\boldsymbol{PY}$,把 f 化成标准形 $f=\lambda_1 y_1^2+\lambda_2 y_2^2+\cdots+\lambda_n y_n^2$,其中 $\lambda_1, \lambda_2, \cdots, \lambda_n$ 是 f 的矩阵 $\boldsymbol{A}$ 的 n 个特征值.

例 4.4.2 求一个正交变换 $\boldsymbol{X}=\boldsymbol{PY}$,把二次型

$$f=2x_1x_2+2x_1x_3-2x_1x_4-2x_2x_3+2x_2x_4+2x_3x_4$$

化为标准形.

解 二次型的矩阵为

$$A=\begin{bmatrix}0&1&1&-1\\1&0&-1&1\\1&-1&0&1\\-1&1&1&0\end{bmatrix}.$$

由$|A-\lambda E|=0$,求出A的全部特征值:

$$|A-\lambda E|=\begin{vmatrix}-\lambda&1&1&-1\\1&-\lambda&-1&1\\1&-1&-\lambda&1\\-1&1&1&-\lambda\end{vmatrix}=\cdots=(1-\lambda)^2(\lambda^2+2\lambda-3)=0,$$

得A的特征值为

$$\lambda_1=-3,\quad \lambda_2=\lambda_3=\lambda_4=1.$$

由$(A-\lambda E)X=\mathbf{0}$,求出$A$的特征向量.

当$\lambda_1=-3$时,解方程$(A+3E)X=\mathbf{0}$,由

$$A+3E=\begin{bmatrix}3&1&1&-1\\1&3&-1&1\\1&-1&3&1\\-1&1&1&3\end{bmatrix}\to\begin{bmatrix}1&0&0&-1\\0&1&0&1\\0&0&1&1\\0&0&0&0\end{bmatrix}$$

解得基础解系:

$$\xi_1=\begin{bmatrix}1\\-1\\-1\\1\end{bmatrix},$$

单位化,即得

$$e_1=\frac{1}{2}\begin{bmatrix}1\\-1\\-1\\1\end{bmatrix}.$$

当$\lambda_2=\lambda_3=\lambda_4=1$时,解方程$(A-E)X=\mathbf{0}$,由

$$A-E=\begin{bmatrix}1&1&1&1\\1&1&1&1\\1&1&1&1\\1&1&1&1\end{bmatrix}\to\begin{bmatrix}1&1&1&1\\0&0&0&0\\0&0&0&0\\0&0&0&0\end{bmatrix}$$

解得正交单位化的基础解系:

$$e_2=\frac{\sqrt{2}}{2}\begin{bmatrix}1\\1\\0\\0\end{bmatrix},\quad e_3=\frac{\sqrt{2}}{2}\begin{bmatrix}0\\0\\1\\1\end{bmatrix},\quad e_4=\frac{1}{2}\begin{bmatrix}1\\-1\\1\\-1\end{bmatrix}.$$

令 $\boldsymbol{P}=(\boldsymbol{e}_1,\boldsymbol{e}_2,\boldsymbol{e}_3,\boldsymbol{e}_4)$，于是得正交变换 $\boldsymbol{X}=\boldsymbol{PY}$，即

$$\begin{bmatrix}x_1\\x_2\\x_3\\x_4\end{bmatrix}=\begin{bmatrix}\frac{1}{2}&\frac{1}{\sqrt{2}}&0&\frac{1}{2}\\-\frac{1}{2}&\frac{1}{\sqrt{2}}&0&-\frac{1}{2}\\-\frac{1}{2}&0&\frac{1}{\sqrt{2}}&\frac{1}{2}\\\frac{1}{2}&0&\frac{1}{\sqrt{2}}&-\frac{1}{2}\end{bmatrix}\begin{bmatrix}y_1\\y_2\\y_3\\y_4\end{bmatrix}.$$

用 $\boldsymbol{X}=\boldsymbol{PY}$ 把 f 化成标准形

$$f=-3y_1^2+y_2^2+y_3^2+y_4^2.$$

另外，也可用配方法或合同变换法化二次型为标准形，读者可参考其他相关书籍，这里不再叙述.

4.5　正定二次型

4.5.1　惯性定律

定理 4.11　设二次型 $f=\boldsymbol{X}^{\mathrm{T}}\boldsymbol{AX}$ 的秩为 r，若可逆线性变换 $\boldsymbol{X}=\boldsymbol{CY}$ 及 $\boldsymbol{X}=\boldsymbol{PZ}$ 分别将二次型 f 化成标准形：

$$f=k_1y_1^2+k_2y_2^2+\cdots+k_ry_r^2\quad(k_i\neq 0,i=1,2,\cdots,r)$$

及

$$f=\lambda_1z_1^2+\lambda_2z_2^2+\cdots+\lambda_rz_r^2\quad(\lambda_i\neq 0,i=1,2,\cdots,r),$$

则 $k_1,k_2,\cdots,k_r$ 与 $\lambda_1,\lambda_2,\cdots,\lambda_r$ 中带正号的项的个数相同.

惯性定律反映到几何上，就是经过可逆的线性变换把二次曲线方程化成标准方程. 方程的系数与所作的线性变换有关，而曲线的类型(椭圆型、双曲线型等)是不会因所作的线性变换的不同而改变的.

称二次型标准形的项数为**二次型的惯性指数** r；称二次型标准形的正项个数为二次型的**正惯性指数** p；称二次型标准形的负项个数为二次型的**负惯性指数** q.

显然，$r=p+q=R(\boldsymbol{A})$.

4.5.2　二次型的正定性

定义 4.10　设有二次型 $f=\boldsymbol{X}^{\mathrm{T}}\boldsymbol{A}\boldsymbol{X}$，若对任何 $\boldsymbol{X}\neq\boldsymbol{0}$，都有 $f>0$，则称 f 为**正定二次型**，并称对称矩阵 $\boldsymbol{A}$ 是正定矩阵，记为 $\boldsymbol{A}>\boldsymbol{O}$；对任何 $\boldsymbol{X}\neq\boldsymbol{0}$，都有 $f<0$，则称 f 为负定二次型，并称对称矩阵 $\boldsymbol{A}$ 是负定矩阵，记为 $\boldsymbol{A}<\boldsymbol{O}$.

定理 4.12　二次型 $f=\boldsymbol{X}^{\mathrm{T}}\boldsymbol{A}\boldsymbol{X}$ 为正定二次型的充分必要条件是它的标准形的 n 个系数全为正数.

证　设可逆变换 $\boldsymbol{X}=\boldsymbol{C}\boldsymbol{Y}$，使

$$f(\boldsymbol{X})=f(\boldsymbol{C}\boldsymbol{Y})=k_1y_1^2+k_2y_2^2+\cdots+k_ny_n^2.$$

先证充分性. 设 $k_i>0(i=1,2,\cdots,n)$，任给 $\boldsymbol{X}\neq\boldsymbol{0}$，则 $\boldsymbol{Y}=\boldsymbol{C}^{-1}\boldsymbol{X}\neq\boldsymbol{0}$，故

$$f(\boldsymbol{X})=f(\boldsymbol{C}\boldsymbol{Y})=k_1y_1^2+k_2y_2^2+\cdots+k_ny_n^2>0,$$

故 f 是正定的.

再证必要性，用反证法.

假设 $k_s\leqslant0$，则当 $\boldsymbol{Y}=\boldsymbol{e}_s$（单位坐标向量）时，$f(\boldsymbol{X})=f(\boldsymbol{C}\boldsymbol{Y})=k_s\leqslant0$，这与 f 正定相矛盾，故 $k_s>0$，从而 $k_i>0(i=1,2,\cdots,n)$.

推论　对称矩阵 $\boldsymbol{A}$ 为正定矩阵的充分必要条件是 $\boldsymbol{A}$ 的各阶顺序主子式全大于零，即

$$|a_{11}|>0,\quad \begin{vmatrix} a_{11} & a_{12} \\ a_{21} & a_{22} \end{vmatrix}>0,\quad \begin{vmatrix} a_{11} & a_{12} & a_{13} \\ a_{21} & a_{22} & a_{23} \\ a_{31} & a_{32} & a_{33} \end{vmatrix}>0.$$

对称矩阵 $\boldsymbol{A}$ 为负定矩阵的充分必要条件是 $\boldsymbol{A}$ 的奇数阶顺序主子式全小于零，而偶数阶的顺序主子式全大于零，即

$$(-1)^r\begin{vmatrix} a_{11} & \cdots & a_{1r} \\ \vdots & & \vdots \\ a_{r1} & \cdots & a_{rr} \end{vmatrix}>0,\quad r=1,2,\cdots,n.$$

正定二次型的几何意义：

(1) 二维正定二次型 $f(x,y)=c(c>0$ 为常数$)$是以原点为中心的椭圆. 当 c 为任意常数时，f 是一族椭圆，当 $c=0$ 时，这些椭圆收缩到原点.

(2) 三维二次型 $f(x,y,z)=c(c>0$ 为常数$)$是一族椭球.

例 4.5.1　判别二次型

$$f=-5x^2-6y^2-4z^2+4xy+4xz$$

的正定性.

解　f 的矩阵为 $\boldsymbol{A}=\begin{bmatrix} -5 & 2 & 2 \\ 2 & -6 & 0 \\ 2 & 0 & -4 \end{bmatrix}$，因为

$$|-5|=-5<0,\quad \begin{vmatrix}-5 & 2\\ 2 & -6\end{vmatrix}=26>0,\quad |\boldsymbol{A}|=-80<0.$$

由定理可知：f 为负定的.

例 4.5.2　设二次型

$$f=x_1^2+2x_1x_2+4x_1x_3+2x_2^2+6x_2x_3+tx_3^2$$

为正定的，求 t 的取值范围.

解　二次型 f 的矩阵为 $\begin{bmatrix}1 & 1 & 2\\ 1 & 2 & 3\\ 2 & 3 & t\end{bmatrix}$，而

$$|1|=1>0,\quad \begin{vmatrix}1 & 1\\ 1 & 2\end{vmatrix}=1>0,\quad \begin{vmatrix}1 & 1 & 2\\ 1 & 2 & 3\\ 2 & 3 & t\end{vmatrix}=t-5.$$

所以，当 $t>5$ 时，$\boldsymbol{A}$ 所对应的二次型 f 为正定的.

例 4.5.3　设 $\boldsymbol{A}$ 为 $m\times n$ 矩阵，$\boldsymbol{E}$ 是 n 阶单位矩阵，已知矩阵 $\boldsymbol{B}=\lambda\boldsymbol{E}+\boldsymbol{A}^{\mathrm{T}}\boldsymbol{A}$，试证：当 $\lambda>0$ 时，$\boldsymbol{B}$ 为正定矩阵.

证　因为 $\boldsymbol{B}^{\mathrm{T}}=(\lambda\boldsymbol{E}+\boldsymbol{A}^{\mathrm{T}}\boldsymbol{A})^{\mathrm{T}}=(\lambda\boldsymbol{E})^{\mathrm{T}}+(\boldsymbol{A}^{\mathrm{T}}\boldsymbol{A})^{\mathrm{T}}=\lambda\boldsymbol{E}+\boldsymbol{A}^{\mathrm{T}}(\boldsymbol{A}^{\mathrm{T}})^{\mathrm{T}}=\lambda\boldsymbol{E}+\boldsymbol{A}^{\mathrm{T}}\boldsymbol{A}=\boldsymbol{B}$，所以 $\boldsymbol{B}$ 为对称矩阵. 对任意 n 维实向量 $\boldsymbol{x}$，有

$$\begin{aligned}\boldsymbol{x}^{\mathrm{T}}\boldsymbol{B}\boldsymbol{x}&=\boldsymbol{x}^{\mathrm{T}}(\lambda\boldsymbol{E}+\boldsymbol{A}^{\mathrm{T}}\boldsymbol{A})\boldsymbol{x}=\boldsymbol{x}^{\mathrm{T}}\lambda\boldsymbol{E}\boldsymbol{x}+\boldsymbol{x}^{\mathrm{T}}\boldsymbol{A}^{\mathrm{T}}\boldsymbol{A}\boldsymbol{x}\\&=\lambda\boldsymbol{x}^{\mathrm{T}}\boldsymbol{x}+(\boldsymbol{A}\boldsymbol{x})^{\mathrm{T}}(\boldsymbol{A}\boldsymbol{x})=\lambda\|\boldsymbol{x}\|^2+\|\boldsymbol{A}\boldsymbol{x}\|^2.\end{aligned}$$

若 $\boldsymbol{x}\neq\boldsymbol{0}$，则有 $\|\boldsymbol{x}\|>0$，$\|\boldsymbol{A}\boldsymbol{x}\|\geqslant0$，所以当 $\lambda>0$ 时，$\boldsymbol{x}^{\mathrm{T}}\boldsymbol{B}\boldsymbol{x}>0$. 故 $\boldsymbol{B}$ 为正定矩阵.

例 4.5.4　设 $\boldsymbol{A}$ 为 m 阶实对称矩阵，且正定，$\boldsymbol{B}$ 为 $m\times n$ 实矩阵，试证：$\boldsymbol{B}^{\mathrm{T}}\boldsymbol{A}\boldsymbol{B}$ 为正定矩阵的充分必要条件是 $R(\boldsymbol{B})=n$.

证　必要性. 设 $\boldsymbol{B}^{\mathrm{T}}\boldsymbol{A}\boldsymbol{B}$ 为正定矩阵，则对于任意 n 维实向量 $\boldsymbol{X}\neq\boldsymbol{0}$，都有 $\boldsymbol{X}^{\mathrm{T}}(\boldsymbol{B}^{\mathrm{T}}\boldsymbol{A}\boldsymbol{B})\boldsymbol{X}>0$，即

$$(\boldsymbol{B}\boldsymbol{X})^{\mathrm{T}}\boldsymbol{A}(\boldsymbol{B}\boldsymbol{X})>0,$$

又因为 $\boldsymbol{A}$ 是正定的，于是 $\boldsymbol{B}\boldsymbol{X}\neq\boldsymbol{0}$，所以，$\boldsymbol{B}\boldsymbol{X}=\boldsymbol{0}$ 只有零解，从而

$$R(\boldsymbol{B})=n.$$

充分性. 因为

$$(\boldsymbol{B}^{\mathrm{T}}\boldsymbol{A}\boldsymbol{B})^{\mathrm{T}}=\boldsymbol{B}^{\mathrm{T}}\boldsymbol{A}^{\mathrm{T}}(\boldsymbol{B}^{\mathrm{T}})^{\mathrm{T}}=\boldsymbol{B}^{\mathrm{T}}\boldsymbol{A}\boldsymbol{B},$$

故 $\boldsymbol{B}^{\mathrm{T}}\boldsymbol{A}\boldsymbol{B}$ 为实对称矩阵.

若 $R(\boldsymbol{B})=n$，则线性方程组 $\boldsymbol{B}\boldsymbol{X}=\boldsymbol{0}$ 只有零解，从而对任意 n 维列向量 $\boldsymbol{X}\neq\boldsymbol{0}$，有

$$\boldsymbol{B}\boldsymbol{X}\neq\boldsymbol{0}.$$

又因为 $\boldsymbol{A}$ 为正定矩阵，所以对于 $\boldsymbol{B}\boldsymbol{X}\neq\boldsymbol{0}$，有

$$(\boldsymbol{BX})^{\mathrm{T}}\boldsymbol{A}(\boldsymbol{BX})>0.$$

于是当 $\boldsymbol{BX}\neq\boldsymbol{0}$ 时，

$$\boldsymbol{X}^{\mathrm{T}}(\boldsymbol{B}^{\mathrm{T}}\boldsymbol{AB})\boldsymbol{X}>0,$$

故 $\boldsymbol{B}^{\mathrm{T}}\boldsymbol{AB}$ 为正定矩阵.

4.6 相似矩阵与二次型模型应用举例

4.6.1 旅游地的选择问题

暑假要到了,甲、乙、丙三位同学相约出去旅游,但是对于旅游的目的地却有不同的意见.甲同学想去苏杭,乙同学想去黄山,丙同学想去庐山,请通过数学模型帮助他们在以上三个地方中选择最佳的旅游地.

1. 模型建立与求解

将该决策问题分解为 3 个层次,最上层为目标层,即选择旅游地,最下层为方案层,有苏杭、黄山、庐山 3 个供选择地点,中间层为准则层,有景色、费用、居住、饮食、旅途 5 个准则,各层间的联系用相连的直线表示(图 4.1).

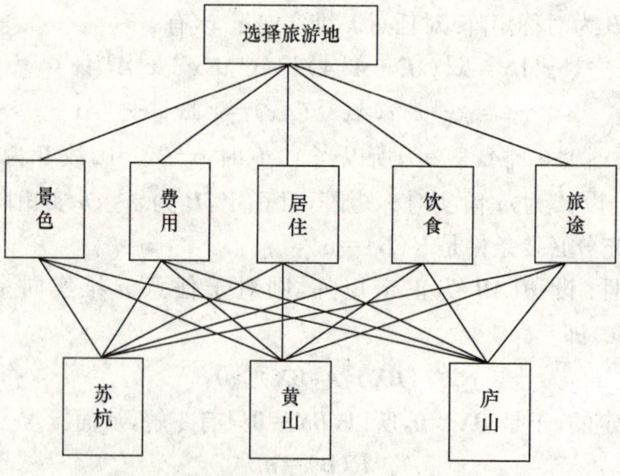

图 4.1 选择旅游地的层次结构

通过相互比较确定各准则对于目标的权重和各方案对于每一准则的权重.首先准则层对方案层进行赋权,认为费用应占最大的比重(因为是学生),其次是风景(目的主要是旅游),再者是旅途,至于吃住对年轻人来说不太重要.表 4.2 采用两两比较判断法.

表 4.2　旅游决策准则层对目标层的两两比较表

项目	景色	费用	饮食	居住	旅途
景色	1	1/2	5	5	3
费用	2	1	7	7	5
饮食	1/5	1/7	1	1/2	1/3
居住	1/5	1/7	2	1	1/2
旅途	1/3	1/5	3	2	1

当比较两个可能具有不同性质的因素 C_i 和 C_j 对于一个上层因素影响时，通常采用 1—9 尺度，具体含义见表 4.3.

表 4.3　1—9 尺度 a_{ij} 的含义

尺度 a_{ij}	含义
1	C_i 与 C_j 的影响相同
3	C_i 与 C_j 的影响稍强
5	C_i 与 C_j 的影响强
7	C_i 与 C_j 的影响明显的强
9	C_i 与 C_j 的影响绝对的强
2,4,6,8	C_i 与 C_j 的影响之比在上述两个相邻等级之间
1,1/2,…,1/9	C_i 与 C_j 的影响之比为上面 a_{ij} 的互反数

如在这张表中，$a_{12}=\dfrac{1}{2}$表示景色与费用对选择旅游地这个目标来说的重要之比为 1∶2(景色比费用稍微不重要)，而 $a_{21}=2$ 则表示费用与景色对选择旅游地这个目标来说的重要之比为 2∶1(费用比景色稍微重要)，其他按照 1—9 尺度含义可知.

由此可得到一个比较判断矩阵

$$
\boldsymbol{A}=\begin{bmatrix}
1 & \frac{1}{2} & 5 & 5 & 3 \\
2 & 1 & 7 & 7 & 5 \\
\frac{1}{5} & \frac{1}{7} & 1 & \frac{1}{2} & \frac{1}{3} \\
\frac{1}{5} & \frac{1}{7} & 2 & 1 & \frac{1}{2} \\
\frac{1}{3} & \frac{1}{5} & 3 & 2 & 1
\end{bmatrix},
$$

并称之为正互反矩阵，n 阶正互反矩阵 $\boldsymbol{A}=(a_{ij})_{n\times n}$ 的特点是

$$a_{ij}>0,\quad a_{ji}=\frac{1}{a_{ij}},\quad a_{ii}=1\quad (i,j=1,2,\cdots,n).$$

由佩龙(Perron)定理知，正互反矩阵一定存在一个最大的特征值 $\lambda_{\max}$，并且 $\lambda_{\max}$ 所对应的特征向量 $\boldsymbol{X}$ 为正向量，即 $\boldsymbol{AX}=\lambda_{\max}\boldsymbol{X}$，将 $\boldsymbol{X}$ 归一化(各个分量之和等于 1)作为权向量 $\boldsymbol{W}$，即 $\boldsymbol{W}$ 满足 $\boldsymbol{AW}=\lambda_{\max}\boldsymbol{W}$.

利用 Matlab 可以求出最大特征值 $\lambda_{\max}=0.0976$，对应的特征向量经归一化得 $\boldsymbol{W}=(0.2863,0.4810,0.0485,0.0685,0.1157)^{\mathrm{T}}$，它就是准则层对目标层的排序向量. 用同样的方法，给出方案层对准则层的每一准则的比较判断矩阵，由此求出各排序向量(最大特征值所对应的特征向量并归一化)：

$$\boldsymbol{B}_1(\text{景色})=\begin{bmatrix}1 & \frac{1}{3} & \frac{1}{2}\\ 3 & 1 & \frac{1}{2}\\ 2 & 2 & 1\end{bmatrix},\quad \boldsymbol{P}_1=\begin{bmatrix}0.1677\\0.3487\\0.4836\end{bmatrix};$$

$$\boldsymbol{B}_2(\text{费用})=\begin{bmatrix}1 & 3 & 2\\ \frac{1}{3} & 1 & 2\\ \frac{1}{2} & \frac{1}{2} & 1\end{bmatrix},\quad \boldsymbol{P}_2=\begin{bmatrix}0.5472\\0.2631\\0.1897\end{bmatrix};$$

$$\boldsymbol{B}_3(\text{饮食})=\begin{bmatrix}1 & 4 & 3\\ \frac{1}{4} & 1 & 2\\ \frac{1}{3} & \frac{1}{2} & 1\end{bmatrix},\quad \boldsymbol{P}_3=\begin{bmatrix}0.6301\\0.2184\\0.1515\end{bmatrix};$$

$$\boldsymbol{B}_4(\text{居住})=\begin{bmatrix}1 & 3 & 2\\ \frac{1}{3} & 1 & 2\\ \frac{1}{2} & \frac{1}{2} & 1\end{bmatrix},\quad \boldsymbol{P}_4=\begin{bmatrix}0.5472\\0.2631\\0.1897\end{bmatrix};$$

$$\boldsymbol{B}_5(\text{旅途})=\begin{bmatrix}1 & 2 & 3\\ \frac{1}{2} & 1 & \frac{1}{2}\\ \frac{1}{3} & 2 & 1\end{bmatrix},\quad \boldsymbol{P}_5=\begin{bmatrix}0.5472\\0.1897\\0.2631\end{bmatrix}.$$

最后，将由各准则层对目标的权向量 $\boldsymbol{W}$ 和各方案对每一准则的权向量，计算各方案对目标的权向量，称为组合权向量. 对于方案 1(苏杭)，它在景色等 5 个准则中的权重都用第一个分量表示，即 0.1677，0.5472，0.6301，0.5472，0.5472，而 5 个准则对于目标的权重用权向量 $\boldsymbol{W}=(0.2863,0.4810,0.0485,0.0685,0.1157)^{\mathrm{T}}$ 表示，因此方案 1(苏杭)在目标中的组合权重等于它们相对应项的乘积之和，即

$$
\begin{aligned}
&0.2863\times0.1677+0.4810\times0.5472+0.0485\times0.6301\\
&\quad+0.0685\times0.5472+0.1157\times0.5472=0.4425.
\end{aligned}
$$

同样计算出方案 2(黄山)、方案 3(庐山)在目标中的组合权重分别为 0.2769 与 0.2806. 于是组合权重为$(0.4425,0.2769,0.2806)^{\mathrm{T}}$.

若记

$$
\begin{aligned}
\boldsymbol{P}&=(\boldsymbol{P}_1,\boldsymbol{P}_2,\boldsymbol{P}_3,\boldsymbol{P}_4,\boldsymbol{P}_5)\\
&=\begin{bmatrix}0.1677&0.5472&0.6301&0.5472&0.5472\\0.3487&0.2631&0.2184&0.2631&0.1897\\0.4836&0.1897&0.1515&0.1897&0.2631\end{bmatrix},
\end{aligned}
$$

$$
\boldsymbol{W}=\begin{bmatrix}0.2863\\0.4810\\0.0485\\0.0685\\0.1157\end{bmatrix},
$$

则根据矩阵乘法，可得组合权向量

$$
\boldsymbol{K}=\begin{bmatrix}k_1\\k_2\\k_3\end{bmatrix}=\boldsymbol{PW}=\begin{bmatrix}0.4425\\0.2769\\0.2806\end{bmatrix}.
$$

2. 结果分析

上述结果表明：苏杭在旅游地选择中占的权重为 0.4425，大于黄山(0.2769)和庐山(0.2806)的权重，因此他们应该去苏杭.

以上分析方法称为层次分析法(analytic hierarchy process，AHP)，它是一种现代管理决策方法，是由美国运筹学家 T. L. Saayt 等提出的一种定性与定量相结合的、系统化、层次化的分析方法. 它的应用已遍及经济计划和管理、能源政策和分配、行为科学、军事指挥、运输、农业、教育、人才、医疗、环境等领域. 从处理问题的类型看，主要是决策、评价、分析、预测等. 这个方法在 20 世纪 80 年代初引入我国，也很快为广大的应用数学工作者和有关领域的技术人员所接受，得到了成功的应用.

4.6.2 简单迁移模型

某地区对城乡人口流动做年度调查，发现有一个稳定的往城镇流动的趋势：

(1) 每年农村居民的 2.5%迁居城镇；

(2) 每年城镇居民的 1%迁居农村.

假设城乡的总人口数保持不变，现在总人口的 60%住在城镇，并且流动的这种趋势保持不变，那么 1 年以后住在城镇的人口所占比例是多少，2 年以后的比例是多少，最终的比例是多少？

1. 模型建立与求解

用 $x_1^{(0)}$，$x_2^{(0)}$ 分别表示现在城镇、农村人口的比例，即 $x_1^{(0)}=0.6$，$x_2^{(0)}=0.4$，又设 $x_1^{(n)}$，$x_2^{(n)}$ 分别表示 n 年以后的对应比例. 假定人口的总数为 N(N 为常数)，1 年以后城乡人口分别为

$$x_1^{(1)}N=0.99x_1^{(0)}N+0.025x_2^{(0)}N,$$
$$x_2^{(1)}N=0.01x_1^{(0)}N+0.975x_2^{(0)}N,$$

求得

$$x_1^{(0)}=0.604, \quad x_2^{(1)}=0.396,$$

即 1 年后人口总数的 60.4%住在城镇.

写成矩阵形式为

$$\begin{bmatrix}0.99 & 0.025\\0.01 & 0.975\end{bmatrix}\begin{bmatrix}x_1^{(0)}\\x_2^{(0)}\end{bmatrix}=\begin{bmatrix}x_1^{(1)}\\x_2^{(1)}\end{bmatrix}, \text{其中 } \boldsymbol{A}=\begin{bmatrix}0.99 & 0.025\\0.01 & 0.975\end{bmatrix}$$

系数矩阵 $\boldsymbol{A}$ 描述了从现在到 1 年后的转变，由于假设人口流动这一趋势持续不变，所以 n 年以后到 $n+1$ 年的转变为

$$\begin{bmatrix}0.99 & 0.025\\0.01 & 0.975\end{bmatrix}\begin{bmatrix}x_1^{(n)}\\x_2^{(n)}\end{bmatrix}=\begin{bmatrix}x_1^{(n+1)}\\x_2^{(n+1)}\end{bmatrix},$$

有

$$\begin{bmatrix}x_1^{(n)}\\x_2^{(n)}\end{bmatrix}=\begin{bmatrix}0.99 & 0.025\\0.01 & 0.975\end{bmatrix}^n\begin{bmatrix}x_1^{(0)}\\x_2^{(0)}\end{bmatrix},$$

求出系数矩阵 $\boldsymbol{A}$ 的特征值为 $\lambda_1=1$，$\lambda_2=0.965$，对应的特征向量为 $\boldsymbol{p}_1=\begin{bmatrix}\frac{5}{2}\\1\end{bmatrix}$，$\boldsymbol{p}_2=\begin{bmatrix}-1\\1\end{bmatrix}$，故有

$$\boldsymbol{A}=\begin{bmatrix}\frac{5}{2} & -1\\ 1 & 1\end{bmatrix}\begin{bmatrix}1 & 0\\ 0 & 0.965\end{bmatrix}\begin{bmatrix}\frac{5}{2} & -1\\ 1 & 1\end{bmatrix}^{-1}.$$

取 $n=2$，有

$$\boldsymbol{A}^2=\frac{1}{7}\begin{bmatrix}6.86245 & 0.343875\\ 0.13755 & 0.65125\end{bmatrix},$$

可得

$$x_1^{(2)}=\frac{1}{7}(6.86245x_1^{(0)}+0.343875x_2^{(0)})=0.60786,$$

即两年后人口总数为 60.78%住在城镇.

又因为

$$\lim_{n\to+\infty}\boldsymbol{A}^n=\frac{1}{7}\begin{bmatrix}5 & 5\\ 2 & 2\end{bmatrix},$$

所以有

$$\begin{bmatrix}\lim\limits_{n\to+\infty}x_1^{(n)}\\ \lim\limits_{n\to+\infty}x_2^{(n)}\end{bmatrix}=\begin{bmatrix}\lim\limits_{n\to+\infty}\boldsymbol{A}^n x_1^{(0)}\\ \lim\limits_{n\to+\infty}\boldsymbol{A}^n x_2^{(0)}\end{bmatrix}=\begin{bmatrix}\frac{5}{7}\\ \frac{2}{7}\end{bmatrix}.$$

2. 结果分析

根据以上求解，得到最终人口的$\frac{5}{7}$住在城镇，$\frac{2}{7}$住在农村.

4.6.3　最优公共工作计划模型

某州政府预计修 x 百英里[①]的公路和桥梁，并且修整 y 百英亩的公园和娱乐场所，政府部门必须确定在这两个项目上如何分配它的资源（资金、设备和劳动力等）. 如果更划算，则可以同时开始两个项目，而不是仅开一个项目，于是 x 和 y 必须满足限制条件 $4x^2+9y^2\leqslant 36$，如图 4.2 所示. 图中阴影可行集中的每个点表示一个可能的该年度公共工作计划，在限制 $4x^2+9y^2\leqslant 36$ 上使资源利用达到最大可能.

1. 模型建立与求解

经济学家常利用函数 $q(x,y)=xy$ 来度量居民分配各类工作计划 (x,y) 的值或效用，该函数称为无差别曲线. 这里求公共工作计划，使得效用函数 q 最大.

将限制条件 $4x^2+9y^2=36$ 改写成$\left(\frac{x}{3}\right)^2+\left(\frac{y}{2}\right)^2=1$，作变换 $x=3x_1$，$y=2x_2$，

① 1 英里≈1.61 千米.

从而限制条件变成 $x_1^2+x_2^2=1$,效用函数为 $q(3x_1,2x_2)=6x_1x_2$. 令 $\boldsymbol{X}=(x_1,x_2)^{\mathrm{T}}$,则原问题变为在限制条件 $\boldsymbol{X}^{\mathrm{T}}\boldsymbol{X}=1$ 下,求 $Q(\boldsymbol{X})=6x_1x_2$ 的最大值.

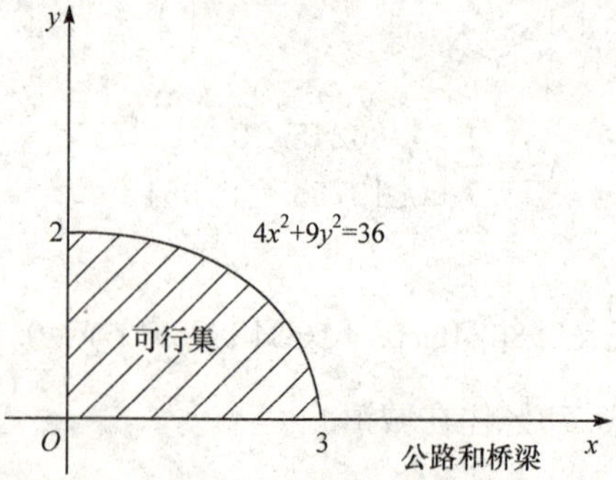

图 4.2　公共工作计划

由于 $Q(\boldsymbol{X})=\boldsymbol{X}^{\mathrm{T}}\boldsymbol{A}\boldsymbol{X}$,其中 $\boldsymbol{A}=\begin{bmatrix}0&3\\3&0\end{bmatrix}$,并且 $\boldsymbol{A}$ 的特征值是 ±3,对应于 $\lambda=3$ 的特征向量是 $\left(\frac{1}{\sqrt{2}},\frac{1}{\sqrt{2}}\right)^{\mathrm{T}}$,对应于 $\lambda=-3$ 的特征向量是 $\left(-\frac{1}{\sqrt{2}},\frac{1}{\sqrt{2}}\right)^{\mathrm{T}}$. 这样 $Q(\boldsymbol{X})=q(x_1,x_2)$的最大值是 3,并且在 $x_1=\frac{1}{\sqrt{2}}$和 $x_2=\frac{1}{\sqrt{2}}$处可达到.

2. 结果分析

根据原来的变量,最优的公共工作计划是修建 $x=3x_1=\frac{3}{\sqrt{2}}\approx2.1$ 百英里的公路和桥梁,以及 $y=2x_2=\sqrt{2}\approx1.4$ 百英亩的公园和娱乐场所,最优工作计划是限制曲线和无差别曲线 $q(x_1,y_2)=3$ 相交的点,具有更大效用的点(x,y)位于和限制曲线不相交的无差别曲线上,如图 4.3 所示.

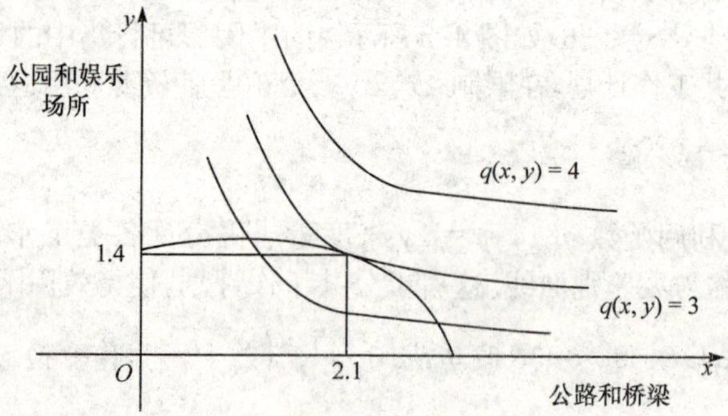

图 4.3　最优公共工作计划

沿着无差别曲线的点对应的选择，表示居民作为一个群体有相同的价值观.

4.6.4　电路中电压的确定

如图 4.4 所示电路，确定电容器两端电压.

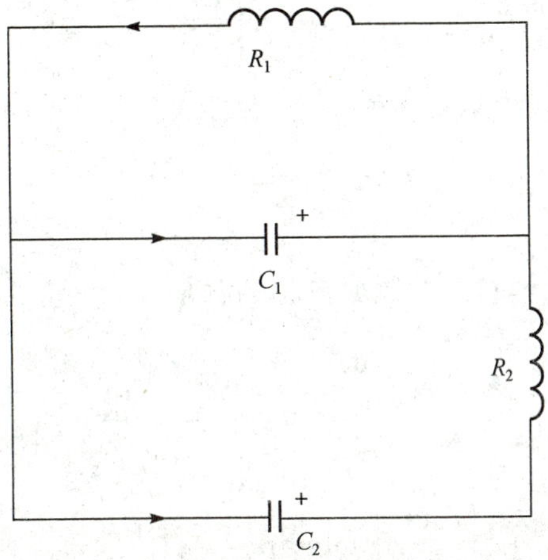

图 4.4　电路图

1. 模型建立与求解

由电学知识可以知道，电路图 4.4 可以用微分方程组描述

$$\begin{bmatrix} v_1'(t) \\ v_2'(t) \end{bmatrix} = \begin{bmatrix} -\left(\dfrac{1}{R_2}+\dfrac{1}{R_2}\right) & \dfrac{1}{R_2C_1} \\ \dfrac{1}{R_2C_2} & -\dfrac{1}{R_2C_2} \end{bmatrix} \begin{bmatrix} v_1(t) \\ v_2(t) \end{bmatrix},$$

其中 $v_1(t)$ 和 $v_2(t)$ 是在时间 t 时两个电容器的电压，设电阻 R_1 为 1Ω，电阻 R_2 为 2Ω，电容器 C_1 为 1F，电容器 C_2 为 0.5F，并假设电容器 C_1 的初始电压为 5V，C_2 的初始电压为 4V，下面确定电压随时间变化的公式 $v_1(t)$ 和 $v_2(t)$.

由给出的数据，令

$$\boldsymbol{A} = \begin{bmatrix} -1.5 & 0.5 \\ 1 & -1 \end{bmatrix}, \quad V(t) = \begin{bmatrix} v_1(t) \\ v_2(t) \end{bmatrix}.$$

以上微分方程组可写成 $\boldsymbol{X}'=\boldsymbol{AX}$，$\boldsymbol{X}(0)=\begin{bmatrix} 5 \\ 4 \end{bmatrix}$ 为初值.

矩阵 $\boldsymbol{A}$ 的特征值是 $\lambda_1=-0.5$ 和 $\lambda_2=-2$，对应的特征向量是

$$\boldsymbol{V}_1=\begin{bmatrix}1\\2\end{bmatrix} \quad 和 \quad \boldsymbol{V}_2=\begin{bmatrix}-1\\1\end{bmatrix}.$$

特征函数 $x_1(t)=V_1\mathrm{e}^{\lambda_1 t}$ 和 $x_2(t)=V_2\mathrm{e}^{\lambda_2 t}$ 都满足 $\boldsymbol{X}'=\boldsymbol{AX}$，$x_1$ 和 x_2 的任意线性组合也同样满足 $\boldsymbol{X}'=\boldsymbol{AX}$. 令

$$\boldsymbol{X}(t)=c_1V_1\mathrm{e}^{\lambda_1 t}+c_2V_2\mathrm{e}^{\lambda_2 t}=c_1\begin{bmatrix}1\\2\end{bmatrix}\mathrm{e}^{-0.5t}+c_2\begin{bmatrix}-1\\1\end{bmatrix}\mathrm{e}^{-2t}.$$

记 $\boldsymbol{X}(0)=\boldsymbol{X}_0$，可求出 c_1 和 c_2. 事实上，由方程

$$c_1\begin{bmatrix}1\\2\end{bmatrix}+c_2\begin{bmatrix}-1\\1\end{bmatrix}=\begin{bmatrix}5\\4\end{bmatrix}$$

容易解出 $c_1=3$ 和 $c_2=-2$，因此微分方程的解是

$$\boldsymbol{X}(t)=3\begin{bmatrix}1\\2\end{bmatrix}\mathrm{e}^{-0.5t}-2\begin{bmatrix}-1\\1\end{bmatrix}\mathrm{e}^{-2t}$$

或

$$\begin{bmatrix}v_1(t)\\v_2(t)\end{bmatrix}=\begin{bmatrix}3\mathrm{e}^{-0.5t}+2\mathrm{e}^{-2t}\\6\mathrm{e}^{-0.5t}-2\mathrm{e}^{-2t}\end{bmatrix}.$$

习题 4

1. 求与向量

$$\boldsymbol{\alpha}_1=(1,1,-1,1)^{\mathrm{T}},\quad \boldsymbol{\alpha}_2=(1,-1,-1,1)^{\mathrm{T}},\quad \boldsymbol{\alpha}_3=(2,1,1,3)^{\mathrm{T}}$$

都正交的单位向量.

2. 用施密特正交化方法将下列向量组分别标准正交化.

(1) $(\boldsymbol{\alpha}_1,\boldsymbol{\alpha}_2,\boldsymbol{\alpha}_3)=\begin{bmatrix}1&1&1\\1&2&4\\1&3&9\end{bmatrix}$； (2) $(\boldsymbol{\alpha}_1,\boldsymbol{\alpha}_2,\boldsymbol{\alpha}_3)=\begin{bmatrix}1&1&-1\\0&-1&1\\-1&0&1\\1&1&0\end{bmatrix}$.

3. 下列矩阵是不是正交矩阵？并说明理由.

(1) $\begin{bmatrix}1&-\frac{1}{2}&\frac{1}{3}\\-\frac{1}{2}&1&\frac{1}{2}\\\frac{1}{3}&\frac{1}{2}&-1\end{bmatrix}$； (2) $\begin{bmatrix}\frac{1}{9}&-\frac{8}{9}&-\frac{4}{9}\\-\frac{8}{9}&\frac{1}{9}&-\frac{4}{9}\\-\frac{4}{9}&-\frac{4}{9}&\frac{7}{9}\end{bmatrix}$.

4. 求下列矩阵的特征值和特征向量.

(1) $\begin{bmatrix} 1 & -1 \\ 2 & 4 \end{bmatrix}$；　(2) $\begin{bmatrix} 2 & 2 & -2 \\ 2 & 5 & -4 \\ -2 & -4 & 5 \end{bmatrix}$；

(3) $\begin{bmatrix} 0 & 0 & 1 \\ 0 & 1 & 0 \\ 1 & 0 & 0 \end{bmatrix}$；　(4) $\begin{bmatrix} 1 & 3 & 1 & 2 \\ 0 & -1 & 1 & 3 \\ 0 & 0 & 2 & 5 \\ 0 & 0 & 0 & 2 \end{bmatrix}$.

5. 设 λ 是方阵 $\boldsymbol{A}$ 的特征值，证明：λ^m 是 $\boldsymbol{A}^m$ 的特征值.

6. 设 $\boldsymbol{A}=\begin{bmatrix} -1 & 2 & 2 \\ 2 & -1 & -2 \\ 2 & -2 & -1 \end{bmatrix}$，

(1) 试求 $\boldsymbol{A}$ 的特征值；

(2) 利用(1)的结果，求矩阵 $\boldsymbol{E}+\boldsymbol{A}^{-1}$ 的特征值，其中 $\boldsymbol{E}$ 是三阶单位矩阵.

7. $\boldsymbol{A},\boldsymbol{B}$ 均是 n 阶矩阵，且 $|\boldsymbol{A}|\neq 0$，证明 $\boldsymbol{AB}$ 相似于 $\boldsymbol{BA}$.

8. 判断下列矩阵是否与对角阵相似？说明理由.

(1) $\boldsymbol{A}=\begin{bmatrix} 1 & -2 & 2 \\ -2 & -2 & 4 \\ 2 & 4 & -2 \end{bmatrix}$；　(2) $\boldsymbol{A}=\begin{bmatrix} -2 & 1 & -2 \\ -5 & 3 & -3 \\ 1 & 0 & 2 \end{bmatrix}$.

9. 设

$$\boldsymbol{A}=\begin{bmatrix} 1 & 4 & 2 \\ 0 & -3 & 4 \\ 0 & 4 & 3 \end{bmatrix},$$

求 $\boldsymbol{A}^{100}$.

10. 设

$$\boldsymbol{A}=\begin{bmatrix} 1 & 4 & 2 \\ 0 & -3 & 4 \\ 0 & 4 & 3 \end{bmatrix},\quad \boldsymbol{B}=\begin{bmatrix} 1 & 2 & 3 \\ 0 & x & 6 \\ 0 & 0 & 5 \end{bmatrix},$$

且 $\boldsymbol{A}\sim\boldsymbol{B}$，求 x 的值.

11. 设 $\boldsymbol{A}=\begin{bmatrix} 4 & 6 & 0 \\ -3 & -5 & 0 \\ -3 & -6 & 1 \end{bmatrix}$，求一个可逆矩阵 $\boldsymbol{P}$，使 $\boldsymbol{P}^{-1}\boldsymbol{AP}$ 为对角矩阵.

12. 设 $\boldsymbol{A}=\begin{bmatrix} 2 & 0 & 0 \\ 0 & 3 & a \\ 0 & a & 3 \end{bmatrix}$，有正交矩阵 $\boldsymbol{P}$，使

$$\boldsymbol{P}^{\mathrm{T}}\boldsymbol{AP}=\begin{bmatrix} 1 & 0 & 0 \\ 0 & 2 & 0 \\ 0 & 0 & 5 \end{bmatrix},$$

求常数 a 与矩阵 $\boldsymbol{P}$.

13. 用矩阵形式表示下列二次型.

(1) $f=x_1^2+2x_2^2-3x_3^2+4x_1x_2-6x_2x_3$;

(2) $f=2x_1x_2-2x_1x_4-2x_2x_3+2x_3x_4$.

14. 已知二次型 $f=5x_1^2+5x_2^2+ax_3^2-2x_1x_2+6x_1x_3-6x_2x_3$ 的秩为 2.

(1) 求常数 a 的值;(2) 用正交变换将二次型化为标准形.

15. 下列二次型是否正定?

(1) $f=5x_1^2+x_2^2+5x_3^2+4x_1x_2-8x_1x_3-4x_2x_3$;

(2) $f=-5x_1^2-6x_2^2-4x_3^2+4x_1x_2+4x_1x_3$.

16. 设 $\boldsymbol{A}$ 是正定矩阵,$\boldsymbol{C}$ 是可逆矩阵,证明:$\boldsymbol{C}^{\mathrm{T}}\boldsymbol{A}\boldsymbol{C}$ 是正定矩阵.

17. 设对称矩阵 $\boldsymbol{A}$ 为正定的,试证:$\boldsymbol{A}$ 的伴随矩阵 $\boldsymbol{A}^*$ 也是正定的.

18. t 取何值时,下列二次型是正定二次型?

(1) $f=x_1^2+x_2^2+5x_3^2+2tx_1x_2-2x_1x_3+4x_2x_3$;

(2) $f=x_1^2+4x_2^2+x_3^2+2tx_1x_2+10x_1x_3+6x_2x_3$.

19. 某实验性生产线每年 1 月份进行熟练工与非熟练工的人数统计,然后将$\dfrac{1}{6}$熟练工支援其他部门,其缺额由招收新的非熟练工补齐. 新、老非熟练工经过培训及实践至年终考核有$\dfrac{2}{5}$成为熟练工. 假设第一年 1 月份统计的熟练工和非熟练工各占 1 半,求以后每年 1 月份统计的熟练工和非熟练工所占的百分比.

20. 在古老的道格拉斯(Douglas)冷杉森林中,斑点猫头鹰主要以鼯鼠为食,设这两个种群捕食者的食饵矩阵 $\boldsymbol{A}=\begin{bmatrix}0.4 & 0.3\\ -p & 1.2\end{bmatrix}$. 证明:若捕食参数 $p=0.325$,则两个种群的数量都是增长的. 预测长期增长率及猫头鹰与鼯鼠的最终比例.

部分习题参考答案

习题 1

1. (1) Ⅰ,Ⅱ,Ⅷ,Ⅶ;

   (2) 原点:(−1,−2,−3);

   xOy 面:(1,2,−3);yOz 面:(−1,2,3);zOx 面:(1,−2,3);

   x 轴:(1,−2,−3);y 轴:(−1,2,−3);z 轴:(−1,−2,3).

2. $\dfrac{3\sqrt{3}}{2}$.

3. (7,−6,−8);4;(−2,3,−4).

4. $\dfrac{1}{2}\sqrt{19}$.

5. 16.

6. $(x-1)^2+(y-3)^2+(z+2)^2=14$.

7. (1) $x^2+y^2+z^2=a^2$;(2) $y^2+z^2=4x$.

8. (1)椭球面;(2)单叶双曲面;(3)双叶双曲面.

9. (1)xOy 平面上的椭圆$\dfrac{x^2}{4}+\dfrac{y^2}{9}=1$ 绕 x 轴旋转一周;

   (2) yOz 平面上的直线 $z=y+a$ 绕 z 轴旋转一周.

10. (1)圆;(2)椭圆.

11. $2(x-2)+3(y-4)-5(z+3)=0$.

12. $x-3y-2z=0$.

13. $y=3z$.

14. $3x-y=0$ 或 $x+3y=0$.

15. $6x+y+6z\pm6=0$.

16. xOy 面:$\begin{cases}x^2+y^2=\dfrac{3}{4},\\ z=0;\end{cases}$

    yOz 面:$\begin{cases}z=\dfrac{1}{2}, -\dfrac{\sqrt{3}}{2}\leqslant y\leqslant\dfrac{\sqrt{3}}{2};\\ x=0,\end{cases}$

zOx 面：$\begin{cases} z=\dfrac{1}{2}, & -\dfrac{\sqrt{3}}{2}\leqslant x\leqslant\dfrac{\sqrt{3}}{2}. \\ y=0, \end{cases}$

17. xOy 面：$\begin{cases} (x+2y)^2+y^2=x, \\ z=0; \end{cases}$

yOz 面：$\begin{cases} y^2+z^2=z-2y, \\ x=0; \end{cases}$

zOx 面：$\begin{cases} \left(\dfrac{z-x}{2}\right)^2+z^2=x, \\ y=0. \end{cases}$

18. $\dfrac{x-2}{3}=\dfrac{y-1}{2}=\dfrac{z-3}{-1}$.

19. $\dfrac{x-1}{-2}=\dfrac{y-1}{1}=\dfrac{z-1}{3}$；$\begin{cases} x=1-2t, \\ y=1+t, \\ z=1+3t. \end{cases}$

20. $\theta=\arcsin\dfrac{7\sqrt{6}}{18}$.

21. $\dfrac{x}{-2}=\dfrac{y-2}{3}=\dfrac{z-4}{1}$.

22. 平行.

23. $\dfrac{\sqrt{3}}{9}$.

习　题　2

1. (B) (C).
2. (A) (B) (C).
3. 略.
4. (1) 单位阵；(2) 数量阵；(3) 对角阵；(4) 对称阵；(5) 反对称阵；(6) 下三角阵.
5. (1) $\begin{bmatrix} -1 & 6 & 5 \\ -2 & -1 & 12 \end{bmatrix}$；(2) $\begin{bmatrix} -1 & 4 \\ 0 & -2 \end{bmatrix}$.
6. $x=-5, y=-6, u=4, v=-2$.
7. (1) $\begin{bmatrix} 35 \\ 6 \\ 49 \end{bmatrix}$；(2) $\begin{bmatrix} 0 & 0 & 0 \\ 0 & 0 & 0 \\ 0 & 0 & 0 \end{bmatrix}$；(3) 10；(4) $\begin{bmatrix} 3 & 6 & 9 \\ 2 & 4 & 6 \\ 1 & 2 & 3 \end{bmatrix}$；(5) $\begin{bmatrix} 10 & 4 & -1 \\ 4 & -3 & -1 \end{bmatrix}$；

(6) $\begin{bmatrix} -6 & 29 \\ 5 & 32 \end{bmatrix}$.

8. $\begin{bmatrix} 1 & 3n \\ 0 & 1 \end{bmatrix}$.

9. (1) $\begin{bmatrix} 5 & -2 \\ -2 & 1 \end{bmatrix}$; (2) $\begin{bmatrix} \cos\theta & \sin\theta \\ -\sin\theta & \cos\theta \end{bmatrix}$;

(3) $\begin{bmatrix} 3/2 & -3 & 1 \\ -3/2 & 5 & -2 \\ 1/2 & -2 & 1 \end{bmatrix}$; (4) $\begin{bmatrix} 1 & -3 & 11 & -20 \\ 0 & 1 & -2 & 1 \\ 0 & 0 & 1 & -2 \\ 0 & 0 & 0 & 1 \end{bmatrix}$.

10. (1) 不可逆; (2) $\begin{bmatrix} 2/3 & -7/9 & -1/9 \\ -1/3 & -1/6 & 1/6 \\ -1/3 & 1/9 & 1/9 \end{bmatrix}$;

(3) $\begin{bmatrix} 1 & 1 & -2 & -4 \\ 0 & 1 & 0 & -1 \\ -1 & -1 & 3 & 6 \\ 2 & 1 & -6 & -10 \end{bmatrix}$.

11. 略.

12. (1) $\boldsymbol{X}=\begin{bmatrix} 2 & -23 \\ 0 & 8 \end{bmatrix}$; (2) $\boldsymbol{X}=\begin{bmatrix} 1 & 1 \\ 1/4 & 0 \end{bmatrix}$; (3) $\boldsymbol{X}=\begin{bmatrix} 2 & -1 & 0 \\ 1 & 3 & -4 \\ 1 & 0 & -2 \end{bmatrix}$.

13. $3^{n-1}\begin{bmatrix} 1 & 1/2 & 1/3 \\ 2 & 1 & 2/3 \\ 3 & 3/2 & 1 \end{bmatrix}$.

14. $\begin{bmatrix} 5 & -2 & -2 \\ 4 & -3 & -2 \\ -2 & 2 & 3 \end{bmatrix}$.

15. (1) $\begin{pmatrix} \frac{1}{5} & 0 & 0 \\ 0 & 1 & -1 \\ 0 & -2 & 3 \end{pmatrix}$; (2) $\begin{bmatrix} 2 & -1 & 0 & 0 \\ -3 & 2 & 0 & 0 \\ 0 & 0 & -3 & -4 \\ 0 & 0 & 1/2 & 1/2 \end{bmatrix}$.

16. $\begin{bmatrix} 82 & 140 \\ 31 & 42 \end{bmatrix}$.

17. 略.

18. (1) -2; (2) -7; (3) 1; (4) 28; (5) 12; (6) 0.

19. (1) $x=-1$ 或 3; (2) $x=-2$ 或 1.

20. (1) 0;(2) 0;(3) -160; (4) -265; (5) 0; (6) x^2y^2.

21. 略.

22. (1) -21;(2) 24;(3) $(d-a)(d-b)(d-c)(c-b)(c-a)(b-a)$.

23. (1) $[a+(n-1)b](a-b)^{n-1}$; (2) $-2(n-2)!$.

24. $k\neq -1$ 且 4.

25. $\lambda=0$ 或 2 或 3.

26. 0.

27. (1) 秩为 2,二阶子式 $\begin{vmatrix} 3 & 1 \\ 1 & -1 \end{vmatrix}=-4$;

(2) 秩为 3,二阶子式 $\begin{vmatrix} 3 & 1 & 0 \\ 1 & -1 & 3 \\ 1 & 3 & -4 \end{vmatrix}=-8$.

28. $\frac{1}{10}\boldsymbol{A}$.

习 题 3

1. (1) $\boldsymbol{\beta}=-\boldsymbol{\alpha}_1+\boldsymbol{\alpha}_2+2\boldsymbol{\alpha}_3-2\boldsymbol{\alpha}_4$; (2) $\boldsymbol{\beta}=-11\boldsymbol{\alpha}_1+14\boldsymbol{\alpha}_2+9\boldsymbol{\alpha}_3$;

   (3) $\boldsymbol{\beta}$ 不能由 $\boldsymbol{\alpha}_1,\boldsymbol{\alpha}_2,\boldsymbol{\alpha}_3$ 线性表示; (4) $\boldsymbol{\beta}=\boldsymbol{\alpha}_1-\boldsymbol{\alpha}_2+\boldsymbol{\alpha}_3-\frac{1}{2}\boldsymbol{\alpha}_4$.

2. a 可取任意实数,$b\neq 2$.

3. 略.

4. (1) 线性无关; (2) 线性无关; (3) 线性相关 $\boldsymbol{\alpha}_2=-2\boldsymbol{\alpha}_1-5\boldsymbol{\alpha}_3$;(4) 线性无关.

5. 略.

6. (1) $a=10$ 时线性相关;(2) $a\neq 10$ 时线性无关.

7. $a=-\frac{3}{2}$.

8~11. 略.

12. (1) $\boldsymbol{\alpha}_1,\boldsymbol{\alpha}_2,\boldsymbol{\alpha}_5$;$\boldsymbol{\alpha}_3=-\boldsymbol{\alpha}_1-\boldsymbol{\alpha}_2$,$\boldsymbol{\alpha}_4=-\boldsymbol{\alpha}_1+\frac{3}{5}\boldsymbol{\alpha}_2+\frac{13}{5}\boldsymbol{\alpha}_5$;

   (2) $\boldsymbol{\alpha}_1,\boldsymbol{\alpha}_2$,$\boldsymbol{\alpha}_3=2\boldsymbol{\alpha}_1-\boldsymbol{\alpha}_2$,$\boldsymbol{\alpha}_4=\boldsymbol{\alpha}_1+3\boldsymbol{\alpha}_2$,$\boldsymbol{\alpha}_5=2\boldsymbol{\alpha}_1+\boldsymbol{\alpha}_2$;

   (3) $\boldsymbol{\alpha}_1,\boldsymbol{\alpha}_2$;$\boldsymbol{\alpha}_3=5\boldsymbol{\alpha}_1-\frac{3}{2}\boldsymbol{\alpha}_2$.

13. (1) $\boldsymbol{\alpha}_1,\boldsymbol{\alpha}_2,\boldsymbol{\alpha}_3$ 为极大无关组,$\boldsymbol{\alpha}_4=\boldsymbol{\alpha}_1+3\boldsymbol{\alpha}_2-\boldsymbol{\alpha}_3$,$\boldsymbol{\alpha}_5=-\boldsymbol{\alpha}_2+\boldsymbol{\alpha}_3$;

(2) $\boldsymbol{\alpha}_1,\boldsymbol{\alpha}_2$ 为极大无关组 $\boldsymbol{\alpha}_3=-\boldsymbol{\alpha}_1+\boldsymbol{\alpha}_2,\boldsymbol{\alpha}_4=-2\boldsymbol{\alpha}_1+2\boldsymbol{\alpha}_2$.

14. $\boldsymbol{\alpha}_1=2\boldsymbol{\beta}_1+3\boldsymbol{\beta}_2-\boldsymbol{\beta}_3,\boldsymbol{\alpha}_2=3\boldsymbol{\beta}_1-3\boldsymbol{\beta}_2-2\boldsymbol{\beta}_3$.

15～17. 略.

18.

(1) $\boldsymbol{\xi}_1=\begin{bmatrix}-23\\10\\7\\0\end{bmatrix},\boldsymbol{\xi}_2=\begin{bmatrix}-23\\3\\0\\7\end{bmatrix}$,通解 $\boldsymbol{X}=k_1\boldsymbol{\xi}_1+k_2\boldsymbol{\xi}_2$;

(2) $\boldsymbol{\xi}=\begin{bmatrix}-19\\7\\1\end{bmatrix}$,通解 $\boldsymbol{X}=k\boldsymbol{\xi}$;

(3) $\boldsymbol{\xi}_1=\begin{bmatrix}2\\1\\0\\0\\0\end{bmatrix},\boldsymbol{\xi}_2=\begin{bmatrix}-3\\0\\1\\0\\0\end{bmatrix},\boldsymbol{\xi}_3=\begin{bmatrix}-1\\0\\0\\1\\0\end{bmatrix}$,通解 $\boldsymbol{X}=k_1\boldsymbol{\xi}_1+k_2\boldsymbol{\xi}_2+k_3\boldsymbol{\xi}_3$;

(4) $\boldsymbol{\xi}_1=\begin{bmatrix}8\\-6\\1\\0\end{bmatrix},\boldsymbol{\xi}_2=\begin{bmatrix}-7\\5\\0\\1\end{bmatrix}$,通解 $\boldsymbol{X}=k_1\boldsymbol{\xi}_1+k_2\boldsymbol{\xi}_2$.

以上 k,k_1,k_2,k_3 均为任意实数.

19. (1) $\boldsymbol{X}=\begin{bmatrix}3\\2\\1\end{bmatrix}$;

(2) $\boldsymbol{X}=\boldsymbol{\eta}_0+k_1\boldsymbol{\xi},\boldsymbol{\eta}_0=\begin{bmatrix}-20\\4\\0\end{bmatrix},\boldsymbol{\xi}=\begin{bmatrix}23\\-2\\1\end{bmatrix}$;

(3) $\boldsymbol{X}=\boldsymbol{\eta}_0+k_1\boldsymbol{\xi}_1+k_2\boldsymbol{\xi}_2,\boldsymbol{\eta}_0=\begin{bmatrix}0.5\\0\\0\\0\end{bmatrix},\boldsymbol{\xi}_1=\begin{bmatrix}-0.5\\1\\0\\0\end{bmatrix},\boldsymbol{\xi}_2=\begin{bmatrix}0.5\\0\\1\\0\end{bmatrix}$;

(4) $\boldsymbol{X}=\boldsymbol{\eta}_0+k_1\boldsymbol{\xi}_1+k_2\boldsymbol{\xi}_2,\boldsymbol{\eta}_0=\begin{bmatrix}0.5\\0\\0\\0\end{bmatrix},\boldsymbol{\xi}_1=\begin{bmatrix}1.5\\1\\0\\0\end{bmatrix},\boldsymbol{\xi}_2=\begin{bmatrix}1.5\\0\\-2\\1\end{bmatrix}$;

以上 k_1,k_2,k_3 均为任意实数.

20. (1)$\boldsymbol{\xi}_1=\begin{bmatrix}0\\0\\1\\0\end{bmatrix},\boldsymbol{\xi}_2=\begin{bmatrix}-1\\1\\0\\1\end{bmatrix}$;

(2) 当 $k_1=-k_2\neq 0$ 时,(Ⅰ)与(Ⅱ)有非零公共解,且为 $k_1\begin{bmatrix}1\\-1\\-1\\-1\end{bmatrix}$.

21. 略.

22. $\lambda=1,k(-2,0,1)^{\mathrm{T}},k\in\mathbf{R};\lambda=3,k(1,-1,2)^{\mathrm{T}},k\in\mathbf{R}$.

23. $a\neq-3,(b+3c-2,-c+1,0,c)^{\mathrm{T}}+k(1,1,-1,0)^{\mathrm{T}},k\in\mathbf{R}$,其中 $c=\dfrac{2(1-b)}{3+a}$;
$a=-3$ 且 $b=1,(2,0,0,1)^{\mathrm{T}}+k_1(-3,1,0,-1)^{\mathrm{T}}+k_2(-4,0,1,-1)^{\mathrm{T}},k_1,k_2\in\mathbf{R}$.

24. $\begin{cases}x_1-2x_2+x_4=0,\\2x_1-3x_2+x_3=0.\end{cases}$

25. $\boldsymbol{X}=\boldsymbol{\eta}_0+k_1\boldsymbol{\xi}_1+k_2\boldsymbol{\xi}_2,\boldsymbol{\eta}_0=\begin{bmatrix}1\\\frac{3}{2}\\\frac{1}{2}\end{bmatrix},\boldsymbol{\xi}_1=\begin{bmatrix}1\\1\\-2\end{bmatrix},\boldsymbol{\xi}_2=\begin{bmatrix}1\\3\\2\end{bmatrix},k_i\in\mathbf{R},i=1,2$.

26. $\boldsymbol{X}=\boldsymbol{\eta}_0+k\boldsymbol{\xi},\boldsymbol{\eta}_0=\begin{bmatrix}1\\1\\1\\1\end{bmatrix},\boldsymbol{\xi}=\begin{bmatrix}1\\-2\\1\\0\end{bmatrix},k\in\mathbf{R}$.

27. 最小运费为 $4\times16+6\times15+1\times19+7\times12=257$.

28. $C_3H_8+5O_2\rightarrow 3CO_2+4H_2O$.

习 题 4

1. $\pm\dfrac{1}{\sqrt{26}}\begin{bmatrix}4\\0\\1\\-3\end{bmatrix}$.

2. (1) $\boldsymbol{e}_1=\frac{1}{\sqrt{3}}\begin{bmatrix}1\\1\\1\end{bmatrix},\boldsymbol{e}_2=\frac{1}{\sqrt{2}}\begin{bmatrix}-1\\0\\1\end{bmatrix},\boldsymbol{e}_3=\frac{1}{\sqrt{6}}\begin{bmatrix}1\\-2\\1\end{bmatrix}$;

(2) $\boldsymbol{e}_1=\frac{1}{\sqrt{3}}\begin{bmatrix}1\\0\\-1\\1\end{bmatrix},\boldsymbol{e}_2=\frac{1}{\sqrt{15}}\begin{bmatrix}1\\-3\\2\\1\end{bmatrix},\boldsymbol{e}_3=\frac{1}{\sqrt{35}}\begin{bmatrix}-1\\3\\3\\4\end{bmatrix}$.

3. (1) 不是;(2) 是.

4. (1) $\lambda_1=2,k_1\boldsymbol{\xi}_1,\boldsymbol{\xi}_1=\begin{bmatrix}1\\-1\end{bmatrix};\lambda_2=3,k_2\boldsymbol{\xi}_2,\boldsymbol{\xi}_2=\begin{bmatrix}1\\-2\end{bmatrix}$.

(2) $\lambda_1=\lambda_2=1,k_1\boldsymbol{\xi}_1+k_2\boldsymbol{\xi}_2,\boldsymbol{\xi}_1=\begin{bmatrix}-2\\1\\0\end{bmatrix},\boldsymbol{\xi}_2=\begin{bmatrix}2\\0\\1\end{bmatrix};\lambda_3=10,k_3\boldsymbol{\xi}_3,\boldsymbol{\xi}_3=\begin{bmatrix}1\\2\\-2\end{bmatrix}$.

(3) $\lambda_1=-1,k_1\boldsymbol{\xi}_1,\boldsymbol{\xi}_1=\begin{bmatrix}-1\\0\\1\end{bmatrix};\lambda_2=\lambda_3=1,k_2\boldsymbol{\xi}_2+k_3\boldsymbol{\xi}_3,\boldsymbol{\xi}_2=\begin{bmatrix}0\\1\\0\end{bmatrix},\boldsymbol{\xi}_3=\begin{bmatrix}1\\0\\1\end{bmatrix}$.

(4) $\lambda_1=-1,k_1\boldsymbol{\xi}_1,\boldsymbol{\xi}_1=\begin{bmatrix}-\frac{3}{2}\\1\\0\\0\end{bmatrix};\lambda_2=1,k_2\boldsymbol{\xi}_2,\boldsymbol{\xi}_2=\begin{bmatrix}1\\0\\0\\0\end{bmatrix}$;

$\lambda_3=\lambda_4=2,k_3\boldsymbol{\xi}_3,\boldsymbol{\xi}_3=\begin{bmatrix}2\\\frac{1}{3}\\1\\0\end{bmatrix}$.

5. 略.

6. (1) $\lambda_1=\lambda_2=1,\lambda_3=-5$;(2) $\lambda_1=\lambda_2=2,\lambda_3=\frac{4}{5}$.

7. 略.

8. (1) 可化为对角矩阵;(2) 不能化为对角矩阵.

9. $\boldsymbol{A}^{100}=\begin{bmatrix}1&0&5^{100}-1\\0&5^{100}&0\\0&0&5^{100}\end{bmatrix}$.

10. $x=-5$.

11. $\boldsymbol{P}=\begin{bmatrix}-2 & 0 & -1\\ 1 & 0 & 1\\ 0 & 1 & 1\end{bmatrix}$.

12. $a=2,\boldsymbol{P}=\begin{bmatrix}0 & 1 & 0\\ \frac{1}{\sqrt{2}} & 0 & \frac{1}{\sqrt{2}}\\ -\frac{1}{\sqrt{2}} & 0 & \frac{1}{\sqrt{2}}\end{bmatrix}$;$a=-2,\boldsymbol{P}=\begin{bmatrix}0 & 1 & 0\\ \frac{1}{\sqrt{2}} & 0 & \frac{1}{\sqrt{2}}\\ \frac{1}{\sqrt{2}} & 0 & -\frac{1}{\sqrt{2}}\end{bmatrix}$.

13. (1) $f=(x_1,x_2,x_3)\begin{bmatrix}1 & 2 & 0\\ 2 & 2 & -3\\ 0 & -3 & -3\end{bmatrix}\begin{bmatrix}x_1\\ x_2\\ x_3\end{bmatrix}$;

(2) $f=(x_1,x_2,x_3,x_4)\begin{bmatrix}0 & 1 & 0 & -1\\ 1 & 0 & -1 & 0\\ 0 & -1 & 0 & 1\\ -1 & 0 & 1 & 0\end{bmatrix}\begin{bmatrix}x_1\\ x_2\\ x_3\\ x_4\end{bmatrix}$.

14. (1) $a=3$;

(2) 正交变换为$\begin{bmatrix}x_1\\ x_2\\ x_3\end{bmatrix}=\frac{1}{6}\begin{bmatrix}3\sqrt{2} & \sqrt{2} & 4\\ 0 & -4\sqrt{2} & 2\\ -3\sqrt{2} & \sqrt{2} & 4\end{bmatrix}\begin{bmatrix}y_1\\ y_2\\ y_3\end{bmatrix}$,标准形为 $f=4y_2^2+9y_3^2$.

15. (1) 正定;(2) 负定.

16~17. 略.

18. (1) $t\in\left(-\frac{4}{5},0\right)$;(2) t 不存在.

19. 随着时间的增加,熟练工和非熟练工所占的百分比趋于稳定,分别趋向于80%和20%.

20. 6∶13.

参考文献

陈骑兵,李秋敏.2013.工程数学.重庆:重庆大学出版社

杜建卫,王若鹏.2012.数学建模基础案例.北京:化学工业出版社

黄廷祝,成孝予.2009.线性代数.北京:高等教育出版社

姜启源,谢金星,叶俊.2011.数学建模.4版.北京:高等教育出版社

林蔚,周双红,国萃,等.2012.线性代数的工程案例.哈尔滨:哈尔滨工程大学出版社

吕林根,许子道.2005.解析几何.4版.北京:高等教育出版社

马艳琴,张荣艳,陈东升.2012.线性代数案例教程.北京:科学出版社

彭年斌,胡清林.2011.微积分(下册).北京:高等教育出版社

天津大学数学系代数教研组.2010.线性代数及其应用.北京:科学出版社

同济大学数学系.2001.高等数学.5版.北京:高等教育出版社

吴赣昌.2011.线性代数.北京:中国人民大学出版社

喻秉钧,周厚隆.2011.线性代数.北京:高等教育出版社

运怀立.2007.线性代数.北京:中国人民大学出版社